全国高职高专生物类课程“十二五”规划教材

植物组织培养

主　　编　陈美霞　潍坊职业学院
副 主 编　丁雪珍　潍坊职业学院
　　　　　房师梅　潍坊职业学院
　　　　　李　慧　江苏联合职业技术学院淮安生物工程分院
　　　　　段鸿斌　信阳农业高等专科学校
　　　　　王洪习　濮阳职业技术学院
　　　　　郭晓龙　黑龙江生物科技职业学院
参编人员　（按姓氏笔画排序）
　　　　　王　会　襄阳职业技术学院
　　　　　王跃强　鹤壁职业技术学院
　　　　　卢宝伟　黑龙江生态工程职业学院
　　　　　吴庆丽　成都农业科技职业学院
　　　　　张彩玲　黑龙江农业经济职业学院
　　　　　李　红　保定职业技术学院
　　　　　陈海霞　咸宁职业技术学院
　　　　　范　琳　威海职业学院
　　　　　罗天宽　温州科技职业学院
　　　　　范春丽　郑州师范学院
　　　　　姜　丽　新疆轻工职业技术学院
主　　审　曹春英　潍坊职业学院

华中科技大学出版社
中国·武汉

内容提要

本书根据高职高专相关专业的培养目标和职业岗位需求，以“能力为本位，就业为导向，工作过程为依据，项目任务为载体”构建教学内容，全书包括课程导入、植物组织培养生产的准备、培养基的配制、外植体灭菌与接种、植物组织培养苗培养、植物组织培养苗管理、植物组织培养苗的驯化移栽与苗期管理、无病毒植物培育、植物组织培养方案设计与实施、花卉组织培养技术、果蔬组织培养技术、林木组织培养技术、药用植物组织培养技术、植物组织培养苗工厂化生产经营与管理等14个项目，细分为39个任务。

本书可供高职高专院校园艺、园林、设施农业、生物技术及应用、农学等专业学生使用，也可作为从事植物组织培养苗生产的企业员工培训用书，并可供从事植物组织培养的技术人员、研究人员和经营管理者参考使用。

图书在版编目(CIP)数据

植物组织培养/陈美霞主编. 一武汉：华中科技大学出版社，2012.8
ISBN 978-7-5609-8092-8

Ⅰ.①植… Ⅱ.①陈… Ⅲ.①植物组织-组织培养-高等职业教育-教材 Ⅳ.①Q943.1

中国版本图书馆CIP数据核字(2012)第134700号

植物组织培养　　陈美霞　主编

策划编辑：王新华
责任编辑：熊　彦
封面设计：刘　卉
责任校对：马燕红
责任监印：周治超
出版发行：华中科技大学出版社(中国·武汉)
　　　　　武昌喻家山　邮编：430074　电话：(027)81321913
录　　排：武汉正风天下文化发展有限公司
印　　刷：武汉市籍缘印刷厂
开　　本：787mm×1092mm　1/16
印　　张：15　插页：1
字　　数：368千字
版　　次：2017年9月第1版第3次印刷
定　　价：32.00元

前言

植物组织培养广泛应用于农业、林业、工业和医药业，尤其是在植物优良品种的快速繁殖、脱毒苗木培育与生产、新品种培育、种质资源保存、植物种苗工厂化生产等方面发挥了重大的作用，产生了可观的经济效益和社会效益，成为生物科学中最有生命力的学科之一。植物组织培养同时也是细胞学、生理学、遗传学、生物化学等基础研究的重要手段，促进了生物学基础学科的发展。

植物组织培养是生物技术、园林技术、园艺技术等专业的一门重要专业课，其目标是使学生具备从事植物组织培养生产、技术管理、种苗经营及辅助研发等岗位工作的基本职业能力。

本书根据高职高专相关专业的培养目标和职业岗位需求，以"能力为本位，就业为导向，工作过程为依据，项目任务为载体"构建教学内容，以培养学生使之具有植物组织培养工、植物组织培养接种工、培养基制作工所必备的职业能力为目的。

本书具有以下特点。

(1) 体现以职业能力培养为主线，构建基于工作过程的课程内容体系。本书在调研相关工作岗位能力要求的基础上，以工作过程和岗位任务为依据，以常见植物组织培养快速繁殖过程为载体，以任务实施过程为导向组织编写，突破了传统的以理论知识为线索的编写思路。

(2) 体现以学生为主体、教师为主导的教学思想。注重理论与实践的有机融合，力求课堂教学与工厂现场操作结合，突出"做中学、做中教"的原则，实现教、学、做一体化。教材通过以实际的植物组织培养生产项目为载体，使学生在真实的工作环境中协作完成实际工作任务，达到企业实际岗位的要求。改变以教师讲授为主体的传统教学模式，使之转变为教师引导、学生实践操作的以学生为主体的教、学、做一体化的教学模式。

(3) 本书内容充实，覆盖面广，通用性强。本书内容除植物组织培养基本操作技术外，对于植物脱毒、各类植物组织培养快速繁殖技术、植物组织培养工厂化生产等都进行了详细的论述，以便于各院校根据自身条件选用和实施。

参加本书编写的有：潍坊职业学院陈美霞、丁雪珍、房师梅，江苏联合职业技术学院淮安生物工程分院李慧，信阳农业高等专科学校段鸿斌，濮阳职业技术学院王洪习，黑龙江生物科技职业学院郭晓龙，鹤壁职业技术学院王跃强，襄阳职业技术学院王会，黑龙江生态工程职业学院卢宝伟，保定职业技术学院李红，成都农业科技职业学院吴庆丽，黑龙江农业经济职业学院张彩玲，咸宁职业技术学院陈海霞，郑州师范学院范春丽，温州科技职业学院罗天宽，新疆轻工职业技术学院姜丽，威海职业学院范琳。初稿完成后先由副主编丁雪珍、房师梅修改，再由主编陈美霞统一定稿。全书由潍坊职业学院曹春英主审。

本书在编写过程中所参考的文献资料已列入参考文献，在此对相关作者表示诚挚的谢意。本书的编写得到了华中科技大学出版社的大力支持和热情帮助，编者在此深表感谢。

由于编者水平有限，书中不足之处在所难免，恳请专家和同行批评指正，并提出宝贵意见。

编　者

目录

项目一

课 程 导 入

一、学习本课程的目的与意义

植物组织培养技术是在植物生理学的基础上发展起来的一项植物生物技术，是运用工程学原理，利用人工培养基对植物的器官、组织、细胞和原生质体进行培养，改变植物性状，生产植物产品，为人类生产和生活服务的一门综合性技术，也是现代生物技术的核心技术之一。

在植物组织培养技术基础上发展起来的快速繁殖技术(也称为试管苗工厂化生产)特别适用于植物的苗木繁殖，对控制苗木病毒、提高产量和品质、降低成本及减少传统农业所造成的环境污染等都具有重要意义。大力推广植物组织培养快速繁殖技术是我国农业高新技术的重点发展目标之一，因此该技术近年来在农业上的应用发展十分迅速，取得了较好的经济效益和社会效益。

此外，植物组织培养技术在育种、生产有用物质、离体种质保存及植物学基础研究等方面都发挥了重要的作用。

许多教学科研单位、农林企业、高新技术企业、园艺公司、生物工程公司等都需要熟悉植物组织培养技术的人才。因此，植物组织培养原理和方法的教学成为许多高职高专院校的林学、园艺、园林、生物技术等专业教学计划的基本内容。本课程的目的是使学生掌握其基本理论、基本技能及在农业、林业、医药、工业上的应用情况，使学生毕业后能有一技之长，增加其就业或创业的机会。

二、植物组织培养的含义与类型

(一) 植物组织培养的含义

植物组织培养是指在无菌条件下，将离体的植物器官、组织、细胞或原生质体，在人工配制的培养基上培养，人为提供适宜的培养条件，使其生长、分化、增殖，发育成完整植株或生产次生代谢物质的过程和技术。由于植物组织培养是在脱离植物母体的条件下进行的，所以也称为离体培养。

（二）植物组织培养的类型

植物组织培养有多种分类方法（图 1-1）。

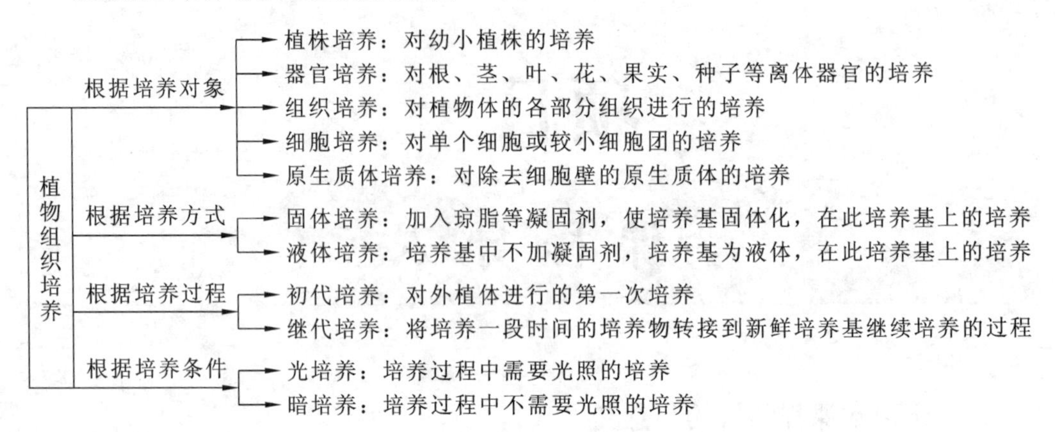

图 1-1　植物组织培养的类型

三、植物组织培养的特点

植物组织培养从 20 世纪初开始起步，经过 100 多年的发展，如今在理论上是研究细胞学、遗传学、育种学、生物化学和药物学等学科的重要手段，实践上成为农学、园艺、林业和次生代谢产物工程等领域进行工厂化生产的新方法。植物组织培养之所以发展迅速，应用广泛，是由于其具备以下几个特点。

1. 培养材料经济

由于植物细胞具有全能性，通过组织培养手段能使植物体的单个细胞、小块组织、部分器官等离体材料经培养获得再生植株。因为培养材料均比较微小，来自单一的植物个体，遗传性高度一致，这在生物学研究上保证了试验材料的高纯度，试验所获得的无性系遗传背景相同，从而可避免许多误差，极大地提高了试验的精度。在生产实践中，因为培养的材料是器官、组织或细胞等，只需极微量的原料，取材经济，而靠常规的无性繁殖方法，需要几年或几十年才能繁殖一定数量的苗木，采用植物组织培养方法可在 1～2 年内生产数万株苗木。这对于新品种的推广和良种复壮更新，尤其是名、优、特、新、奇品种的保存、利用与开发，都有很高的应用价值和重要的实践意义。

2. 培养条件可以人为控制，可连续进行周年试验或生产

植物组织培养的培养材料完全是在人为提供的培养基及小气候环境条件下生长，培养基中的各种成分及温度、光照、湿度等环境条件完全可人为控制，不受季节影响，摆脱了大自然中四季、昼夜的变化及灾害性气候的不利影响，且条件均一，对植物生长极为有利，便于连续、稳定地进行周年试验或生产。

3. 生长快，周期短，繁殖率高

植物组织培养是根据不同植物、不同外植体的需要，提供不同的营养条件和环境条件，培养过程最优化，因此生长快，一般 1 个月左右就可完成一个生长周期，大大缩短了试验和繁殖周期。虽然植物组织培养需要一定的设备及消耗一定的能源，但由于植物材料能按几何级数繁殖增长，繁殖率高，能及时为生产提供整齐一致的优质无病种苗，这是其他方法无法比拟的。

4. 管理方便，利于工厂化生产和自动化控制，工作效率高

植物组织培养是在一定场所和环境下，人为提供一定的温度、光照、湿度、营养、激素等条件，进行高度微型化、集约化、精密化的科学试验或生产，有利于生产与管理的自动化控制。它与田间栽培、盆栽、水培、沙培等方法相比，省去中耕除草、浇水施肥、病虫害防治等繁杂的劳动，不仅大大节省人力、物力及土地，而且试验经济，管理精细、方便，一个人可同时做多项试验，因此工作效率大为提高。

四、植物组织培养的应用

（一）优良品种种苗的快速繁殖

绝大多数园艺植物如草莓、马铃薯、菊花、兰花等用种子繁殖，它们的后代可能发生变异，不能保持原有的优良性状。采用常规的嫁接、扦插、压条、分株等无性繁殖方法，繁殖数量少，繁殖率低。采用植物组织培养技术繁殖种苗，不仅繁殖速度快、繁殖周期短、全年都能生产，而且由于繁殖材料微型化、培养条件人工化、培养空间高密度应用合理化，可在有限的空间里短期培育出大量种苗，实现育苗的工厂化生产，从而大幅度提高繁殖率。从1个植物茎尖开始，经组织培养1年内可培育出几万到几百万株幼苗。这种利用植物组织培养法快速繁殖种苗的技术称为植物组织培养快速繁殖技术。

这种植物组织培养快速繁殖技术已经在花卉、果品、林木、蔬菜、药用植物等几千种植物上得到成功的应用，而且这种应用会越来越广泛。特别是对于一些繁殖系数低、不能用种子繁殖的名、优、特、新、奇的植物种类（新育成和新引进的品种，濒危植物以及转基因植株等），均可通过植物组织培养快速繁殖技术在短期内迅速增加其数量，满足市场需求。

在植物组织培养快速繁殖技术方面，我国已有300多家科研单位和种苗工厂能进行批量生产。例如，海南、广东、福建的香蕉苗，云南、上海的鲜切花种苗，广西的甘蔗，山东的冬枣、草莓，以及江苏、河北的速生杨的生产。

（二）脱毒及脱毒苗的再繁育

植物在生长过程中几乎不同程度地遭受病毒的危害，特别是无性繁殖植物在感染病毒之后会逐代积累，导致植物大面积减产和品质下降，给生产带来较大的损失。大量的生产实践证明，通过微茎尖的离体培养可有效地去除植物体内的病毒，获得无病毒种苗。目前这种方法已成为有效克服病毒危害的主要方法之一，自从20世纪50年代发现通过植物组织培养技术可以去除植物体内的病毒以来，通过茎尖脱毒获得无病毒种苗的植物已超过100多种，可被脱除的病毒品种更多。无病毒苗生产的植物有马铃薯、甘薯、草莓、大姜、大蒜、香石竹、兰花、百合、大丽花、郁金香等。

由于利用茎尖培养脱毒技术成功地克服了病毒的感染，因而在栽培这些脱毒植株时，往往不需要化学农药防治，从而减少了生产投入，同时还降低了环境污染，因而具有良好的经济效益和社会效益。

无病毒植株不具有抗病毒的能力，因此在植物的脱毒生产中，茎尖培养往往与快速繁

殖相结合。即先进行茎尖培养脱除病毒，然后通过快速繁殖以获得大量的材料用于生产。目前，在我国已建立了很多无病毒种苗生产基地，培养脱毒苗供应全国生产栽培，经济效益非常可观。

（三）植物新品种的培育

常规的育种工作是漫长的过程，而植物组织培养技术为育种提供了现代的技术手段，解决了育种周期长、操作烦琐、短期不见效果的问题。通过花药和花粉培养进行单倍体育种；通过体细胞杂交能获取远缘杂交新品系；通过胚胎培养拯救杂种胚；通过细胞突变体的筛选获取新植株；通过原生质体的培养、外源基因的导入培育新品种等。植物组织培养在增加植物遗传变异性、改良植物种性、缩短育种周期、提高育种效率等方面表现出独特的优势。

（四）种质资源的保存和交换

由于环境被污染、土地被大量开垦，植物种质资源日渐减少甚至丧失，研究植物种质资源长期稳定的保存方法，一向为国内外所重视。目前植物种质资源的保存有两个问题：一是遗传资源日趋衰竭，造成有益基因逐渐丧失；二是田间保存耗资大，易受损失。利用植物组织培养技术保存种质，既节约人力、物力和土地，又便于种质资源的交换和转移，且能及时复壮更新。例如草莓茎尖在 4 ℃黑暗条件下，培养物可以保持生活力达 6 年之久。

（五）有用次生代谢产物的生产

利用植物组织或细胞的大规模培养，可提取出人类需要的多种天然有机化合物，如蛋白质、脂肪、糖类、药物、香精、橡胶、生物碱以及其他活性化合物等。这些化合物虽是高等植物的次生代谢产物，但产生量极其有限，有些还不能人工合成，所以远远不能满足社会需求。利用植物组织培养技术培养植物的某些器官或愈伤组织获得次生代谢产物，筛选具有高合成能力、生长快的株系，工业化生产植物次生代谢产物，是一条行之有效的途径。目前有 40 余种化合物在培养细胞中的含量超过原植物，如粗人参皂苷在愈伤组织中含量为 21.4%，在分化根中含量为 27.4%，而在天然人参根中的含量仅为 4.1%。目前，用植物组织培养方法大量生产微生物和人工所不能合成的药物或对有效成分的研究正在不断深入，预计今后有用次生代谢产物的生产会有更多的需要和更大的发展。

五、本课程的整体设计思路与学习方法

（一）本课程的整体设计思路

本课程的整体设计思路是以培养学生进行植物组织培养快速繁殖能力为主线，以植物组织培养快速繁殖生产过程为导向，根据植物组织培养生产的实际工作流程（图 1-2），将生产过程归纳为 11 个教学项目。

植物组织培养生产的准备⟶生产方案的制订⟶培养基的配制⟶外植体的灭菌与接种
⟶初代培养⟶继代培养⟶生根培养⟶驯化移栽与苗期管理⟶苗木销售或定植

图 1-2　植物组织培养生产的实际工作流程

（二）本课程的学习方法

植物组织培养是一门技术性很强的课程，因此在学习上必须根据岗位目标和任职要求采用合适的学习方法。其常见学习方法有如下几种。

1. 合作性学习

以项目为载体、以小组为单位是实现“教、学、做一体化”的前提条件，这就要求学生在学习中既要充分展示自己的思维，又要相互讨论，集思广益，把小组中的不同思路进行优化整合，把个人独立思考的成果转化为全组共有的成果，以群体智慧来解决问题，也就是小组合作性学习。通过这种方法可以培养学生合作精神、增强团队意识、形成良好人际关系，对学生关键能力的培养具有突出作用。

2. 自主性学习

自主性学习是在以学生为主体、教师为主导的情况下进行的教学活动，使学生具有自己管理自己的能力。自主性学习包括让学生自己设计学习活动、监控学习进程和评估学习效果等，帮助学生提高选择和决策的能力。

所谓自主性学习是相对于被动性学习和机械性学习而言的，也就是改善传统的教师“灌”、学生“记”的模式，把学习的权力交给学生自己，学生能根据自己的学习能力、学习任务的要求调整自己的学习策略和努力程度。

3. 实践性学习

高职理论教学以“必需、够用”为度。大部分的教学内容是通过实践进行的，因为实践教学既是认识的源泉，又是思维的基础。它不仅能使学生获取知识，还能加强技能的培训，进而提升学生的操作能力以及发现问题、分析问题和解决问题的能力。

4. 创新性学习

创新教育提倡学生探索众多的设想方案，需要学生进行选择与决策，注重学生发散思维的训练。注重学生学习的思维过程，属于“过程性教育”；强调教学的差异性，是对学生进行高标准的选择性突破。创新教育讲究未来的发展趋势，注重学生对未来社会的应变能力，强调变动和发展，培养创新型、素质型人才。通过这种学习方法可以加强对学生求异求新、自信进取等品质的培养和训练，增强学生学习的自主性和独立性，培养学生独立思考和解决问题的能力，使其敢于认识和研究自己所不知道的问题，善于将新的学习内容灵活变通地纳入已有的认知结构，提高自己的认知水平。

项目二

植物组织培养生产的准备

知识目标

(1) 掌握植物组织培养实验室的设计原则。

(2) 了解植物组织培养实验室及厂房的构造和功能。

(3) 掌握植物组织培养常用实验仪器的功能及其使用方法。

能力目标

(1) 能掌握植物组织培养实验室的设计要点。

(2) 能绘制出植物组织培养实验室和厂房设计图。

(3) 能熟练使用植物组织培养的实验仪器设备。

(4) 能因地制宜地对厂房进行消毒。

(5) 能根据器皿种类选用有效的方法进行洗涤。

任务分析

植物组织培养的基础准备工作包括实验室设计、厂房的构建及消毒、仪器设备的使用等,这些工作是关系到后续工作能否顺利完成的关键。所以本项目分解为四个任务来完成:任务1是植物组织培养实验室设计与厂房构建(2课时);任务2是植物组织培养设备及器材的种类及使用方法(2课时);任务3是植物组织培养厂房卫生与消毒(2课时);任务4是培养器皿的洗涤(2课时)。

任务1 植物组织培养实验室设计与厂房构建

学习目标

(1) 掌握植物组织培养实验室的设计原则。

(2) 了解植物组织培养实验室及厂房的功能构造。

(3) 能绘制出植物组织培养实验室和厂房设计图。

任务要求

根据本课程的学习，师生共同探讨植物组织培养实验室及厂房的设计要点与构建细节，讨论各个实验室和车间的具体作用和使用要求，在教师的指导下，各小组绘制出设计图纸。

一、任务提出

(1) 植物组织培养实验室和厂房设计的要求与总原则是什么?

(2) 植物组织培养实验室由哪些部分组成? 各有何功能?

(3) 植物组织培养厂房如何设计与构建?

(4) 植物组织培养实验室和厂房使用的注意事项是什么?

二、任务分析

植物组织培养实验室及厂房的设计与构建是植物组织培养研究和工厂化建设最基本的部分，在进行植物组织培养工作之前，首先应对工作中需要哪些最基本的设备条件进行全面的了解，以便因地制宜地利用现有房屋，或新建、改建实验室。其大小取决于工作的目的和规模。在设计植物组织培养实验室和厂房时，应按植物组织培养程序来设计，避免某些环节倒排，引起日后工作混乱。

三、相关知识

植物组织培养是在严格的无菌条件下培养植物材料。要达到无菌操作和无菌培养的要求，就需要人为创造无菌的环境，使用无菌器具，同时还需要控制温度、光照、湿度等培养条件。

一个标准的植物组织培养实验室应当包括准备室(洗涤室、培养基配制室等)、无菌操作室、恒温培养室、细胞学观察室、驯化移栽室等(图 2-1)。实验室的大小和设置可根据工作性质和规模，结合实际条件自行设计，其中以无菌操作室和恒温培养室最为重要。

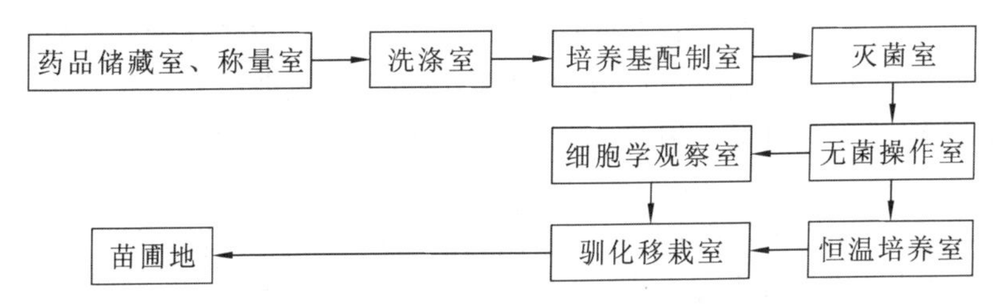

图 2-1 植物组织培养室分区布局

(一) 实验室的设计

1. 设计原则与总体要求

(1) 设计原则：①防止污染；②按照工艺流程科学设计，经济、实用和高效；③结构和布局合理，工作方便且节能、安全；④规划设计应与工作目的、规模及当地条件等相适应。

（2）总体要求：①实验室选址避开污染源，水电供应充足，交通便利；②保证实验室环境清洁；③电源需经专业部门设计、安装和验证合格之后，方可使用，应有备用电源；④实验室建造满足植物组织培养的需要；⑤实验室各分室的大小、比例要合理，培养室与其他分室（除驯化移栽室外）的面积之比为 3∶2，培养室的有效面积（培养架所占面积，一般占培养室总面积的 2/3）与生产规模相适应；⑥明确实验室的采光、控温方式，应与气候条件相适应，一般采取人工光照和恒温控制，方式为密封式或半地下式。

2. 实验室基本组成

1）准备室

准备室一般由以下几个部分组成。

（1）洗涤室：主要用于培养容器、玻璃器皿、用具和培养材料的清洗。洗涤室需备有工作台面及上水管和下水管、水池、落水架、电源、干燥箱等。

（2）药品储藏室：主要用于存放无机盐、维生素、氨基酸、糖类、琼脂、生长调节剂等各种化学药品。要求室内干燥、通风，避免光照。室内设有药品柜、冰箱等设备。各类化学试剂按要求分类存放，需要低温保存的药剂应置于冰箱中保存，有毒药品应按规定存放和管理。

（3）称量室：要求干燥、密闭，无直射光照。根据需要，配备各类天平。一般配备 1/100的普通天平和 1/10000 的电子天平，条件允许可加配 1/1000 和 1/100000 的天平，形成系列。除电源外，应设有防震、固定的台座。

（4）培养基配制室：用于培养基的配制、分装及培养基的暂时存放。室内应配有试管、三角瓶、烧杯、量筒、吸管、移液器等器具；配备平面实验台及安放药品和器皿的各类药品柜、器械柜、物品存放架；配备水浴锅、微波炉、过滤装置、酸度计、分注器及储藏母液的冰箱等。

（5）灭菌室：用于器皿、器械、封口材料和培养基的消毒灭菌，要求墙壁耐湿、耐高温，室内需要备有高压蒸汽灭菌装置、细菌过滤装置、煤气灶和电炉等。

2）无菌操作室

无菌操作室又称为接种室，是进行植物材料的分离及培养体转移的重要场所（图 2-2 和图 2-3）。由于植物组织培养需长时间的无菌操作，所以无菌条件的好坏对植物组织培养成功与否起重要作用。植物组织培养历时久，有的长达几年。相对于植物组织培养而言，微生物的培养生长时间短。因此，防止细菌和真菌侵入是提高工作效率和降低生产成本的关键。

无菌操作室基本要求是干净、无菌、密闭、光线好。一般安装滑动门，使空气不致流动，以防外界微生物及尘埃的侵入；墙壁光滑平整，地面平坦无缝，易于清洁和消毒。

室内放置设备主要如下：①安装紫外灯，以便灭菌，还要有照明装置及插座，以备临时增加设备之用；②超净工作台，其上放置接种器械、酒精灯、储存用 75%酒精浸泡的棉球的广口瓶、移动式载物台（医用平板推车）。无菌操作室面积应根据工作需求确定，小的无菌操作室面积一般为 5～7 m^2 即可。

无菌操作室外最好设置预备室作为缓冲间，用以减少工作人员从外界带入的尘埃等污染物。控温光照培养箱可以安放在缓冲间内。预备室与无菌操作室之间最好用玻璃相

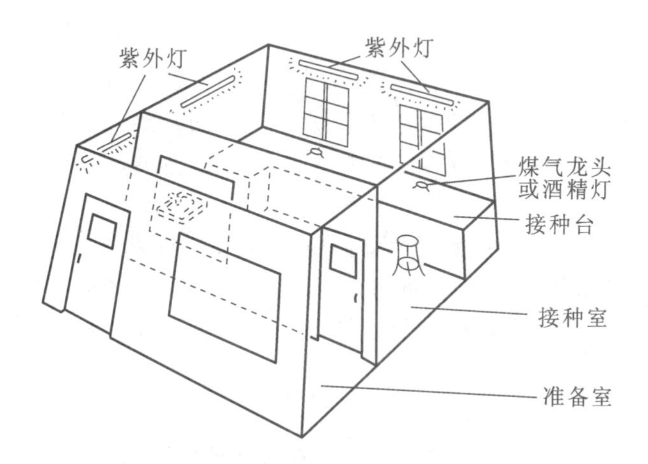

图 2-2　无菌操作室及准备室立体示意图

图 2-3　无菌操作室实物图

隔，便于观察和参观。

3）培养室

培养室是将接种到培养瓶等器皿中的植物离体材料进行培养生长的场所，需配有固定式培养架、旋转式培养架、转床和摇床、控温控光设备，以满足器官（如芽、茎、花药等）、细胞和原生质体的固体培养和液体培养的需要。

培养材料通常摆在培养架上，制作培养架应考虑使用方便、节能、充分利用空间及安全可靠。培养架材料为金属、铝合金或木制品。隔板最好使用玻璃板或铁丝网，既透光，上层培养物又不受热。为使用方便，通常设计为 5～7 层，最低一层离地面 50 cm 以上，每层间隔约 30 cm，培养架高 1.7～2.3 m。一般在每层上方放置日光灯用以补充光照。培养架长度通常根据日光灯的长度设计，宽度可根据工作情况而定，一般为安装 2 支日光灯的宽度（40～50 cm）。最好使用专门为植物组织培养设计的节能冷光源，其光谱与日光光谱相近且省电。每日照明时间根据培养物的特性不同而有所区别，一般为 10～16 h，用

自动计时器控制光照时间。

培养室要保持一定的温度条件，一般保持在20～27 ℃，要求室内温度均匀一致。室内湿度也要求恒定。为防止培养基的干燥和菌类的污染，相对湿度保持在70%～80%为宜。温度、湿度的保持可用空调或除湿机通过继电器、石英定时开关器、控温仪等来控制。

为满足植物组织培养材料生长对气体的要求，应安装排风窗和换气扇等换气装置；有条件的可安装细菌过滤装置，保持相对的无菌环境。若需进行液体培养，还应根据培养物的种类放置摇床、转床等培养装置。若需进行暗培养，应配备暗培养的设备(如专用柜子或无光培养箱等)。

4）细胞学观察室

细胞学观察室用于观察、记录植物组织培养材料的生长情况及结果。室内要有固定的水磨石或瓷砖台板，用以放置显微镜、立体显微镜、倒置显微镜及照相设备等。

5）驯化移栽室

驯化移栽室用于试管苗的移栽，通常在温室或塑料大棚内进行。室内应备有喷雾装置、遮阳网、移植床等设施和钵、盆、移植盘等移植容器以及草炭、蛭石、沙子等移植基质。试管苗移植时一般要求室温在15～35 ℃，相对湿度在70%以上。

（二）植物组织培养育苗工厂的设计

1. 设计原则与总体要求

(1) 设计原则：①根据培养目的和规模来设计，体现适用性；②流水线式设计，布局合理，符合生产工艺流程和工作程序，便于操作，体现系统性和实用性，以利于提高生产效率；③防止污染，体现针对性和可控性；④降低成本，节能、安全，体现经济性和实用性。

(2) 总体要求：①选址要求排灌水方便，远离污染源，水电供应充足，交通便利(离交通干线200 m以上)，周边环境清洁，地下水位1.5 m以下，一般建在城市的近郊区；②各车间大小与相对比例均合理，车间的设计和设备的配置及摆放应与其功能相适应；③建筑与装修材料要经得起消毒、清洁和冲洗；④厂房的防水处理应高标准，不能有渗水和漏雨现象；⑤地基最好高出地面30 cm以上；⑥其他要求与实验室设计相似。

2. 植物组织培养育苗工厂的基本组成与设计要求

1）基本组成

植物组织培养育苗工厂应包括植物组织培养育苗生产车间和驯化栽培区。其中植物组织培养育苗生产车间主要包括洗涤车间、药品储藏与称量车间、培养基配制车间、灭菌车间、接种车间、培养车间、检测车间；驯化栽培区包括驯化移栽车间和育苗苗圃，可以单独设置；此外，还有办公室、值班室、仓库、会议(培训)室、冷藏室、产品展示厅等附属用房(图2-4)。

2）具体设计要求

(1) 洗涤车间：洗涤车间面积在20 m^2左右，本室主要用于植物组织培养所需玻璃器皿的清洗、干燥和储存。室内应配备大型水槽，最好是白瓷水槽。为防止碰坏玻璃器皿，可铺垫橡胶。上、下水道要畅通。另备有塑料筐，用于运输培养器皿。还备有干燥架，用于放置洗净且干燥的培养器皿。

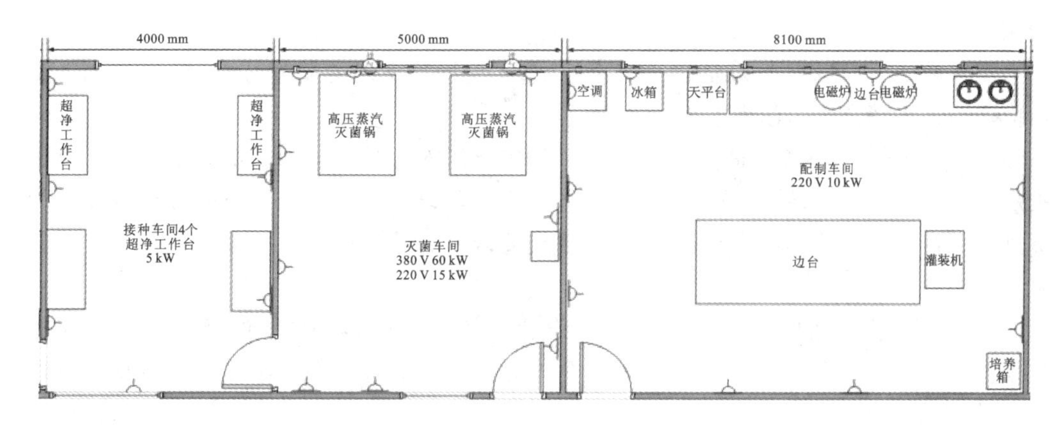

参观、运输走廊

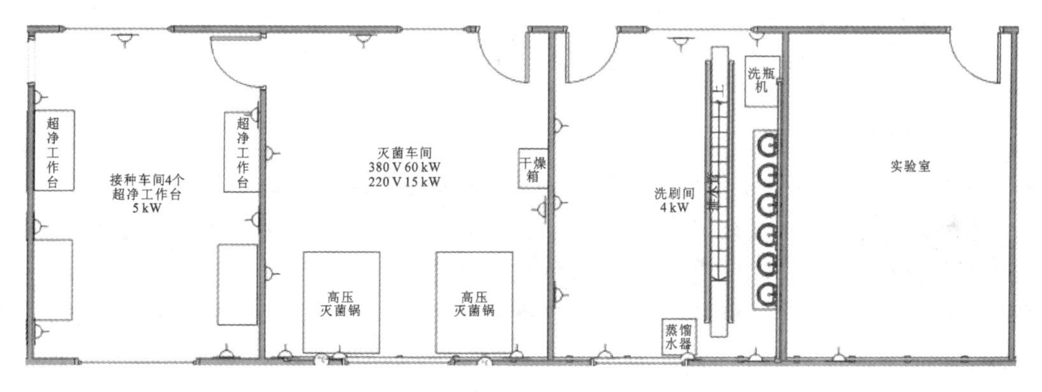

图 2-4　厂房设计图

(2) 药品储藏与称量车间:药品储藏车间面积为 10～15 m²,需终年保持相对较低的温度和较好的通风、干燥条件,同时需要遮光。称量车间面积约为 15 m²,需安装能抗盐酸腐蚀、牢固、平稳且具有较好抗震性的试验台。

(3) 培养基配制车间:培养基配制车间面积约为 30 m²,用于培养基的配制、分装、包扎和高压蒸汽灭菌等工作。为完成培养基的制备工作,该车间还应配备相应的仪器设备。

(4) 灭菌车间:灭菌车间面积约为 30 m²,主要仪器有高压蒸汽灭菌锅,用于培养基和器械用具的灭菌。小规模实验室可选用小型手提式高压蒸汽灭菌锅。如果是连续的大规模生产,应选用大型立式高压灭菌锅或卧式高压蒸汽灭菌锅。

(5) 接种车间:接种车间是进行植物材料的分离、消毒、接种及培养物转移的一个重要操作区。面积一般在 40～50 m²,要求地面、天花板及四壁尽可能密闭光滑,易于清洁和消毒,在适当位置吊装 1～2 盏紫外灯,用以辐射灭菌。除通风口和入口外,均应密封。配置滑动门,以减少室内外空气的对流,污染室内环境。

接种车间外应设有缓冲间,面积以 2 m² 为宜。室内放置有工作服、工作帽、拖鞋等物品,进入无菌操作室前在此更衣换鞋。缓冲间是工作人员进入无菌操作室之前的一个过渡场所,最好也安装 1 盏紫外灯,用以辐射灭菌,以减少工作人员进出时带入杂菌。

工作前，工作台用2%新洁尔灭溶液擦洗，无菌操作室内的紫外灯要照射20 min，室内应定时使用消毒药品消毒。

(6) 培养车间：培养车间是将接种的材料进行培养生长的场所。培养室的大小可根据所需培养架的大小、数目及其他附属设备而定。其设计以充分利用空间和节省能源为原则。其高度以比培养架略高为宜，周围墙壁要求具备绝热防火的性能。其他设置功能见实验室设计。

(7) 检测车间：检测车间的主要功能、设计要求和仪器用具配置与观察室相同。考虑方便操作和工序的有效衔接，检测车间最好与培养车间相邻。在检测车间内可单设摄影室和暗室。

(8) 驯化移栽车间：其功能与设计要求同实验室。

(9) 育苗苗圃：选用地势平坦、土质疏松且肥沃的砂壤土，有充足的水源和灌溉条件，现场条件便于苗木的销售运输，并保证苗木纯正无误。

特别提示

一般在设计上，每个组成部分最好能按工作的自然程序连续排列。清洗玻璃器皿的房间应在制备培养基的实验室之前，然后进行高压消毒，再进入无菌操作室。无菌操作室应与培养室相连，而培养室应安排在显微摄影室附近。丢弃培养物及污染物后的器皿应便于运回清洗室，所以各个实验室最好能安排成一条生产线。如条件有限，可将部分工作合并于一个房间内完成，但设备的安装与排列要合理，房间要宽敞、明亮、通风。

四、组织实施

(1) 通过小组讨论明确植物组织培养实验室的功能并进行实地参观。

(2) 各小组分别设计、绘制植物组织培养实验室及工厂构建图。

(3) 教师对各小组任务完成情况进行讲评，对整个过程的安排提出合理化建议，解答学生对本次任务的疑问。

五、评价与考核

项目	考核内容	要求	赋分
小组讨论	① 植物组织培养实验室的功能及构建要求 ② 小组成员合作讨论	小组成员全体参与；能明确实验室功能	30
设计图纸	按讨论结果绘制植物组织培养实验室设计图	使用A3纸绘制； 按标准绘图要求绘制	40
汇总评价	① 陈述本小组的设计理由 ② 回答其他小组提出的问题	—	30

任务2 植物组织培养设备及器材的种类及使用方法

学习目标

(1) 掌握植物组织培养设备及器材的功能。

(2) 掌握植物组织培养常用的实验仪器设备及其使用方法。

(3) 了解各种植物组织培养设备及器材使用的注意事项。

任务要求

师生共同探究植物组织培养设备及器材的功能和使用方法，每个小组总结出各种设备及器材在使用过程中的注意事项。

一、任务提出

教师首先进行植物组织培养设备及器材的使用演示，然后提出学习任务。

(1) 常用的植物组织培养设备及器材有哪些？其功能是什么？

(2) 每种设备及器材的使用方法是什么？

(3) 每种设备及器材在使用过程中的注意事项有哪些？

二、任务分析

植物组织培养是一项技术性很强的工作。为保证植物组织培养工作的顺利进行，要求实验室具备最基本的试验设备，要求工作人员能够熟练地掌握实验技术及操作各种仪器设备。

三、相关知识

(一) 主要设备的种类及使用方法

1. 超净工作台

它主要由鼓风机、滤板、操作台、紫外灯、照明灯等部分组成(图 2-5)。超净工作台根据气流的方向分为水平超净工作台和垂直超净工作台。

无菌操作应在超净工作台中进行。超净工作台功率为145～260 W，内部装有一个小电动机，它带动风扇鼓动空气先穿过一个粗过滤器，把大的尘埃过滤掉；再穿过一个高效过滤器，把直径大于0.3 μm的颗粒过滤掉；然后使这种不带真菌和细菌的超净气流吹过台面上的整个工作区域。由高效过滤器吹出来的空气速度为(27±3) m/min，这种速度已足够防止附近空气袭扰而引起的污染，同时这样的流速也不会妨碍酒精灯对接种器械的灼烧消毒。

在实验操作前，要把实验材料和需要的各种器械、药品等先放入超净工作台内，不要中途拿进。同时台面上放置的东西不宜过多，特别注意不要把物件堆得太高，以免影响气体流动。在使用超净工作台时应注意安全，当台面上的酒精灯点燃以后，不要再喷洒酒精进

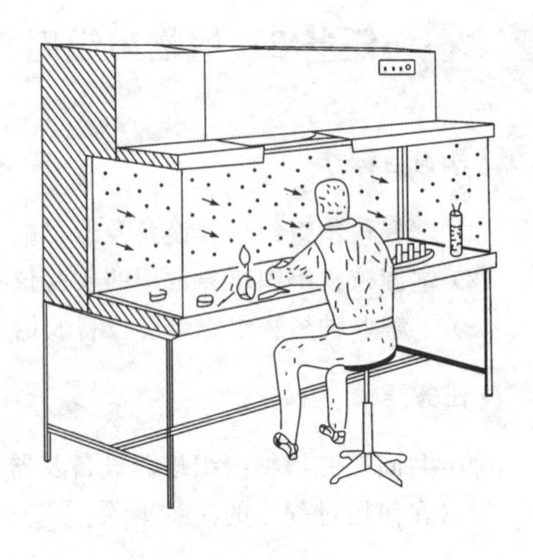

图 2-5　超净工作台实物图与示意图

行消毒，否则极易引起火灾。在每次使用超净工作台时，首先打开紫外灯 15～20 min 进行杀菌，接着启动鼓风装置，让气流吹 10 min 后再开始操作。为了延长过滤器的使用寿命，超净工作台不要安放在尘埃多的地方，定期检查超净工作台台面上的风速是很有必要的。

2. 干燥箱和恒温箱

洗净的玻璃器皿需迅速干燥，可放入电热鼓风干燥箱（图 2-6），80～100 ℃下烘干。进行干热灭菌时需保持 150 ℃，达 1～3 h；若需测定干物重，则温度应控制在 80 ℃，至完全干燥为止。

恒温箱又称为培养箱（图 2-7），用于植物材料的培养、植物组织分离、酶制剂保温等。

图 2-6　电热鼓风干燥箱

图 2-7　恒温箱（培养箱）

3. 高压蒸汽灭菌锅

它主要用于培养基和器械用具的灭菌。小规模实验室可选用小型手提式高压蒸汽灭菌锅（图 2-8）。如果是连续的大规模生产，应选用大型立式高压蒸汽灭菌锅或卧式高压蒸汽灭菌锅（图 2-9）。

图 2-8　小型手提式高压蒸汽灭菌锅

图 2-9　大型立式高压蒸汽灭菌锅

灭菌锅上装有温度计和压力表，还有排气阀。在灭菌前，必须将冷空气通过排气阀充分排除，否则锅内温度达不到规定温度，影响灭菌效果。此外，在灭菌锅上还应装有安全活塞，如果压力超过一定限度，活塞的阀门即能自动打开，放出多余的蒸汽。

4. 冰箱

它主要用于储存母液，以及各种易变质、易分解的化学药品及植物材料等。

5. 电子分析天平和托盘天平

电子分析天平（图 2-10）用于称取大量元素、微量元素、维生素、激素等微量药品，其精确度为0.0001 g；托盘天平（图 2-11）用于称取用量较大的药品（如糖和琼脂等），其精确度为0.1 g。天平应放置于干燥、防震的操作台上。

图 2-10　电子分析天平

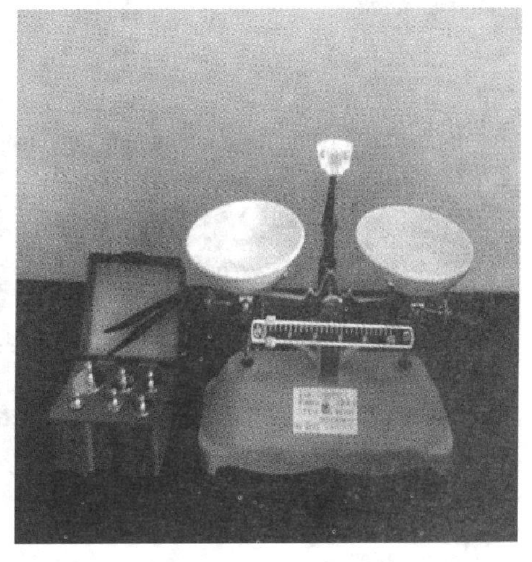

图 2-11　托盘天平

6. 显微镜及立体显微镜

它们种类多样。显微镜(图 2-12)主要用于观察组织切片、原生质形态等,立体显微镜(图 2-13)主要用于分离茎尖等组织。显微镜及立体显微镜上可配备照相装置,根据需要随时进行摄影记录。

图 2-12　显微镜

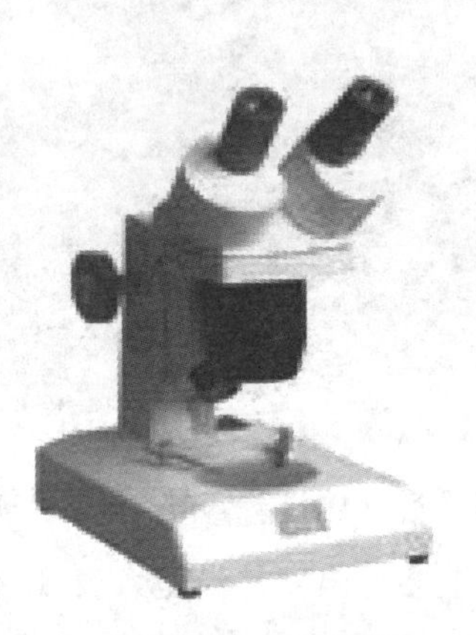

图 2-13　立体显微镜

7. 电热恒温水浴锅和电子万用炉

它们主要用于溶解难溶药品和熔化琼脂条(图 2-14 和图 2-15)。

图 2-14　电热恒温水浴锅

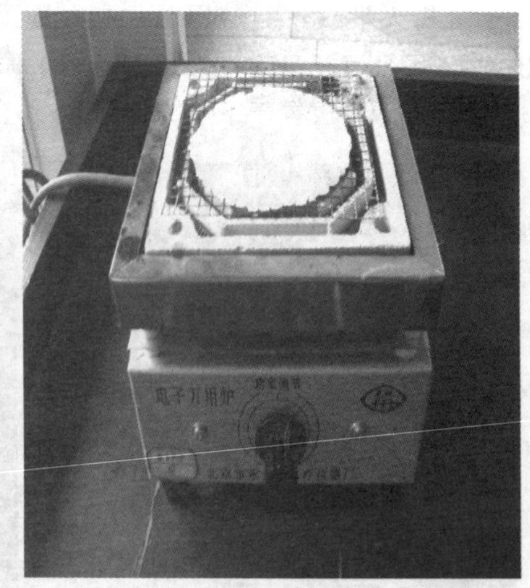

图 2-15　电子万用炉

8. 电蒸馏水器

它采用硬质玻璃或金属制成(图 2-16)。蒸馏水用于配制母液或培养基。

图 2-16　电蒸馏水器

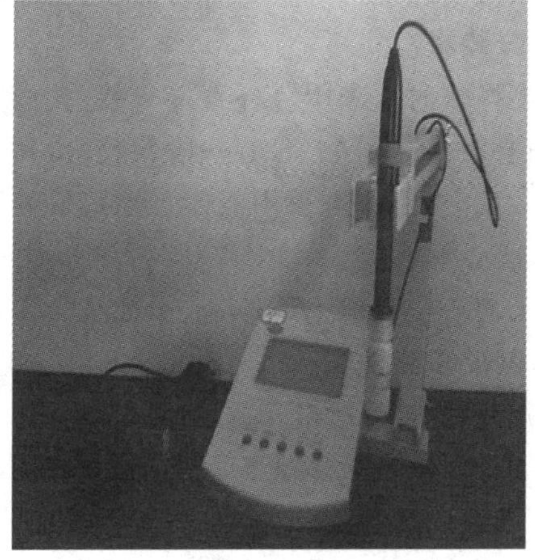

图 2-17　酸度计

9. 酸度计

培养基的 pH 值对植物组织培养是十分重要的，应当使用酸度计(图 2-17)进行调节。若无酸度计，也可使用 pH 试纸进行粗测。

(二) 主要器皿

1. 培养器皿

培养器皿主要由硬质玻璃制成，以保证长期储存药品及培养的效果。其中培养用的还要求透光度好，耐高压、高温。根据培养目的和要求，可以采用不同种类、规格的玻璃器皿，其中以三角瓶、试管、培养皿等使用较多。

(1) 三角瓶：规格有 100 mL、250 mL、500 mL 等。一般使用 100 mL 的三角瓶，静置或振荡培养皆适用。其培养面积大，利于组织生长，受光也比试管好。由于瓶口较小，不易受污染。

(2) 培养皿：常用直径 9 cm、12 cm 等规格，要求上、下能密切吻合。游离细胞、原生质体、花粉等的静置培养，看护培养，无菌种子的发芽，植物材料的分离等都需使用培养皿。

(3) 试管：常用 18 mm×180 mm 或 20 mm×200 mm 等规格。可用于培养较高的试管苗，且不易受污染。

(4) 罐头瓶：工厂化生产常采用 200 mL 广口罐头瓶，加盖半透明塑料盖。由于瓶口大，所以大量繁殖时操作方便，工作效率高，也减少了对培养材料的损伤。但缺点是易受污染。

目前，玻璃制的培养器皿逐渐被塑料器皿所代替。塑料容器具有质轻、透明、不易破碎、成本低等优点。例如，培养容器多为平底方盒形，可提高植株数，并能一层层地堆叠起来，从而节约空间。这类塑料制品多是采用聚丙烯材料制成，能耐高温，可进行高压蒸汽灭菌。有些产品为一次性消耗品，不但可节省人工，还可节省时间，提高效率。一次性塑料容器或带螺口的玻璃瓶，无须另外配盖，使用时比较方便。

瓶口封塞可用多种方法，要具有一定的通气性和密闭性，以防培养基干燥和杂菌污染。过去封口常用棉塞，但这种封口法在夏季极易受到污染，且不易保持培养基的湿度。

现在多用聚丙烯塑料薄膜封口，再用绳或橡皮圈扎紧。

2. 分装器

小型操作时可采用烧杯直接分装；大型实验室可采用医用的"下口杯"作为分装工具，在"下口杯"的下口管上套有一段软胶管，其上放置弹簧止水夹，使用方便；更大规模或要求更高效率时，可考虑采用液体自动定量灌注设备。

3. 离心管

用于离心收集原生质体，常用规格为 5 mL、10 mL。

4. 刻度移液管

常用规格为 0.1 mL、0.2 mL、0.5 mL、2 mL、5 mL、10 mL，用于配制培养基时吸取不同种类的母液。应多准备几支，分开使用。

5. 细菌过滤器

用于 0.22 μm 微孔滤膜抽滤，可除去不能采用湿热灭菌的液体中的细菌。该过滤器包括滤头、注射器或抽滤装置（如真空泵、抽滤瓶、滤气玻璃管等）。

6. 实验器皿

包括在植物组织培养中配制培养基、储存母液等各种化学实验用的玻璃器皿，如烧杯（100 mL、250 mL、500 mL、1000 mL）、量筒（10 mL、100 mL、1000 mL）、棕色试剂瓶（100 mL、1000 mL）等。

（三）器械用具种类及其使用方法

常用器械用具见图 2-18。

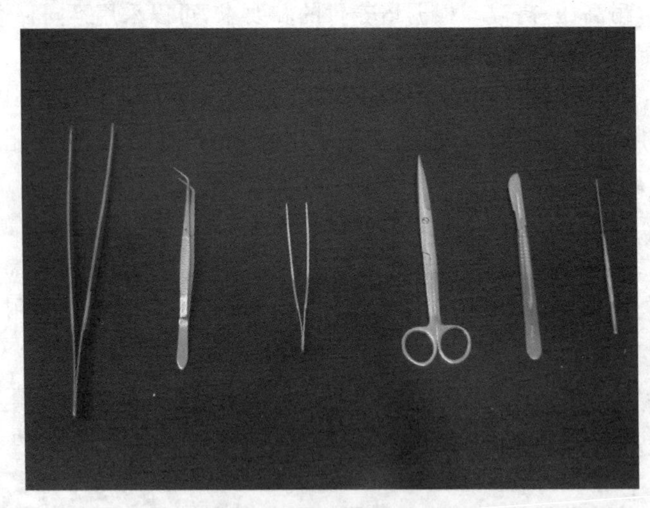

图 2-18　常用器械用具

1. 镊子类

常用医用镊子。根据需要采用不同类型的镊子。镊子过短，容易使手接触瓶口，造成污染；镊子太长，使用起来不灵活。若用 100 mL 的三角瓶作为培养瓶，可用 20 cm 长的镊子；在分离茎尖幼叶时，则用钟表镊子。

2. 剪刀类

可采用医疗五官科用的中型剪刀，主要用于切断茎段、叶片等，也可以用弯形剪刀，由于其头部弯曲，可以深入瓶中进行剪切。

3. 解剖刀

切割较小材料和分离茎尖分生组织时，可用解剖刀。刀片要经常更换，使之保持锋利状态，否则切割时会造成挤压，引起周围细胞组织大量死亡，影响培养效果。

4. 解剖针

解剖针可深入培养瓶中，用于转移细胞或愈伤组织，也可用于分离微茎尖的幼叶。

5. 接种工具

包括接种针、接种钩及接种铲，由白金丝或镍丝制成。

6. 钻孔器

用于取肉质茎、块茎、肉质根内部组织。一般为 T 形，口径有各种规格。

7. 其他

包括酒精灯、电炉、试管架、搪瓷盘等多种。

知识链接

1. 高压蒸汽灭菌锅的具体使用方法

(1) 打开灭菌锅锅盖，向锅内加水，或从加水口处加水。

(2) 将待灭菌的物品放入锅内，不要放得太密，以免影响蒸汽的流通和灭菌效果。物品也不要紧靠锅壁，以免冷凝水顺壁流入物品中。加盖旋紧后，使锅密闭。

(3) 打开放气阀，加热，自开始产生蒸汽后约 3 min 再关紧放气阀，此时锅内的冷空气已由排气孔排出，让温度随蒸汽压力增高而上升。待压力逐渐上升至所需压力时，控制热源，维持所需时间，一般压力维持在 1.034×10^5 Pa，灭菌 20 min。停止加热，压力随之逐渐下降。

(4) 灭菌后，待压力降为 0 时，打开锅盖，取出灭菌物品。在压力未完全下降时，切勿打开锅盖。

(5) 灭菌后可抽取少数培养基置于 37 ℃恒温箱内 24 h，若无菌生长，可保存使用。配制斜面培养基时从锅内取出后趁热摆成斜面。

2. 电蒸馏水器的具体使用方法

(1) 打开放水阀，排空过夜水。

(2) 打开进水阀，当锅内的水位上升至水位孔时关闭进水阀。

(3) 将蒸馏水出水管接至蒸馏水容器。

(4) 接通电源，锅内水被加热。

(5) 待锅内水沸腾时开启进水阀。注意水源开关不能开至过大或过小，保持加水杯的水位在一定水平上。若水从加水杯口中溢出，则水压太大。蒸馏水容器装满后，先关闭电源再关闭进水阀。

3. 酸度计的具体操作

(1) 接上电源，打开机器开关。

(2) 按"pH"键，直至显示屏上出现 pH 值。

(3) 去掉电极防护帽，用蒸馏水冲洗电极。

(4) 将电极浸入待测溶液中，慢慢搅拌，直至达到稳定的测定值。此时屏幕上出现"S"，记下读数。

(5) 测定完毕后，用蒸馏水冲洗电极，放入电极防护帽中，关闭电源开关，使之进入待机状态。

注意：只有在长时间(24 h 以上)停用时，才可拔下电源插头。

特别提示

植物组织培养所需的玻璃器皿和用具可根据研究的目的和需要而定，并可设计比较特殊的器皿和设备。一般微生物实验室和化学实验室所用的器皿和用具也可以适当选用。动物组织和细胞培养所用的器皿和用具多数也能用于植物组织和细胞的培养。

四、组织实施

(1) 通过对植物组织培养定义与要求的理解，掌握植物组织培养中使用的仪器设备、器皿和用具。

(2) 分组讨论植物组织培养中所使用的仪器设备的工作原理、使用方法和使用过程中的注意事项。

(3) 分组讨论各种植物组织培养器皿和用具的使用方法和操作注意事项。

(4) 在教师指导下各小组正确地使用植物组织培养仪器设备和器皿、用具。

(5) 各小组对仪器设备和器皿、用具使用过程中出现的问题进行总结，并讨论其解决方法。

(6) 教师对各小组任务完成情况进行讲评，对整个过程的安排提出合理化建议，解答学生对本次任务的疑问。

(7) 了解各种仪器设备和器皿、用具的维护知识。

五、评价与考核

项目	考核内容	要求	赋分
识别设备和器材	识别植物组织培养中常使用的设备和器材	能准确、快速地识别	5

续表

项目	考核内容	要　求	赋分
主要设备和器材的使用	① 三角瓶的绑瓶方法	规范熟练操作	10
	② 电子分析天平的使用	规范熟练操作天平，称量准确	10
	③ 高压蒸汽灭菌锅的使用	正确使用高压蒸汽灭菌锅	15
	④ 超净工作台的使用	① 能正确开启、关闭超净工作台 ② 能在超净工作台上正确地进行相关操作	20
	⑤ 酸度计的使用	① 能正确使用酸度计，并能快速、准确测量 ② 使用后进行正确维护	10
	⑥ 电蒸馏水器的使用	① 能正确使用电蒸馏水器 ② 使用后进行正确维护	10
	⑦ 显微镜的使用	① 正确使用显微镜并能成功观察对象 ② 使用后进行正确维护	15
现场整理	使用完毕后设备和器材的保养	按要求整理到位，培养良好的工作习惯	5

知识拓展

除了上述植物组织培养中必备的主要仪器设备外，根据试验要求还可能用到其他仪器。

1. 接种箱

在投资少的情况下，可以用接种箱来代替超净工作台。接种箱依靠密闭、药剂熏蒸和紫外灯照射来保证内部空间无菌；但操作活动受限制，准备时间长，工作效率低。

2. 离心机

离心机用于收集原生质体，转速要求较低，一般为1000～4000 r/min即可。

3. 摇床与转床

摇床与转床用于改善液体培养材料的通气状况及促进酶解原生质体的解离。一般液体培养中转速为100 r/min，在解离原生质体时转速为80 r/min。

4. 磁力搅拌器

磁力搅拌器用于加速搅拌难溶的物质，如各种化学物质、琼脂粉等。磁力搅拌器还可加热物品，使之更易于溶解。

5. 空调

保证室内温度，一般为(25±2) ℃，应安置在室内较高的位置，便于排热散凉。

6. 除湿机

它主要用于维持培养室内的湿度(70%～80%)。当室内湿度过高时,培养基易长杂菌;湿度过低时,培养基会失水变干,影响培养物的生长。

任务3 植物组织培养厂房卫生与消毒

学习目标

(1) 了解植物组织培养室日常维护的意义和要求,室内消毒的基本方法。

(2) 会配制各种消毒溶液,能用正确的方法对厂房的地面、墙面、空间等进行消毒。

(3) 培养学生良好的卫生习惯,建立植物组织培养的无菌意识。

任务要求

根据厂房(或实验室)的具体情况对各车间进行清扫,使学生明确清洁是消毒和灭菌工作的前提条件;然后配制各种消毒溶液,并能用正确的方法对厂房的地面、墙面、空间等进行消毒。

一、任务提出

(1) 植物组织培养生产的前提条件是什么?

(2) 为什么说厂房的清洁对植物组织培养生产至关重要?

(3) 厂房空间如何进行消毒?

(4) 各种消毒方法是如何进行操作的?

二、任务分析

植物组织培养工作是在一定的环境内(厂房)进行的,因此环境中微生物数量的多少直接影响污染率的高低,厂房消毒就是要消灭或减少环境中微生物的基数,保证植物组织培养生产的顺利进行。

三、相关知识

灭菌与消毒是植物组织培养的常规工作之一。植物组织培养的整个过程都应在无菌条件下进行,因此所用的培养基、培养器皿、各种操作工具、培养材料、培养空间、操作人员等都需要灭菌或消毒。

(一) 灭菌与消毒

1. 有菌和无菌的概念

要掌握消毒与灭菌技术,首先要清楚有菌和无菌的概念。凡是暴露在空气中的物体,以及接触自然水源的物体，至少它的表面都是有菌的；经高温灼烧或一定时间蒸煮过的物体、经其他物理或化学灭菌方法处理后的物体等一般认为是无菌的。

2. 灭菌与消毒的区别

灭菌是指用物理或化学方法杀死物体表面和孔隙内一切微生物或生物体；消毒是指杀死、消除或充分抑制部分微生物。

由灭菌和消毒的含义可以看出，两者的主要区别如下：灭菌是把所有有生命的物质全部杀死；消毒主要杀死或抑制物体表面的微生物，但芽孢、厚垣孢子一般不会死亡。

（二）常用的消毒灭菌方法

自然条件下的环境及物品都是有菌的，而植物组织培养过程中因培养基营养丰富，极易受到微生物侵染，因此必须根据不同对象采取有效的方法进行消毒灭菌。常用的灭菌方法见图 2-19。

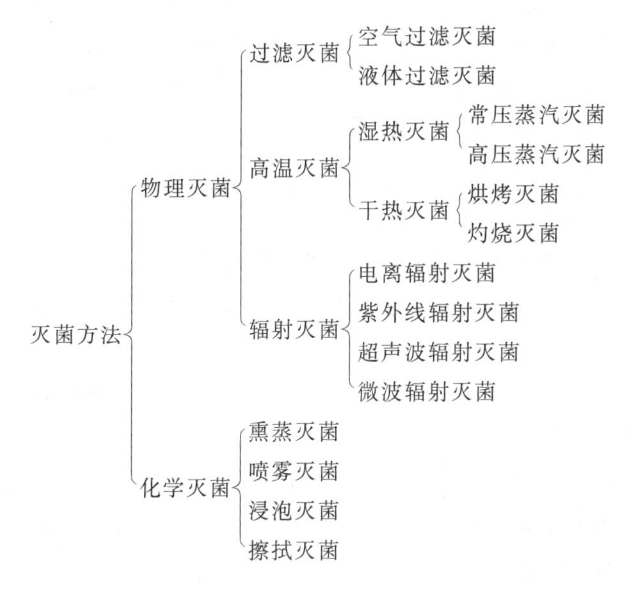

图 2-19 常用的灭菌方法

（三）消毒灭菌技术

消毒灭菌操作根据所作用的物体和工作程序主要分为环境消毒与灭菌、器皿和用具灭菌、培养基灭菌、外植体灭菌等。

1. 环境消毒与灭菌

植物组织培养是在一定的环境内（厂房）进行的，因此环境中微生物数量的多少直接影响污染率的高低，环境灭菌就是要消灭或减少环境中微生物的基数，保证植物组织培养生产的顺利进行。

环境灭菌的方法主要有空气过滤灭菌、紫外线辐射灭菌、喷雾灭菌和熏蒸灭菌等。

(1) 空气过滤灭菌：大规模的植物组织培养车间可采用空气过滤系统对整个环境进行空气过滤灭菌，这种方法投入较高，操作要求比较严格，一般较少采用。植物组织

培养中普遍采用的是对无菌操作的微环境（如超净工作台的局部无菌环境）进行空气过滤灭菌。

(2) 紫外线辐射灭菌：利用紫外线辐射灭菌，细菌吸收紫外线后，蛋白质和核酸发生结构变化，引起细菌的染色体变异，造成死亡。接种车间、培养车间等均可采用紫外线辐射灭菌，一般照射 20～30 min。由于紫外线的穿透能力很弱，所以只适于空气和物体表面的灭菌，而且要求距离照射物以不超过 1.2 m 为宜。紫外线对人体皮肤和眼睛会造成伤害，工作人员进入前需注意关闭紫外灯。

(3) 喷雾灭菌：利用 70%～75%酒精或 0.2%新洁尔灭溶液对环境进行喷雾，既可以起到直接杀死环境中微生物的作用，又可以使飘浮的尘埃降落，防止尘埃上附着的杂菌污染培养基和培养材料。

(4) 熏蒸灭菌：利用加热焚烧、氧化等方法，使化学药剂变为气体状态扩散到空气中，以杀死空气中和物体表面的微生物。常用的熏蒸剂是甲醛，熏蒸时，按 2 mL/m^3 用量，将甲醛置于广口容器中，加 0.2～1 g/m^3 高锰酸钾氧化挥发。熏蒸时，房间可预先喷湿，密闭，24 h 后打开门窗通风，此法对污染严重的环境效果特别好，但注意熏蒸的房间不能有培养材料。对有培养材料的培养室，可改用乙二醇加热熏蒸的方法，用量为 6 mL/m^3 即可。

2. 器皿和用具灭菌

植物组织培养中用到的各种器具如培养皿、玻璃容器、过滤器、剪刀、镊子、解剖刀、切割盘、接种服等使用前也需灭菌，根据器具种类不同分别采用干热灭菌、湿热灭菌、浸泡灭菌、擦拭灭菌等方法。

(1) 干热灭菌：利用烘箱进行烘烤灭菌的方法，适用于各种玻璃器皿和器械的灭菌。方法是将清洗后的玻璃器皿和器械包扎好，放入恒温箱内，将恒温箱温度控制在 150～170 ℃，烘烤 120 min，即可达到灭菌效果。在干热条件下，细菌的营养细胞抗热性大为提高，此法能量消耗大，又浪费时间，所以目前多用湿热灭菌代替。接种工具则采用高温烘烤或酒精灯外焰灼烧的方法灭菌。

(2) 湿热灭菌：适用于培养基、玻璃器皿、棉塞、布制品及金属用具等的灭菌，一般灭菌控制在 0.1～0.15 MPa 压力下 20～30 min 即可。

(3) 浸泡灭菌：在无菌操作时，把镊子、剪子、解剖刀等浸入 70%～75%酒精中浸泡，使用之前取出在酒精灯外焰上灼烧，待冷却后使用。

(4) 擦拭灭菌：接种用具及超净工作台表面等使用前可用 70%～75%酒精或 0.1%～0.2%新洁尔灭溶液进行擦拭灭菌。

3. 培养基灭菌

详见项目三相关内容。

4. 外植体灭菌

详见项目四相关内容。

知识链接

常用空间灭菌材料的作用原理与特点

1. 紫外线

紫外线波长在10～400 nm。紫外线之所以能够灭菌，是因为它能引起细菌或病毒的遗传物质DNA和RNA的结构变化，包括碱基损伤（如丢失或改变）、单链或双链断裂与交联以及各种光产物的形成等，从而影响DNA复制、RNA转录和蛋白质的翻译，导致病菌或病毒死亡。另外，紫外线辐射所产生的臭氧和各种自由基可损伤蛋白质和酶分子，导致功能改变。

紫外线不仅对微生物有致命影响，对人也有一定的致癌作用。因此，当用紫外线消毒期间，工作人员不要处在正消毒的空间内，更不要用眼睛注视紫外灯，也要避免手长时间在开着紫外灯的超净工作台内进行操作。接种室用紫外线消毒后，一般不要立即进入，应在关闭紫外灯15～20 min后再进入室内，因为室内高浓度的臭氧会对人体，尤其是呼吸系统造成伤害。

2. 甲醛溶液和高锰酸钾

一般采用甲醛溶液（福尔马林）和高锰酸钾按2∶1（质量比）的比例进行熏蒸，产生无色但有强烈刺激性的甲醛气体，可与菌体蛋白中的氨基结合使其变性或使蛋白质分子烷基化，对细菌、芽孢、真菌、病毒均有效。甲醛对眼睛、鼻腔和呼吸道有强烈的刺激作用，因此，用甲醛和高锰酸钾封闭消毒期间，工作人员不宜进入消毒空间，消毒后通风换气，待气味散尽后再出入。

3. 新洁尔灭溶液

新洁尔灭溶液（苯扎溴铵溶液）是一种表面活性剂，可吸附在细菌的表面，从而改变细菌细胞壁和细胞膜的通透性，使菌体内的酶、辅酶和代谢产物加速排出，妨碍细菌的呼吸及糖酵解过程，并使菌体蛋白变性。此类消毒剂具有杀菌力强，无刺激性、腐蚀性及漂白性，易溶于水，不污染等特点。它在碱性、中性介质中杀菌力强，但在酸性介质中杀菌力大减。对结核杆菌、铜绿假单胞菌、芽孢、真菌和病毒效用差，甚至无效。

四、组织实施

（1）通过小组讨论明确植物组织培养厂房洁净与消毒的重要性。

（2）分组进行厂房各车间的卫生清理。

（3）根据各车间具体情况选择有效的方法进行消毒。

（4）教师对各小组任务完成情况进行讲评，对整个过程的安排提出合理化建议，解答学生对本次任务的疑问。

五、评价与考核

项目	考核内容	要求	赋分
计划制订	① 确定消毒的方法及配制消毒剂的种类和浓度 ② 各小组分工情况	选用的消毒方法正确，种类和浓度确定合理；小组分工明确	20
物品准备	消毒剂、天平、试剂瓶、喷雾器、乳胶手套、紫外灯、抹布等	物品准备充分，人员安排合理	10
厂房卫生清理	小组分工完成各车间的卫生清理任务	对地面、台面、仪器表面、墙壁、门窗等彻底清扫、擦拭，做到“窗明几净，不留死角”	30
厂房消毒	根据各车间具体条件完成消毒任务	因地制宜地选择有效的消毒方法(紫外线辐射、化学消毒剂擦拭或喷雾、熏蒸灭菌等)	30
现场整理	物品归位	按要求整理到位，培养良好的工作习惯	10

任务4　培养器皿的洗涤

学习目标

(1) 掌握洗涤液的配制方法，以及各种器皿和用具的洗涤技术。

(2) 能根据器皿的种类采用正确的方法进行洗涤，会检验器皿洗涤得是否洁净。

(3) 能对洗涤好的器皿和用具进行正确的存放。

任务要求

根据所提供的器皿的种类采用正确的方法进行洗涤，并检验器皿洗涤得是否洁净，然后对洗涤好的器皿和用具进行正确的存放。

一、任务提出

(1) 植物组织培养生产中为什么要对各种器皿进行洗涤？

(2) 常用的洗涤剂种类有哪些？如何配制？

(3) 植物组织培养生产中的各种器皿如何洗涤和存放？

二、任务分析

植物组织培养是在无菌条件下进行的，除了对培养材料和接种用具要严格消毒外，各种用具更要求洗涤干净，因为各种灭菌方法的有效作用时间都是以材料或用具清洁为前提的。因此，各种器皿的洗涤就成为植物组织培养生产中最经常也是工作量较大的任务。

三、相关知识

（一）洗涤液

洗涤液的种类很多，配制方法也不一样，可根据器具要求选择经济、有效的洗涤液，常用的主要有肥皂水、洗衣粉溶液、洗洁精和铬酸洗液。

1. 肥皂水、洗衣粉溶液、洗洁精

肥皂水、洗衣粉溶液、洗洁精是常用的去污剂，去污力强。尤其是对油脂多的器皿，先用吸水纸将油脂擦去，再用10%～20%洗衣粉溶液洗涤，较易洗涤干净，适用于玻璃器皿和金属类器具的洗涤。

2. 铬酸洗液

它由重铬酸钾和浓硫酸混合而成，属强氧化剂，对无机离子、灰尘效果好，对油污无效。

(1) 铬酸洗液的配制方法：称取重铬酸钾 50 g，加入 1 L 蒸馏水，加热搅拌至完全溶解；冷却后注入 90 mL 浓硫酸，混合均匀即可。刚配好的洗液是棕红色，反复使用直至变成青褐色时则失效。

(2) 铬酸洗液配制的注意事项：①配制时重铬酸钾溶液一定要冷却后才能加浓硫酸，且只能把浓硫酸缓慢加入重铬酸钾溶液中，决不能将重铬酸钾溶液或蒸馏水倒入浓硫酸中；②由于铬酸洗液具有极强的氧化能力和腐蚀作用，故不要用手直接接触。

（二）各类器皿和用具的洗涤方法

1. 新的玻璃器皿

新的玻璃器皿因加工过程中有游离碱存在，所以按照图 2-20 的流程洗涤。

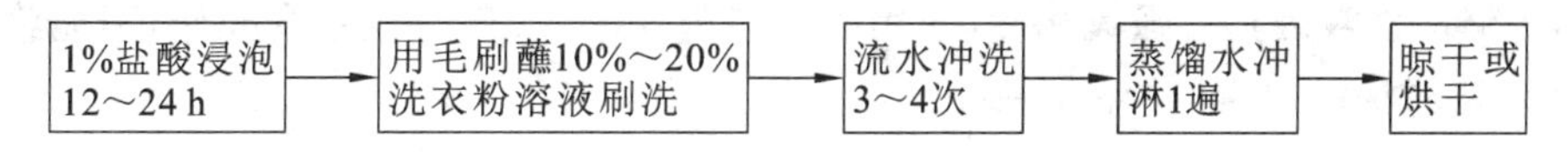

图 2-20 新的玻璃器皿的洗涤方法

2. 已用过的培养器皿

已用过的培养器皿按照图 2-21 的流程洗涤。

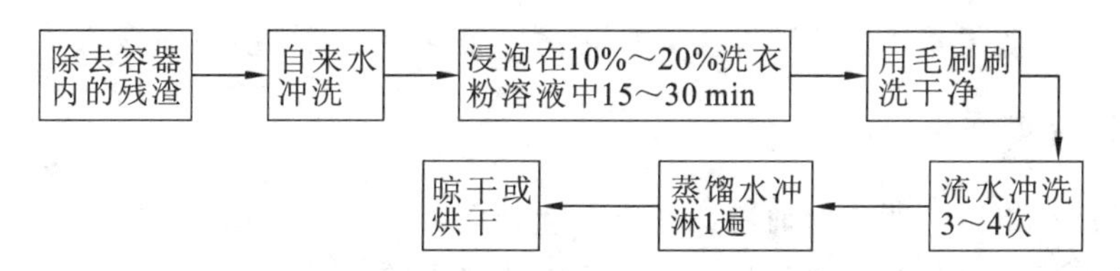

图 2-21 已用过的培养器皿的洗涤方法

3. 已被真菌等杂菌污染的器皿

已被真菌等杂菌污染的器皿按照图 2-22 的流程洗涤。

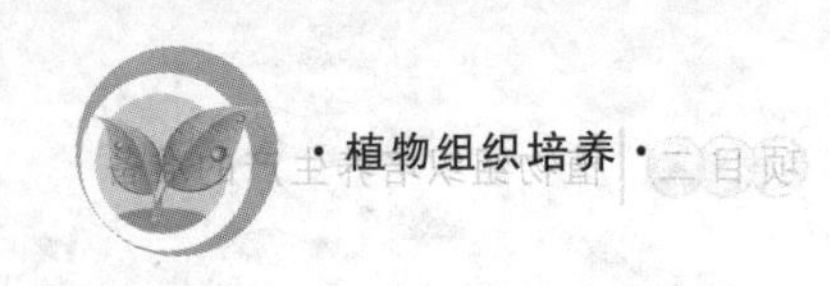

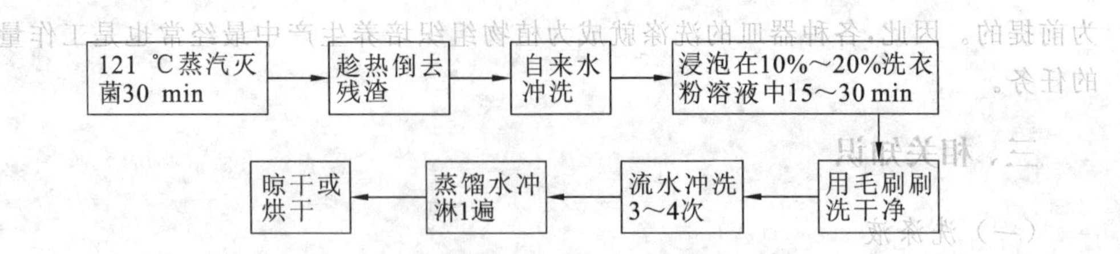

图 2-22　已被真菌等杂菌污染的器皿的洗涤方法

4. 移液管、量筒等量器

移液管、量筒等量器按照图 2-23 的流程洗涤。

铬酸洗液中浸泡 2 h 以上 → 取出后在流水中冲洗 30 min → 蒸馏水冲淋 1 遍 → 晾干后备用

图 2-23　移液管、量筒等量器的洗涤方法

5. 载玻片和盖玻片

载玻片和盖玻片按照图 2-24 的流程洗涤。

洗涤液中浸泡数小时 → 水洗 → 用绸布擦干 → 放在 95%酒精中备用

图 2-24　载玻片和盖玻片的洗涤方法

6. 解剖刀、镊子、剪刀等

新购置的金属器皿因其上有润滑油或防锈油，先用蘸有四氯化碳的棉布擦去油脂，再用湿布擦净，干燥备用。每次使用后先用洗衣粉溶液刷洗，再用酒精擦拭。

（三）各类器皿洗涤注意事项

（1）特别要注意清洗干净器皿口。

（2）培养器皿上的标记一定要擦净。

（3）洗过的玻璃器皿要沥干或烘干。

（4）移液管之类的量具和计量仪器不宜高温烘烤。

（5）铬酸洗液因具有强氧化性，使用时应格外小心，应戴橡胶手套操作，不能将裸露的手伸入铬酸洗液中捞取待洗器皿。

特别提示

（1）用毛刷刷洗器皿时，要沿瓶壁上下刷动和呈圆周旋转两个方向刷洗，且瓶外也要刷到，不要留下未刷到之处。

（2）洗净的玻璃器皿应透明澄亮，内、外壁水膜均匀，无油花，无成股水流，不挂水珠。

四、组织实施

（1）通过小组讨论明确器皿洗涤的重要性。

（2）对所提供的各种器皿和用具讨论确定洗涤方案。

（3）分工进行洗涤前的准备工作。

（4）对各种器皿和用具进行正确洗涤。

（5）各小组相互检查器皿的洁净程度，并进行正确的存放。

(6) 教师对各小组任务完成情况进行讲评，对整个过程的安排提出合理化建议，解答学生对本次任务的疑问。

五、评价与考核

项目	考核内容	要求	赋分
计划制订	① 确定配制洗涤液的种类、浓度和容积 ② 确定洗涤的方法、步骤 ③ 各小组分工情况	选用的洗涤方法正确，洗涤液的种类、浓度和容积确定合理，配制准确；小组分工明确	15
物品准备	洗涤剂、天平、试剂瓶、洗涤池、乳胶手套、瓶刷、周转箱等	物品准备充分，人员安排合理	10
洗涤液配制	小组分工完成各种洗涤液的配制任务	根据需要配制1%盐酸、铬酸洗液、洗衣粉溶液等，配制方法正确	20
器皿洗涤	对提供的各种器皿正确进行洗涤	根据器皿种类选用有效的洗涤方法，按照正确的步骤进行洗涤，达到清洁要求	30
检查与存放	对清洁程度进行检查，洁净的器皿正确存放	各组按照洁净标准相互检查是否清洁，达到要求的器皿正确存放，不符合要求的重新洗涤	15
现场整理	清洁工作台面，物品归位	按要求整理到位，培养良好的工作习惯	10

项目三

培养基的配制

知识目标

(1) 掌握培养基的基本成分及常用培养基的特点。

(2) 掌握培养基筛选的过程和方法。

(3) 能运用理论知识解释操作。

能力目标

(1) 能够按照操作流程配制母液,操作规范、配制准确。

(2) 能够严格按照培养基配制流程操作,准确配制培养基。

(3) 能学会高压蒸汽灭菌,灭菌彻底。

任务分析

配制培养基的目的是人为提供离体培养材料的营养源。没有一种培养基能够适合一切类型植物组织或器官的生长。在建立一个新的培养系统时,首先必须找到一种合适的培养基,培养才有可能成功。因此,培养基的配制是植物组织培养生产中重要的工作之一。为了方便快速配制培养基,保证各物质成分的准确性及配制时的快速移取,通常预先配制培养基的浓缩液(母液),然后进行培养基的制备。

所以本项目分解为三个任务来完成:任务1是培养基母液的配制与保存(4课时);任务2是培养基的配制与分装(4课时);任务3是培养基的高压蒸汽灭菌与存放(4课时)。

任务1　培养基母液的配制与保存

学习目标

(1) 了解培养基中各成分的作用。

(2) 了解培养基母液的作用,明确母液配制的目的和意义。

（3）能按照配方独立进行各类培养基母液的配制与保存。

任务要求

由教师提出任务，师生共同探究培养基配方各类成分的特点以及作用，然后根据生产实际制订培养基母液配制计划，并在教师指导下各小组分工来完成各种母液的配制任务。

一、任务提出

（1）常用的培养基有哪些？

（2）一个完善的培养基配方的成分有哪些？各有何作用？

（3）各种成分如何添加到培养基中？

（4）为什么要配制母液？

（5）各种母液是如何配制的？

二、任务分析

植物组织培养所选用的培养基有几十种，而每种又包括多种成分，可以根据不同的需要来选择不同的培养基。在这些培养基中有些成分的用量非常微小，如果每次配制培养基时都即时称量，不仅费时费工，也不够准确，因此可以根据配方特点预先配制成母液。母液在配制的过程中，可以根据每种元素的化学性质、用量等来进行区分，配制成不同的母液。

三、相关知识

在植物组织培养过程中，培养基的配制是一项最基本的工作。配制每种培养基需要十几种化合物，配制起来十分不方便，特别是微量元素和植物生长激素的用量极少，很难达到精确称量。因此，可将配方中的各种元素按照一定的方式，配成一些浓缩液，用时稀释，这种浓缩液就是浓缩储备液（简称母液）。母液不仅可以解决上述问题，而且还可以减少工作量，使用起来非常方便，提高了工作效率，同时也提高了实验的精度。

（一）各种母液的配制

1. MS 培养基母液的配制

在配置母液过程中，应先用量筒量取 700～800 mL 的蒸馏水，放入 1000 mL 的容量瓶中，然后分别称取每种药品，分别溶解。大量元素在配制的过程，要注意一定要按照表 3-1 给定的排列顺序依次混合定容，以免发生沉淀。铁盐母液在配制过程中，要把硫酸亚铁（$FeSO_4 \cdot 7H_2O$）和乙二胺四乙酸二钠（Na_2-EDTA）分别溶解，然后将乙二胺四乙酸二钠溶液缓慢倒入硫酸亚铁（$FeSO_4 \cdot 7H_2O$）溶液中，加热溶解 10 min 左右，通过加热形成稳定的螯合铁，性质比较稳定，不易产生沉淀。在配制微量元素母液和有机物母液时也应分别称重和溶解，对顺序要求不是很严格，一般不会出现沉淀现象。

表 3-1 MS培养基母液的配制

母液		在MS培养基中的浓度/(mg/L)	在母液中的浓度/(mg/L)	1 L培养基应取的量/mL
分类	组成成分			
大量元素母液	NH_4NO_3	1650	16500	
	KNO_3	1900	19000	
	$CaCl_2 \cdot 2H_2O$	440	4400	100
	$MgSO_4 \cdot 7H_2O$	370	3700	
	KH_2PO_4	170	1700	
微量元素母液	H_3BO_3	6.2	620	
	$Na_2MoO_4 \cdot 2H_2O$	0.25	25	
	$MnSO_4 \cdot 4H_2O$	22.3	2230	
	$CuSO_4 \cdot 5H_2O$	0.025	2.5	10
	$ZnSO_4 \cdot 7H_2O$	8.6	860	
	$CoCl_2 \cdot 6H_2O$	0.025	2.5	
	KI	0.83	83	
铁盐母液	Na_2-EDTA	37.3	3730	10
	$FeSO_4 \cdot 7H_2O$	27.8	2780	
有机物母液	肌醇	100	10000	
	烟酸	0.5	50	
	盐酸吡哆醇	0.5	50	10
	盐酸硫胺素	0.1	10	
	甘氨酸	2	200	

2. 植物生长激素母液的配制

每种植物生长激素需要单独配制。例如,配制生长素类物质(如IAA、NAA、2,4-D等)时,需先用少量95%酒精或1 mol/L NaOH溶液助溶后,再加蒸馏水定容;细胞分裂素类物质(如KT、6-BA、ZT等)需先溶于少量1 mol/L HCl溶液或1 mol/L NaOH溶液后再加蒸馏水定容;赤霉素类,最好用95%酒精溶解,然后加蒸馏水定容。植物生长激素母液配制的浓度一般为0.1 mg/mL,即称取激素10 mg,溶解后,加蒸馏水定容到100 mL。通常,植物生长激素的浓度不能过高,否则易产生结晶。

(二) 母液的保存

配制好的母液应贴上标签,标注母液名称、配制倍数、用量、日期等。铁盐母液、有机物母液、植物生长激素母液在储存的时候最好放入棕色试剂瓶中。母液应在2~4 ℃冰箱中储存,储存时间不宜过长,最好在1个月内用完。如果发现母液中出现沉淀或浑浊现象,则应丢弃不用。

特别提示

(1) 在母液配制过程中,有些药品不易溶解,通过适当加热来助溶,可以收到很好的效果。

(2) 配制母液应采用分析纯或化学纯试剂,配制母液用水应为蒸馏水或去离子水。

(3) 母液保存时间不宜过长,一般为1个月左右,如果在保存过程中发现沉淀或浑浊现象,则不能使用。

(4) 除叶酸需要先用少量的氨水溶解外,其余的维生素均能用水溶解。

四、组织实施

(1) 明确需要配制的母液,配制母液的目的,准备需要的材料、试剂及仪器设备,进行小组合理分工。

(2) 组织讨论确定配制母液的种类和数量,并填好母液配制单,认真核对培养基各成分的用量是否准确。

(3) 在教师指导下,各小组采用正确的方法与步骤配制各种母液,然后进行标记。

(4) 各小组对母液配制过程中出现的问题进行总结,并互相检查配制的母液是否有沉淀。

(5) 教师对各小组任务完成情况进行讲评,对整个过程的安排提出合理化建议,解答学生对本次任务的疑问。

(6) 将配制的母液放到冰箱中进行保存,对操作现场进行规范整理。

五、评价与考核

项目	考核内容	要　求	赋分
计划制订	① 确定母液配制的种类、浓度、容积等 ② 各小组分工情况	药品种类齐全,浓度与容积确定合理;小组分工明确	10
物品准备	培养基所需的药品、生长调节剂、天平、烧杯、容量瓶、量筒、蒸馏水、母液瓶、标签、冰箱等	物品准备合理、摆放整齐	10
母液配制与保存	① 药品用量计算:根据母液种类、浓度和容积准确计算各药品的质量	计算正确,结果准确无误(特别注意所用药品与配方的一致性,不一致时进行换算)	10
	② 药品称量:用适宜精度的天平称量所需药品	天平操作规范熟练,称量准确	20
	③ 药品溶解:选择适宜容量的烧杯,采用正确的溶解方式,搅拌器合理正确使用	溶剂选用合理,溶解彻底	15
	④ 定容:根据配制的量选择合适的容量瓶,平视溶液凹液面,视线和刻度线一致	定容方法正确,容量准确	15
	⑤ 装瓶:将混合均匀的母液不撒不漏地装入母液瓶中	装瓶正确,做到不撒不漏	5

续表

项目	考核内容	要　求	赋分
母液配制与保存	⑥ 贴标签:贴到母液瓶中央位置,标记好母液名称、配制倍数、用量、配制日期等	标签贴得正当合适、不偏不倚,标记清楚明了	5
	⑦ 保存:把贴好标签的母液瓶放入冰箱中进行冷藏	放置合理,标签向外对着冰箱门	5
现场整理	清理操作台面,并还原药品及用具	按要求整理到位,培养良好的工作习惯	5

知识拓展

母液的配制方法不仅可以按照元素含量、性质不同分成大量元素母液、微量元素母液、铁盐母液和有机物母液,也可以把同类盐配制成一种母液,用这种方法配制的母液具有在常温下可储藏的优点,以 MS 培养基母液配制(同类盐)为例(表 3-2)。

表 3-2　MS 培养基母液的配制(同类盐)

母液		1000 mL 母液中含量/g	配制每升培养基母液用量/mL
分类	组成成分		
N 类元素母液	NH_4NO_3	82.5	20
	KNO_3	95.0	
S 类元素母液	$MgSO_4 \cdot 7H_2O$	37.0	10
	$MnSO_4 \cdot 4H_2O$	2.23	
	$ZnSO_4 \cdot 7H_2O$	0.86	
	$CuSO_4 \cdot 5H_2O$	0.0025	
卤素类母液	$CaCl_2 \cdot 2H_2O$	44.0	10
	KI	0.083	
	$CoCl_2 \cdot 6H_2O$	0.0025	
PO_4-BO_3-MoO_4 类母液	KH_2PO_4	17.0	10
	H_3BO_3	0.62	
	$Na_2MoO_4 \cdot 2H_2O$	0.025	
Fe 盐类母液	Na_2-EDTA	3.73	10
	$FeSO_4 \cdot 7H_2O$	2.87	
有机物母液	肌醇	10	10
	烟酸	0.05	
	盐酸吡哆醇	0.05	
	盐酸硫胺素	0.01	
	甘氨酸	0.2	

任务2 培养基的配制与分装

学习目标

（1）掌握一般培养基的种类、特点。
（2）掌握基本培养基的配方、各类成分的特点及作用。
（3）能根据配方独立进行培养基的配制与分装。

任务要求

由教师提出任务，各小组课后进行讨论，制订培养基配制的方案。上课时在教师指导下各小组完成培养基的配制与分装过程。

一、任务提出

（1）常用的培养基有哪些？各有何特点？
（2）培养基中的各种成分的作用是什么？
（3）培养基配制过程中，各种物质如何添加？
（4）母液如何准确加入培养基中？
（5）pH值如何进行调节和确定？
（6）培养基熬制的时间多长？怎样判断是否熬制好？
（7）培养基如何进行分装？分装量如何掌握？

二、任务分析

培养基是植物组织培养的重要基质。在离体培养条件下，不同种植物的组织对营养有不同的要求，甚至同一种植物不同部位的组织对营养的要求也不相同，只有满足了它们各自的要求，它们才能很好地生长。因此，没有一种培养基能够适合一切类型的植物组织或器官的生长。因此，在建立一个新的培养系统时，首先必须找到合适的培养基。在培养基配制的过程中，首先要在容器中加入一定量的蒸馏水，然后准确称量需加入的各种母液和其他成分，熬制好的培养基按照要求进行分装。

三、相关知识

（一）培养基的成分

各种培养基的配方虽然不尽相同，但事实上除水外所含成分可划分为五大类，即无机营养物质、有机营养物质、植物生长调节剂、凝固剂及其他添加物质。

1. 水

培养基中的成分大部分是水。水是植物生长发育过程中不可缺少的物质。在配制培养基和母液时要选用蒸馏水或重蒸馏水，从而保证培养基配制的精确度。在工厂化生产的过程中，为了降低成本，在配制培养基时也可以用自来水。

2. 无机营养物质

无机营养物质又称为矿质元素，对植物的生长发育极为重要。根据国际植物生理学会的建议，植物所需元素的浓度高于 0.5 mmol/L 的称为大量元素，植物所需的元素的浓度低于 0.5 mmol/L 的称为微量元素。

(1) 大量元素：主要有氮(N)、磷(P)、钾(K)、钙(Ca)、镁(Mg)和硫(S)等。其中氮是氨基酸、核酸、维生素等重要物质的组成成分，是生物体不可缺少的物质。在培养基中氮主要以铵态氮、硝态氮两种形式存在，大多数培养基中两者都有，以调节培养基中的离子平衡，利于细胞的生长与发育。缺氮时，植物下部老叶先变黄。磷是细胞核的组分之一，直接参与呼吸作用，还能影响氮的合成。常用的磷类物质有磷酸二氢钾、磷酸二氢钠和磷酸钙。缺磷时茎变细，生长缓慢，老叶出现暗紫色或青铜色，叶脉间出现淡绿色斑纹。钾能促进光合作用，并与氮的吸收及蛋白质的合成有关。缺钾时，植物中下部叶片会出现斑点或黄化，叶缘枯焦，皱缩呈火烧状。钙、镁、硫等可影响培养物中酶的活性和方向。

(2) 微量元素：微量元素主要有铁(Fe)、铜(Cu)、锌(Zn)、锰(Mn)、硼(B)、钼(Mo)、氯(Cl)等。铁是一种极重要的微量元素，它可影响叶绿素的合成，在培养基中以螯合铁的形式加入。缺铁时，叶脉间呈淡绿色，仅叶脉呈绿色。铜能促进离体根的生长。锰可以提高光合作用和氮的代谢作用等。锌影响生长素的合成，缺锌时叶子小且簇生，叶色呈淡绿色至黄色。钼能防止叶绿素被破坏。虽然微量元素的用量少，但是它们对植物生命活动起着十分重要的作用，一些化学药品和水中常常带有微量元素的杂质，因此要注意微量元素的用量不能过多，否则会对植物生长起到抑制作用。

3. 有机营养物质

有机营养物质主要包括维生素类、氨基酸类、糖类(碳源)、肌醇和其他有机添加物。

(1) 维生素类：维生素直接参与植物生命活动中最重要的过程，如酶的合成、蛋白质和脂肪的代谢等。正常的植物体能够制造维生素，供生长发育，但在离体培养过程中不能合成足够的维生素，因此必须人为地添加，常用的维生素浓度为 0.1～1.0 mg/L。常用的维生素主要是 B 族维生素，包括盐酸硫胺素(维生素 B_1)、盐酸吡哆醇(维生素 B_6)、烟酸(维生素 B_3，又称维生素 PP)、泛酸(维生素 B_5)、钴胺素(维生素 B_{12})、叶酸(维生素 B_{11})等，还有生物素(维生素 H)、抗坏血酸(维生素 C)等。其中维生素 B_1 是最重要的 B 族维生素，它能促进植物的全面生长，可能是所有植物组织培养初期所需要的维生素；维生素 B_6 能够促进根的生长；烟酸能够促进胚的发育；维生素 C 具有抗氧化功能，在植物组织培养过程中可有效防止褐变的发生。

(2) 氨基酸类：氨基酸可以作为植物组织培养的补充氮源，促进蛋白质的合成，对外植体芽、根、胚状体的生长和分化均有良好的促进作用，用量为 1～3 mg/L。此外，各种氨基酸还具有其特定的作用，甘氨酸(Gly)能促进离体根的生长，对植物组织的生长具有良好的促进作用；丝氨酸(Ser)和谷氨酰胺(Gln)有利于花药胚状体或不定芽的分化；丙氨酸(Ala)能促进胚状体的形成；半胱氨酸(Cys)可作为抗氧化剂，具有延缓酚类物质氧化和防止褐化的作用。水解乳蛋白(LH)、水解酪蛋白(CH)是多种氨基酸的混合物，对胚状体、不定芽的分化起了良好的促进作用。

(3) 糖类(碳源)：糖类作为碳源是植物组织培养过程中不可缺少的物质，常用的糖类有蔗糖、果糖、葡萄糖等。最常用的糖类为蔗糖，用量为2%～5%，在配制MS培养基时，常加入3%的蔗糖。生根培养基需要降低糖浓度，这有利于提高生根苗的自养能力，提高移栽后的成活率。工厂化生产时，可用市售白砂糖代替，可降低生产成本。

（4）肌醇：肌醇又叫环己六醇，它本身对生长没有直接的促进作用，但是可以帮助活性物质发挥其作用，并参与糖的代谢，对胚状体、不定芽及愈伤组织的生长具有促进作用，一般用量为100 mg/L。

（5）其他有机添加物，包括水解乳蛋白、水解酪蛋白、酵母提取物、麦芽提取物、椰汁、橙汁、苹果汁、香蕉汁等。天然有机物质中含有一定的植物激素和多种维生素等复杂的成分，能明显地促进细胞和组织的分化，而使用浓度高时对细胞的生长具有一定的抑制作用，所以使用前需进行预备实验，确定最适浓度。

① 椰汁：一般使用浓度为10%～20%，是椰子的液体胚乳，它是使用最多、效果最佳的一种天然复合物，与其果实成熟度及产地关系也很大。它在愈伤组织培养、原球茎分化和细胞培养中有促进作用。

② 香蕉汁：用量为150～200 mL/L（成熟的小香蕉），加入培养基后变为紫色。对pH值缓冲作用大。它主要在兰花组织培养中应用，对发育有促进作用。

③ 马铃薯：用量为150～200 g/L。去掉皮和芽后，加水煮30 min，再经过过滤，取其滤液使用，对pH值缓冲作用也大。添加后可获得健壮的植株。

④ 水解酪蛋白：使用浓度为100～200 mg/L，为蛋白质水解物、多种氨基酸的混合物，易受酸和酶的作用而分解，使用时要注意。

⑤ 其他：酵母提取液（YE）（0.01%～0.05%）、麦芽提取液（0.01%～0.5%）、苹果和番茄的果汁、黄瓜的果实、未熟玉米的胚乳等。添加物大多在培养困难时使用，有时有效。

4. 植物生长调节剂

植物生长调节剂是影响植物离体形态发生的最关键因素，主要包括五大类，即生长素、细胞分裂素、赤霉素、脱落酸和乙烯，在植物组织培养中最常用的就是生长素和细胞分裂素，它们虽然用量很少，但对外植体愈伤组织的诱导和根、芽等器官的分化，起着非常重要的作用。

（1）生长素：其主要生理功能是促进细胞伸长生长和分裂；诱导形成愈伤组织；促进生根；与一定量的细胞分裂素配合，可诱导不定芽的分化、侧芽的萌发与生长。常用的生长素有吲哚乙酸（IAA）、吲哚丁酸（IBA）、吲哚丙酸（IPA）、萘乙酸（NAA）、萘氧乙酸（NOA）、2,4-二氯苯氧乙酸（2,4-D）等。生长素的一般用量为0.1～10 mg/L。NAA是由人工合成的，性质比较稳定，主要分为α-NAA和β-NAA两种形式，常用的是α-NAA。与IBA相比，NAA诱导生根的能力比较弱，诱导的根少而且粗，但是在某些植物上的诱导效果要好于IBA，不能一概而论。IBA是天然合成的生长素，可被光分解和酶氧化，对根的诱导作用强烈，诱导的根多而长。2,4-D是一种人工合成的生长素，多诱导愈伤组织，特别是对诱导单子叶植物愈伤组织具有良好的效果，在启动根和芽分化的方面几乎不用。

（2）细胞分裂素：其主要生理功能是促进细胞分裂和扩大、诱导芽的分化、促进侧芽萌发生长、抑制衰老及根的发育。细胞分裂素与生长素的相对比例影响根与芽的分化。

常用的细胞分裂素有玉米素(ZT)、6-苄基氨基嘌呤(6-BA)、激动素(KT)、异戊烯氨基嘌呤等。细胞分裂素的使用量通常为0.1～10 mg/L。6-BA和KT均是人工合成的细胞分裂素。6-BA的作用效果要远好于KT,是应用最广泛的细胞分裂素。ZT性质不稳定,在高温下易分解,对芽的诱导作用强烈。ZT在使用时多通过过滤灭菌,但在大规模工厂化生产中采用过滤灭菌不方便,ZT也可采用高压蒸汽灭菌,但使用量要高些。

细胞分裂素常与生长素配合使用,它们对于培养物的生长尤其是形态的形成起着重要且明显的作用。通常情况下,高浓度的生长素和细胞分裂素均能抑制根的生长;当生长素和细胞分裂素浓度比值大时,可促进根的形成;当细胞分裂素和生长素比值大时,则可以促进芽的形成。

(3) 其他激素:赤霉素(GA_3)主要用于促进幼苗茎的伸长生长,打破休眠,促进不定胚发育成小植株;脱落酸(ABA)在植物组织培养中很少使用,一般可增强胚性愈伤组织的形成和体胚发生,诱导休眠、促进衰老和脱落;乙烯(ETH)对芽的诱导和形成有促进和抑制作用,这与植物的种类及处理时间有关。

5. 凝固剂

在配制培养基时常用的凝固剂是琼脂(又称洋菜),它是从石菜花等海藻当中提取的高分子碳水化合物。琼脂本身没有任何营养,由于它无毒、可塑、可使各种可溶性物质均匀地分散,是制备固体培养基极其理想的一种凝固剂,常使用的有琼脂条和琼脂粉。琼脂粉使用起来更方便,已逐渐被认可,一般用量为4～8 g/L。琼脂以色白、透明、无杂质的为上品,所购买的琼脂应先试一下其凝固力,确定最适合的添加量,若用量太多,则培养基过硬,使培养材料不能很好地吸收培养基中的养分;若用量太少,则培养基太软,易使培养材料在培养基中下沉,造成通气不良而死亡。琼脂的凝固能力除与原料、厂家的加工方式等有关外,还与高压蒸汽灭菌的温度、时间及pH值等因素有关。长时间的高温处理会使琼脂凝固能力下降,过酸会使培养基不易凝固,过碱易使培养基变硬而不利于养分的扩散。

6. 其他添加物质

为了降低苯酚类化合物含量以免引起褐变,常在培养基中添加活性炭。活性炭的吸附作用可以减少有害物质对植物体的影响,有利于植物生根,并对器官发育具有良好的促进作用,特别是在胚状体形成阶段。除活性炭外,聚乙烯吡咯烷酮、柠檬酸和抗坏血酸等也用于防止酚类物质的氧化。

(二) 培养基的配制与分装

1. 确定培养基配方及使用量

在配制培养基前,应明确培养基的基本成分和各成分的使用量。现以唐菖蒲分化培养基配方(1 L,MS+6-BA 2 mg/L+NAA 0.1 mg/L+琼脂0.6%+蔗糖3%,pH值为5.7～5.8)为例,通过配方可以看出基本培养基是MS培养基,植物生长激素为6-BA(2 mg/L)和NAA(0.1 mg/L),碳源为蔗糖(3%),凝固剂为琼脂(0.6%)。根据配方先计算基本母液的用量。

$$\text{吸取母液量(mL)}=\frac{\text{所配培养基的体积(mL)}}{\text{母液浓度倍数}}$$

培养基的配制流程见图 3-1。

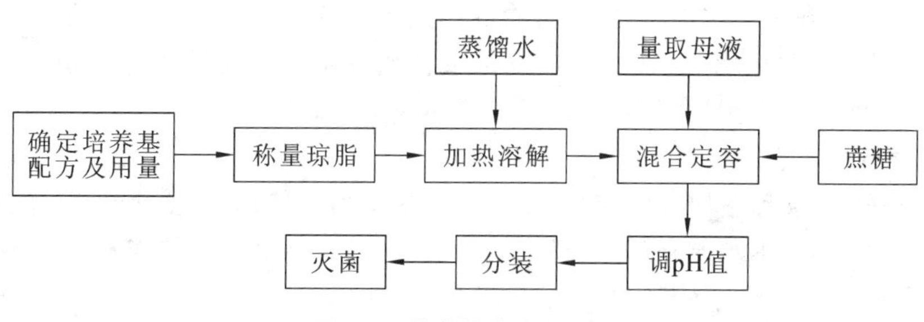

图 3-1 培养基的配制流程

为了称量准确，在配制前可以先把培养基配制表(表 3-3)填好，核实准确后再进行下一步工作。

表 3-3 培养基配制表

编号		配制量:1 L 用途:唐菖蒲分化培养		配制者:××× 日期:×年×月×日
		加入量/mL	固体物质	加入量/g
母液	A	100	蔗糖	30
	B	10	琼脂	6
	C	10		
	D	10		
激素	6-BA	20		
	NAA	1		
			pH:5.8	
			蒸馏水:700～800 mL 容器:培养瓶 数量:×瓶 说明:母液 A、B、C、D 分别代表 MS 大量元素母液、微量元素母液、铁盐母液、有机物母液	

2. 称量定容

先在搪瓷缸中加入 500～600 mL 的蒸馏水，按照表 3-3 用量筒量取母液 A 100 mL、母液 B 10 mL，倒入搪瓷缸中，用专用移液管或移液枪分别吸取母液 C 10 mL、母液 D 10 mL，混合后即为 MS 培养基，再按配方移取 6-BA 20 mL、NAA 1 mL，混匀后加入蔗糖 30 g，定容到 1000 mL。

3. pH 值的调节

用 1 mol/L NaOH 溶液或 1 mol/L HCl 溶液调整培养基 pH 值至 5.8。当 pH 值低

于5.0时，琼脂不能很好地凝固；当pH值高于6.5时，培养基将会变硬。调节pH值的过程中要逐渐添加，避免一次加入过多，培养液应充分混合。在高压蒸汽灭菌后，培养基中的某些成分发生分解或氧化，如蔗糖的分解会使培养基的酸度增加（pH值一般可降低0.2左右），因此在调节pH值时应把这些因素考虑进去。

4. 溶解分装

将称量好的6 g琼脂加入培养基内，加热至琼脂彻底熔化，稍微冷却后，边搅拌边分装于培养瓶中。分装时要掌握好量，过多既浪费培养基，又缩小了培养材料的生长空间；过少又会因营养不良影响生长。培养瓶中的培养基的厚度一般为2～3 cm。分装后立即塞上棉塞、加上盖子、封上封口膜或玻璃纸等，若有不同的处理还要及时做好标记。在分装的过程中，避免将培养基沾在瓶口和瓶外，如果沾有培养基，在盖瓶盖前必须用干净纱布擦净瓶口。大规模生产时，可用搅拌器或定量分装机，边搅拌边进行定量分装。

由于未经灭菌处理的培养基带有各种杂菌，同时适宜植物组织生长的培养基也是各种杂菌繁殖的温床，因此分装后应立即灭菌。若因故不能及时灭菌，最好放入低温冰箱中保存，在24 h内完成灭菌工作。一般情况下配制好的培养基应该在半个月内用完，以免有机物质和植物激素等变质。

知识链接

初学者在配制固体培养基时，常出现培养基不凝固或培养基太硬的情况。培养基不凝固或太软时，外植体因无法直立而倒于或淹没在培养基中，因通气不良，常常腐烂死亡。培养基太硬时，阻碍外植体细胞分裂和扩展，同时阻碍了营养元素和生长调节剂在培养基中的传导扩散，不利于外植体的吸收，使细胞难以分裂，器官难以发生。

适宜的培养基硬度是培养基刚好凝固，表面有少量水分，稍加振动培养基可以散开。配制硬度适宜的培养基，关键是琼脂的用量要合适。由于市售的琼脂质量有较大差异，所以要经过几次试验来确定它的用量。

除此以外，导致培养基不凝固的原因还有以下几点：一是培养基的酸碱度不合适，pH值过低时培养基不易凝固，适宜的酸碱度范围，一般为pH值5.2～6.2，可用精密pH试纸和酸度计进行检测；二是培养基高温高压蒸汽灭菌时间太长，使琼脂变性，培养基不凝固；三是灭菌时压力过大、温度过高，或者灭菌时，温度控制不稳定，忽高忽低，也会导致培养基不凝固；四是琼脂分装不均匀或琼脂没有完全化开，导致有的培养基太软，有的培养基太硬。培养基过硬的原因主要是琼脂用量过大或培养基pH值过高。

四、组织实施

(1) 明确所选用的培养基，预备好的母液、激素以及其他用品和用具，小组内进行合理分工。

（2）确定配制培养基的量，填好培养基配制单，并认真核对。

（3）在教师指导下，各小组采用正确的方法与步骤进行培养基的配制和分装，并按要求封口。

（4）各小组对在培养基配制过程中出现的问题进行总结，并互相检查配制的效果和质量。

（5）教师对各小组任务完成情况进行讲评，对整个过程的安排提出合理化建议，解答学生对本次任务的疑问。

（6）将配制好的培养基放到高压锅中进行灭菌，对操作现场进行规范整理。

五、评价与考核

项目	考核内容	要求	赋分
计划制订	① 确定配制培养基的种类、用量 ② 各小组分工情况	母液种类齐全，小组分工明确	10
物品准备	各种母液、电磁炉、锅、量筒、酸度计、琼脂粉、白砂糖、天平等	各种母液无沉淀和浑浊，计量仪器准确无误	10
母液配制与保存	① 注水：先在容器中加入一定量的蒸馏水	加入量不可过多，配制 1 L 培养基可事先加入 500 mL 左右	5
	② 移取母液：把所需的母液按顺序摆好，依次量取	一次性移取；移取迅速、不滴不漏；专管专用；称量准确	15
	③ 称量：加入所需的糖和其他固体添加物，琼脂也要称量好，先不加入培养基中	称量准确、天平使用规范	10
	④ 定容：定容到配制所需要的体积	定容方法正确，容量准确	10
	⑤ 调 pH 值：用酸度计测量所需的 pH 值，并用 1 mol/L 盐酸或氢氧化钠溶液调节	酸度计使用正确；调节正确	10
	⑥ 培养基熬制：放在热源上进行加热，并加入称量准确的琼脂，一直到琼脂完全化开	经常搅拌；不能糊锅和溢锅；熬好的培养基澄清透明；凝固性好	10
	⑦ 分装：培养基的厚度一般为 2～3 cm	趁热分装；培养基不能残留在瓶口；量准确	10
	⑧ 封口：做好标记，盖上瓶盖	标记清晰；封口正确	5
现场整理	清理操作台面，并还原药品及用具	按要求整理到位，培养良好的工作习惯	5

知识链接

(一) 常用培养基的种类、配方及特点

1. 常用培养基的种类

(1) 根据培养基中支撑物的有无，培养基可分为固体培养基和液体培养基。加入适量的凝固剂(琼脂、卡拉胶等)，则为固体培养基；如未加入凝固剂，即为液体培养基。固体培养基所需设备简单，使用方便，为实验室常用的培养基，但固体培养只有部分培养基与材料表面接触，不能充分利用培养容器中的养分，且培养物生长过程中分泌的有害物质累积，会造成自我毒害，必须及时转接。液体培养基使用起来比较麻烦，需要转床、摇床之类的设备，通过振荡培养，给培养物提供良好的通气条件，有利于外植体的生长，避免了固体培养基的缺点。

(2) 根据无机盐含量的高低，将培养基分为以下 4 类。

① 高无机盐类培养基：这类培养基无机盐浓度高，微量元素种类齐全，比例适合，离子平衡性好，具有较强的缓冲性，养分数量及比例适宜，广泛用于植物的器官、花药、细胞及原生质体的培养，也常用于植物脱毒和快速繁殖等方面。主要有 MS 培养基、LS 培养基、BL 培养基、BM 培养基、ER 培养基等。

② 高硝态氮培养基：这类培养基硝酸钾含量高，氨态氮的含量低，含有较高浓度的盐酸硫胺素，主要适合木本植物、十字花科植物和单子叶植物组织培养。主要有 B_5 培养基、N_6 培养基、SH 培养基等。

③ 中等无机盐类培养基：这类培养基所含的大量元素约为 MS 培养基的一半，微量元素种类少且含量高，维生素种类比 MS 培养基多。主要有 H 培养基、米勒培养基等。

④ 低无机盐类培养基：这类培养基无机盐含量很低，有机成分含量低，多用于生根培养。主要有改良 White 培养基、WS 培养基、Heller 培养基、HB 培养基等。

(3) 根据培养过程，培养基可分为初代培养基和继代培养基。初代培养基是指用来第一次接种外植体的培养基。继代培养基是指用来接种继初代培养物之后的培养基。

(4) 根据作用水平不同，培养基可分为诱导(启动)培养基、增殖(扩大繁殖)培养基和生根培养基。

(5) 根据其营养水平不同，培养基可分为基本培养基和完全培养基。基本培养基就是常见的 MS、White、N_6、B_5 等培养基。完全培养基是由基本培养基添加适宜的植物生长激素和有机附加物制成。

2. 常见培养基的配方

植物组织培养中常见的培养基为 MS、White、N_6、B_5、Heller、Nitch、SH、Miller 等，它们的配方见表 3-4。

表 3-4 常见培养基的配方

化合物名称	培养基含量/(mg/L)							
	MS	White	N_6	B_5	Heller	Nitch	Miller	SH
NH_4NO_3	1650	—	—	—	—	720	1000	—
KNO_3	1900	80	2830	2527.5	—	950	1000	2500
$(NH_4)_2SO_4$	—	—	463	134	—	—	—	—
$NaNO_3$	—	—	—	—	600	—	—	—
KCl	—	65	—	—	750	—	65	—
$CaCl_2 \cdot 2H_2O$	440	—	166	150	75	166	—	200
$Ca(NO_3)_2 \cdot 4H_2O$	—	300	—	—	—	—	347	—
$MgSO_4 \cdot 7H_2O$	370	720	185	246.5	250	185	35	400
Na_2SO_4	—	200	—	—	—	—	—	—
KH_2PO_4	170	—	400	—	—	68	300	—
K_2HPO_4	—	—	—	—	—	—	—	300
$FeSO_4 \cdot 7H_2O$	27.8	—	27.8	—	—	27.85	—	15
Na_2-EDTA	37.3	—	37.3	—	—	37.75	—	20
Na-Fe-EDTA	—	—	—	28	—	—	32	—
$FeCl_3 \cdot 6H_2O$	—	—	—	—	1	—	—	—
$Fe_2(SO_4)_3$	—	2.5	—	—	—	—	—	—
$MnSO_4 \cdot 4H_2O$	22.3	7	4.4	10	0.01	25	4.4	—
$ZnSO_4 \cdot 7H_2O$	8.6	3	1.5	2	1	10	1.5	—
Zn(螯合体)	—	—	—	—	—	—	—	10
$NiCl_2 \cdot 6H_2O$	—	—	—	—	—	—	—	1.0
$CoCl_2 \cdot 6H_2O$	0.025	—	—	0.025	—	—	—	—
$CuSO_4 \cdot 5H_2O$	0.025	—	—	0.025	0.03	0.025	—	—
$AlCl_3$	—	—	—	—	0.03	—	—	—
MoO_3	—	—	—	—	—	0.25	—	—
$Na_2MoO_4 \cdot 2H_2O$	0.25	—	—	0.25	—	—	—	—
TiO_2	—	—	—	—	—	—	0.8	1.0
KI	0.83	0.75	0.8	0.75	0.01	10	1.6	5.0
H_3BO_3	6.2	1.5	1.6	3	1	—	—	—
$NaH_2PO_4 \cdot H_2O$	—	16.5	—	150	125	—	—	—
烟酸	0.5	0.5	0.5	1	—	—	—	5.0
盐酸吡哆素	0.5	0.1	0.5	1	1.0	—	—	5.0
盐酸硫胺素	0.1	0.1	1	10	—	—	—	0.5
肌醇	100	—	—	100	—	100	—	100
甘氨酸	2	3	2	—	—	—	—	—

3. 常见培养基的特点

(1) MS培养基:它的特点是无机盐浓度高,氮、钾含量高,硝酸盐的用量大,同时还含有一定数量的铵盐,营养非常丰富,不需要添加更多的有机附加物,就能满足植物组织对矿质营养的要求,具有加速培养物生长的作用,是目前应用最广泛的一种培养基。

(2) White培养基:其特点是无机盐离子浓度低,它的使用也很广泛,无论是对生根培养或是一般植物组织培养都达到很好的效果。

(3) B_5培养基:它的主要特点是除含有较高的钾盐外,还含有较低的铵盐、较高的硝酸盐和盐酸硫胺素,它适合于双子叶植物和木本植物的生长。

(4) N_6培养基:其特点是成分简单,KNO_3和$(NH_4)_2SO_4$含量高,不含钼。目前在国内已广泛应用于小麦、水稻等的花粉和花药的培养。在楸树、针叶树等植物组织培养中的使用效果极佳。

(5) SH培养基:它的主要特点与B_5培养基相似,不用$(NH_4)_2SO_4$,改用$(NH_4)H_2PO_4$,是无机盐含量较高的培养基。在单子叶植物和双子叶植物组织培养中使用效果好。

(6) Miller培养基:与MS培养基相比,无机元素用量减少1/3~1/2,微量元素种类减少,适于大豆愈伤组织培养和花药培养等。

(二) 培养基的选择

一般来说,培养基的选择主要从基本培养基和植物生长激素的浓度以及相对比例两方面来考虑。基本培养基中,MS培养基适合于大多数双子叶植物,B_5培养基和N_6培养基适合于许多单子叶植物,特别是N_6培养基对禾本科植物小麦、水稻花粉和花药的培养效果很好,White培养基适于根的培养。利用已有的这些培养基进行初步实验,通过一系列实验后,可根据实际情况对其中的某些成分作小范围调整。在进行调整时,以下情况可供参考。①当用一种化合物作为氮源时,硝酸盐的作用比铵盐好,单独使用硝酸盐会使培养基的pH值向碱性方向漂移,若同时加入硝酸盐和少量铵盐,会使这种现象得到克服。②当某些元素供应不足时,培养的植物会出现一些典型症状,如氮不足时,外植体常表现出花色苷的颜色(红色、紫红色),愈伤组织内部很难看到导管分子的分化;当氮、钾或磷不足时,细胞会明显过度生长,形成一些十分蓬松,甚至是透明状的愈伤组织;当铁、硫缺少时,组织会失绿,细胞分裂停滞,愈伤组织出现褐色衰老症状;缺硼时,细胞分裂趋势缓慢,过度伸长;缺少锰或钼时,细胞生长受到影响。培养基中添加植物生长激素后也会使培养物出现上述一些类似的症状,所以应仔细分析,不可轻易下结论。

植物组织培养中对外植体影响最大的是添加的植物生长激素。在实验中,应参考已有的报道,是否有相同植物或相近者被做过类似的试验,如果有,可以参考,然后进行规模试验,进行验证,如果没有,则就需要自行通过试验来找出最佳的植物组织培养方案。

首先，要根据已有的信息，结合工作经验，针对一些关键因素拟定一个简单的预备性试验，预备性试验一般要求不严格，只是粗略地判断某些因素对外植体的影响，根据生长情况找出突破口，使下一阶段的工作更具有针对性。

其次，要根据预备性试验的结果，结合经验等方面综合分析影响因素，再针对这些因素进行进一步研究，一般正交实验用得最多，它是利用正交表来安排多因子试验，力求最优组合的一种高效率试验设计方法。最后，把通过正交试验极差分析找出的最主要的影响因子及大致水平的范围，再进行较为细致的单因子试验或多因子试验，在试验筛选最佳植物组织培养方案的过程中，关键是要找准主导因子，然后进行重复、细致的试验，最终确定最佳的培养基。

任务3 培养基的高压蒸汽灭菌与存放

学习目标

（1）了解培养基灭菌的目的和意义。

（2）掌握高压蒸汽灭菌的原理。

（3）能熟练使用高压蒸汽灭菌器进行培养基灭菌操作。

任务要求

由教师提出任务，师生共同探究培养基灭菌的目的和意义、培养基灭菌的方法；然后在教师的指导下，各小组完成培养基的高压蒸汽灭菌与存放任务。

一、任务提出

教师通过向学生展示受到细菌、真菌等微生物污染的植物组织培养瓶苗，提出学习任务。

（1）为什么要对培养基进行灭菌处理？

（2）培养基高压蒸汽灭菌的原理是什么？

（3）培养基高压蒸汽灭菌过程中应注意哪些问题？

（4）如何检查灭菌后的培养基是否无菌？

（5）培养基在常温下保存时应注意哪些问题？

二、任务分析

植物组织培养必须在无菌的环境中进行，因此作为培养材料生长介质的培养基的灭菌操作是非常重要的。要达到彻底灭菌而又不影响培养基有效成分的目的，必须根据不同的对象采取不同的切实有效的方法灭菌，才能保证植物组织培养时不受细菌、真菌等微

生物的影响,使试管苗能够正常生长。

三、相关知识

（一）培养基灭菌的目的

培养基是植物组织培养的物质基础,其中含有植物生长发育所必需的各种营养物质。未经灭菌处理的培养基既可能带有各种微生物,同时又是各种微生物良好的生长繁殖的场所。这些微生物的存在会影响培养材料的生长发育,最终导致培养失败。因此,培养基分装封口后应立即进行灭菌,杀灭培养基中的微生物,为植物组织培养创造无菌的条件。在生产实践中,培养基若不能立即灭菌,最好在 24 h 内完成灭菌程序。

（二）培养基的灭菌方法

高压蒸汽灭菌是目前广泛使用的培养基灭菌法。其灭菌原理是:在密闭的灭菌器内,通过加热产生蒸汽,随着蒸汽压力不断增加,水的沸点不断提高,温度也随之升高。在 0.1 MPa 的压力下,灭菌器内温度可达 121 ℃。在此蒸汽温度下,可以很快杀死各种微生物及其高度耐热的芽孢。

高压蒸汽灭菌器是高压蒸汽灭菌法必需的仪器设备,包括手提式高压蒸汽灭菌器、立式高压蒸汽灭菌器及卧式高压蒸汽灭菌器(图 3-2)。

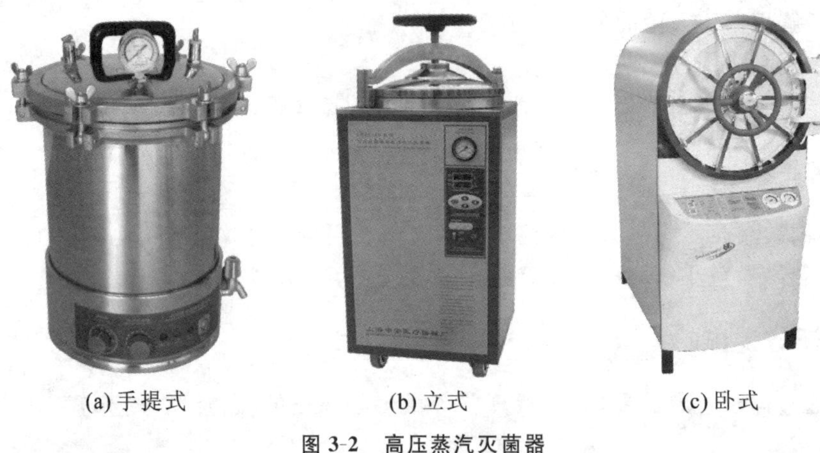

(a) 手提式　　(b) 立式　　(c) 卧式

图 3-2　高压蒸汽灭菌器

手提式高压蒸汽灭菌器是植物组织培养实验室常见的一种高压蒸汽灭菌器,其操作程序如下。

(1) 向灭菌器内加水至水位线处。

(2) 将分装好的培养基放入灭菌器的消毒桶内,盖好灭菌器盖,按对角线拧紧螺丝。

(3) 检查放气阀有无故障,然后关闭放气阀。

(4) 打开电源开关,开始加热。

(5) 待压力上升到 0.05 MPa 时,关闭电源,打开放气阀,排尽冷空气,待压力表指针归零后,再关闭放气阀。

(6) 打开电源,当灭菌器内温度达 121 ℃,压力为 0.105 MPa 时,保持此压力灭菌 20～30 min。

(7) 关闭电源,缓缓打开放气阀放气。

(8) 待灭菌室压力表指针归零后,开启灭菌器,迅速取出培养基,室温下冷却。

(9) 若不继续为培养基灭菌,应放尽水箱内的水。

(10) 清除灭菌室内壁的污渍,散发室内的余汽,使灭菌室内壁保持干燥,室内洁净。

在使用手提式高压蒸汽灭菌器时应注意以下几点。

(1) 灭菌器内应放入足量的水,以免造成干锅或空烧。

(2) 堆放培养基时,培养容器不要过度倾斜,以免培养基粘到瓶口或流出。

(3) 培养基堆放不宜过满,灭菌室内应留有一定的空间,利于热蒸汽的穿透,确保灭菌效果。

(4) 增压前,灭菌器内的冷空气必须排尽,否则虽然压力能够达到灭菌要求,但温度达不到相应压力所对应的温度,并且灭菌器内升温不均匀,影响灭菌效果。

(5) 应严格控制灭菌时间。时间过长会使培养基中的一些化学成分被破坏分解,影响培养基的有效成分,同时也易使培养基的 pH 值发生较大幅度的变化;时间过短则达不到灭菌的效果。不同培养基体积对灭菌时间的要求可参照 Biondi 等(1981)的研究结果(表 3-5)。

表 3-5　不同培养基体积进行高压蒸汽灭菌所需大致最短时间

实际体积/mL	灭菌时间/min	实际体积/mL	灭菌时间/min
20～50	15	1000	30
75	20	1500	35
250～500	25	2000	40

注:灭菌时间是指在 121 ℃下所需的最短灭菌时间。

(6) 当保温灭菌结束后,排气降压应缓慢进行,否则会引起灭菌器内培养基减压沸腾,导致培养基溢出。

(7) 只有待灭菌器压力表指针恢复到零后,才能开启灭菌器,以免产生危险。开启灭菌室门时应缓慢进行,不要用猛力快速拉动。

(8) 高压蒸汽灭菌过程中,应有专人看守,如发现异常情况,应及时采取措施,以免发生安全事故。

(三) 培养基的保存

灭菌完毕的培养基从高压蒸汽灭菌锅中取出后,应立即送入接种室或培养基储藏室,让其自然冷却凝固。若要检验培养基的灭菌效果,可以将培养基置于培养室中,预培养 3 天,这样能够使某些没有灭菌彻底的培养基在接种前被检出,可避免真菌、细菌等污染而造成不必要的损失。

(1) 防尘:已经灭菌好的培养基要注意防尘。如果将培养基储存在卫生条件较差的地方,依附在尘埃中的真菌、细菌等会落在培养容器表面,使用前若不进行表面灭菌处理,在接种时微生物容易随着气流进入容器,污染培养基,影响植物组织培养工作的顺利进行。

(2) 避光:备用的培养基应存放在光线较暗的空间内,因为培养基常含有吲哚乙酸、

赤霉素等易见光分解的物质。在光照下，一些培养基添加物的成分也会发生变化。为了保证培养基的质地、组成不受到影响，应尽量避免光线的照射，譬如在接种室里挂上窗帘、在培养基的箱子上加盖黑布等。

(3) 恒温：培养基冷却后，暂时不用的培养基可以将其置于 10 ℃左右的冰箱中储藏 3～5 周，在 20 ℃左右的环境中存放 2 周左右。在培养基的存放过程中环境温度不应过高，同时还应避免温度有较大幅度的变化，随着储藏环境气温的升高或降低，培养容器内的空气会跟着膨胀或缩小，带来菌类进入培养基，造成储存期间培养基的大量污染。

(4) 定期更新：培养基不宜长期储存，尤其是固体培养基。随着储存时间的延长，培养基的含水量会逐渐降低，使培养基的浓度和理化性状发生改变，对植物组织培养不利；当培养基中含有吲哚乙酸、椰汁等物质时，环境中的光线会使培养基的成分发生一定的变化；同时培养基受污染的概率也会增加。因此，结合生产任务做好培养基的配制和使用计划十分必要，一般情况下培养基储存时间不应超过 1 周。

知识链接

高压蒸汽灭菌器分为自动型和普通型。自动型高压蒸汽灭菌器采用微电脑智能化全自动控制，配备有超温自动保护装置、门安全连锁装置、低水位检测装置及温度动态数字显示屏等。当灭菌器内温度超过设定温度时，能自动切断加热电源；当内腔有压力时，门盖无法打开；当水箱缺水时，能自动补水。该种类型灭菌器能自动控制灭菌压力、温度，掌握灭菌时间，操作简单，安全可靠。目前，许多植物组织培养研究中心已使用全自动控制的高压蒸汽灭菌器。

全自动控制卧式高压蒸汽灭菌器操作程序如下。

(1) 通水、通电，打开设备电源开关，设备通电后，各数显屏和"电源"指示灯亮。

(2) 在各数显屏上设定灭菌温度、保温时间及排气模式。

(3) 拨动水箱开关到"加热"状态，设备自动进水到高水位后，水箱开始加热。

(4) 堆放需要灭菌的培养基。

(5) 关闭灭菌室门，拨动灭菌室开关到"加热"状态，灭菌室充汽加热升温，设备两次自动排放室内冷空气。

(6) 当灭菌室的温度达到设定温度时，灭菌器进行保温计时，累计时间达到设定值后，灭菌器按已选的排汽模式排汽，灭菌室降温、降压。

(7) 待灭菌室压力表指针归零，温度降到 105 ℃时，灭菌器会发出蜂鸣声提示灭菌结束，此时关掉水箱和灭菌室加热开关。

(8) 若不继续对培养基灭菌，当水箱内略有压力时，放尽水箱内的浓缩水。

(9) 当灭菌室温度降到 60 ℃时，开启灭菌室门，取出培养基。

(10) 关闭设备电源，关闭水源阀门。

(11) 清除灭菌室内壁的污渍，散发室内的余汽，使灭菌室内壁保持干燥，室内洁净。

特别提示

为了保证培养基的灭菌效果，操作时应彻底排尽灭菌器内的冷空气并严格控制灭菌时间；灭菌结束后应及时将培养基取出，送入接种室存放，避免培养基再次受到污染。

四、组织实施

(1) 明确培养基灭菌的目的，熟悉手提式高压蒸汽灭菌器的操作程序。

(2) 各小组明确本次教学任务。

(3) 在教师指导下，各小组采用正确的方法与步骤对培养基进行灭菌。

(4) 各小组对培养基灭菌过程中出现的问题进行总结，并互相检查培养基是否有溢出现象。

(5) 将灭菌的培养基送入接种室或培养基储藏室，让其自然冷却凝固。

(6) 教师对各小组任务完成情况进行讲评，对整个过程的安排提出合理化建议，解答学生对本次任务的疑问。

(7) 对操作现场进行规范整理。

五、评价与考核

项目	考核内容	要求	赋分
计划制订	了解待灭菌培养基的主要成分，尤其是所添加的植物生长调节剂的种类	选择正确的灭菌方法	6
物品准备	待灭菌的培养基、推车、周转箱等	合理包装，准备充分	4
培养基的高压蒸汽灭菌与存放	① 加水	向灭菌器内加水至水位线处	5
	② 堆放待灭菌的培养基	培养容器不要过度倾斜，不宜堆放得太密、太满，灭菌室内应留有一定的空间	15
	③ 盖好灭菌器盖	按对角线拧紧螺栓，操作正确、安全	10
	④ 关闭放气阀，打开电源，开始加热	操作正确、安全	5
	⑤ 排冷空气	操作正确、安全；排尽灭菌器内的冷空气	10
	⑥ 保温灭菌	严格控制灭菌时间为 20～30 min	10
	⑦ 放气	缓慢进行放气	5
	⑧ 打开灭菌器盖	方法正确；缓慢进行，不可用猛力快速拉动	5
	⑨ 取出培养基，送入接种室存放	取出培养基时，不可过度倾斜培养容器；按要求存放培养基	10
	⑩ 排放水箱水	放尽水箱内的水	5
	⑪ 清洁灭菌器	擦净灭菌室内壁的污渍，散发室内的余汽	5
现场整理	清洁操作现场	按要求整理到位，培养良好的工作习惯	5

知识拓展

吲哚乙酸、赤霉素、玉米素及某些维生素等物质在高温高压条件下不稳定或容易分解，不能进行高压蒸汽灭菌，而必须采用过滤的方法灭菌。过滤灭菌法是用筛除或过滤、吸附等物理方式除去微生物，不是将微生物杀死，而是把它们排除出去。

过滤灭菌法通常采用过滤灭菌器和减压过滤装置。当过滤溶液量小时，使用过滤灭菌器；当过滤溶液量较大时，使用减压过滤装置。滤器的滤膜一般由醋酸纤维素、硝酸纤维素、多聚碳酸酯等合成纤维材料制成，能耐高温，其孔径一般为 0.2 μm 左右。当溶液通过滤膜时，细菌和真菌孢子因大于滤膜直径而被阻隔，但过滤灭菌法不能滤除病毒。使用过滤灭菌法灭菌前，应将滤器、滤膜、接液瓶等包装好，先经过高压蒸汽灭菌，然后在超净工作台上按照无菌操作的要求安装滤器、滤膜，将待灭菌的溶液装入滤器中，进行真空抽滤或推压注射器活塞杆过滤灭菌等操作。当经过高压蒸汽灭菌的含有琼脂的培养基温度下降到 40～50 ℃(此时培养基还未凝固)时，将经过过滤灭菌的溶液加入，混合均匀后分装。

特别提示

过滤灭菌整个操作过程应在无菌的条件下严格进行，以防止污染。压滤时，用力要适当，不可太猛太快，以免微生物被挤压通过滤膜；要避免各连接处出现溶液外渗现象。

项目四

外植体灭菌与接种

知识目标

（1）掌握外植体的选择原则及预处理方法。

（2）了解外植体表面灭菌的药品及相应灭菌时间。

（3）掌握外植体表面灭菌的步骤与方法、无菌操作的规范。

能力目标

（1）能准确、熟练地选择外植体并对外植体进行预处理。

（2）能根据外植体的特点，选择合理的灭菌药品和灭菌时间。

（3）能熟练、规范地对外植体进行表面灭菌。

（4）会无菌操作，将外植体接种到培养基中。

任务分析

外植体是指从植物体上分离的用于离体培养的植物体部分，包括植物体的各种器官、组织、细胞和原生质体等，但不同品种、器官之间的分化能力差异很大，选择适宜的外植体是确保外植体培养成功的一个重要因素。从外界或室内选取的植物材料，都不同程度地带有各种微生物。这些污染源一旦被带入培养基中，会造成培养基的污染。因此，作为外植体的植物材料必须经过严格的表面灭菌处理，再经无菌操作接种到培养基上。

本项目分解为两个任务：第一个任务是外植体的选择与预处理（2 课时）；第二个任务是外植体的表面灭菌与接种（4 课时）。

任务 1　外植体的选择与预处理

学习目标

（1）能根据外植体选择原则，准确、熟练地选择外植体。

（2）能选择正确的方法对外植体进行预处理。

任务要求

每组学生进行1～2种不同外植体的选择与预处理，提出技能要求和注意事项。

一、任务提出

教师通过向学生展示不同类型外植体在分化阶段形成的愈伤或丛生的试管苗，提出学习任务。

（1）常用做外植体的植物器官有哪些？

（2）怎样选取适宜的外植体？

（3）在采集外植体的过程中需注意哪些事项？

（4）对不同类型的外植体如何预处理？

二、任务分析

植物细胞具有全能性，任何组织、细胞、器官都能再生植株。不同品种、不同器官之间的分化能力差异很大，培养的难易程度不同。为保证植物组织培养获得成功，选择合适的外植体是非常重要的。外植体从外界取回后，因材料过大或附有粉尘、泥沙等杂质，需先对其进行预处理，然后才能进行表面灭菌与无菌接种。

三、相关知识

（一）外植体的选择

1．外植体选择的原则

1）选择优良的种质及母株

要选取性状优良的种质、特殊的基因型和生长健壮的无病虫害植株，离体快速繁殖出来的种苗才有意义，才能转化成商品，取得较高的经济效益；生长健壮无病虫害的植株及器官或组织代谢旺盛，再生能力强，培养后容易成功。

2）选择适当的时期

植物组织培养选择材料时，要注意植物的生长季节和发育阶段。对大多数植物而言，应在其开始生长或生长旺季采样，此时材料内源激素含量高，容易分化，不仅成活率高，而且生长速度快，增殖率高。若在生长末期或进入休眠期时采样，则外植体可能对诱导反应迟钝或无反应。花药培养应在花粉发育到单核靠边期取材，这时比较容易形成愈伤组织。例如百合在春夏季采集的鳞茎、片，在不加生长素的培养基中，可自由地生长、分化，而在其他季节则不能。叶子花的腋芽培养，如果在1月至翌年2月间采集，则腋芽萌发非常迟缓；若在3—8月间采集，萌发的数目多，萌发速度快。

3）选取适宜的大小

培养材料的大小根据植物种类、器官和目的来确定。通常情况下，快速繁殖时叶片、花瓣等面积为0.5 cm^2，其他培养材料的大小为0.5～1.0 cm。如果是胚胎培养或脱毒培养的材料，则应更小。材料太大时，不易彻底消毒，污染率高；材料太小时，多形成愈伤组织，甚至难以成活。

4）外植体来源要丰富

为了建立一个高效而稳定的植物组织离体培养体系，往往需要反复实验，并要求实验结果具有可重复性。这就需要外植体材料丰富并易获得。

5）外植体要易于消毒

在选择外植体时，应尽量选择带杂菌少的器官或组织，降低初代培养时的污染率。一般地上组织比地下组织容易消毒，一年生组织比多年生组织容易消毒，幼嫩组织比老龄和受伤组织容易消毒。

2. 外植体选取的部位

植物组织培养的材料几乎包括了植物体的各个部位，如茎尖、茎段、花瓣、根、叶、子叶、鳞茎、胚珠和花药等。

1）茎尖

茎尖不仅生长速度快，繁殖率高，不容易发生变异，而且茎尖培养是获得脱毒苗的有效途径。因此，茎尖是植物组织培养中最常用的外植体。

2）节间部

大部分果树和花卉等植物，新梢的节间部是植物组织培养较好的材料。新梢节间部位不仅容易消毒，而且脱分化和再分化能力较强，因此是常用的植物组织培养材料。其大小为 0.5～1.0 cm，最好是带芽的茎段。

3）叶片和叶柄

叶片和叶柄取材容易，新出的叶片杂菌较少，实验操作方便，是植物组织培养中常用的材料。尤其是近年在植物的遗传转化中，以叶片为实验材料的报道很多。

4）鳞片

水仙、百合、葱、蒜、风信子等鳞茎类植物常以鳞片为材料。

5）其他

种子、根、块茎、块根、花粉等也可以作为植物组织培养的材料。

不同种类的植物以及同种植物不同的器官对诱导条件的反应是不一致的。如百合科植物风信子、虎眼万年青等比较容易形成再生小植株，而郁金香就比较困难。百合鳞茎的鳞片外层比内层的再生能力强，下段比中、上段再生能力强。选取材料时要对所培养植物各部位的诱导及分化能力进行比较，从中筛选出合适的、最易表达全能性的部位作为外植体。

（二）外植体的预处理

1. 根与地下组织器官

剪除老根、烂根；切除损伤和污染严重的部位；用软毛刷清除泥土、虫卵等物；一些主要产品器官为根或变态根、地下块茎、鳞茎的蔬菜如马铃薯、大蒜、百合等，具有肥厚宿根地下块茎与鳞茎的花卉与植物常取其根与地下组织器官为外植体。

2. 茎尖与茎段

削除或剪除枝条上的叶片、刺、卷须等附属物，软质枝条用软毛刷蘸肥皂水或其他洗涤液刷洗，硬质枝条可用刀刮除枝条表面的蜡质、茸毛等。枝条可剪成长 4～5 cm、带 2～3 个腋芽的茎段。

3. 叶片

一般叶片表面覆盖有油脂、蜡质、茸毛等，可用软毛刷蘸肥皂水或其他洗涤液刷洗，较

大的叶片可剪成若干带叶脉的叶块,其大小以便于放入冲洗容器中冲洗为宜。

4. 花器

花器一般较干净,不用修整即可直接冲洗消毒。

5. 果实、种子、胚和胚乳

这些植物组织器官一般较干净,不用修整即可直接冲洗消毒。对于种皮密度较大、透性较差的种子可先去除种皮(用低浓度的盐酸浸泡或用机械打磨),再进行进一步的消毒。

将采来的植物材料修剪与整理后,用自来水冲洗几分钟至数小时,冲洗时间视材料清洁度而定。易漂浮或细小的材料可用尼龙丝网袋、塑料窗纱笼扎住冲洗。可加入洗衣粉冲洗,然后用自来水冲净洗衣粉,洗衣粉可除去轻度附着的脂质性的物质。这便于灭菌液的直接接触,以进一步减少污染。洗衣粉可按每 100 mL 水加 1～2 角匙的量配制。当然,最理想的清洗物质是表面活性物质——吐温。有些外植体在消毒之前还需要进行一定的低温处理。

四、组织实施

(1) 明确外植体采集及预处理所需选用的工具及药品,进行小组合理分工。

(2) 在教师的指导下,各小组采用正确的方法与步骤对外植体进行采集,保持新鲜并迅速带回实验室,以进行下一步操作。

(3) 在教师的指导下,各小组采用正确的方法与步骤对外植体进行初步整理,经过讨论确定外植体清洗的方式及冲洗时间,并进行冲洗。

(4) 各小组对在外植体采集及预处理过程中出现的问题进行总结,并互相检查配制的效果和质量。

(5) 教师对各小组任务完成情况进行讲评,对整个过程的安排提出合理化建议,解答学生对本次任务的疑问。

(6) 对操作现场进行规范整理。

五、评价与考核

项目	考核内容	要　求	赋分
计划制订	① 确定要采集外植体的类型 ② 各小组分工情况	根据植物种类的不同,确定外植体的合理采集部位;小组分工明确	20
物品准备	剪刀、刀片、镊子、培养皿、湿润的纱布等	正确、规范地使用所带工具	10
外植体的选择与预处理	① 外植体的选择	植株及外植体选择正确、大小适宜	20
	② 外植体的存放	外植体保存妥当,组内成员分工协作	15
	③ 外植体的预处理	根据外植体的类型不同,选择适当的预处理方法,且修整程度适宜	25
现场整理	清理操作台面,并还原用具	按要求整理到位,培养良好的工作习惯	10

任务2　外植体的表面灭菌与接种

学习目标

（1）了解外植体表面灭菌的药品及相应灭菌时间。

（2）能够熟练、规范地对外植体进行表面灭菌。

（3）掌握无菌操作的规范。

任务要求

对各组采集的预处理后的外植体进行表面灭菌，然后在无菌条件下接种到诱导培养基中；提出技能要求和注意事项。

一、任务提出

教师通过向学生展示不同类型外植体在诱导过程中形成的褐化和污染现象，提出学习任务。

（1）外植体表面灭菌的药品有哪些？不同类型的外植体表面灭菌时间如何把握？

（2）怎样对外植体进行表面灭菌？

（3）在接种过程中需注意哪些事项？

二、任务分析

接种用的材料表面常常附有多种微生物。这些微生物一旦进入培养基，就会迅速滋生，使实验前功尽弃。因此，材料在接种前必须进行灭菌。灭菌时，既要将材料上附着的微生物杀死，又不能伤及材料。因此，灭菌采用药剂的种类、浓度的高低、处理时间的长短，均应根据材料对药剂的敏感情况来确定。外植体的灭菌工作应在无菌的条件下进行，完成表面消毒后要尽快在无菌条件下放置于培养基中。

三、相关知识

（一）外植体的灭菌方法

经过预处理的植物材料，表面仍附有多种微生物，因此需要进一步灭菌。常规的表面灭菌方法是先用75%酒精浸泡外植体30 s，然后置于0.1%氯化汞溶液中浸泡5～10 min或在10%漂白粉上清液中浸泡5～30 min，然后用无菌水冲洗3～5次。有时在用氯化汞或次氯酸钠灭菌后，用无菌水冲洗，进一步剥去几层组织或器官（如叶片）后，再用次氯酸钠灭菌3～5 min，用无菌水漂洗3次后，切割、用于接种。

如在灭菌溶液中加入1～2滴表面活性剂（吐温80或吐温20），可以湿润外植体整个组织，促进灭菌液充分接触表面组织，消毒效果会更好。有时还可以采用磁力搅拌、超声

波振动等方法使消毒杀菌剂进入外植体。

（二）常用消毒剂的使用效果

常用消毒剂的使用效果见表4-1。

表4-1 常用消毒剂的使用效果

消毒剂	使用浓度/(%)	清除的难易	消毒时间/min	效果
次氯酸钠	9～10	易	5～30	很好
次氯酸钙	2	易	5～30	很好
漂白粉	饱和浓度	易	5～30	很好
氯化汞	0.1～1	较难	2～10	最好
酒精	70～75	易	0.2～2	好
过氧化氢	10～12	最易	5～15	好
溴水	1～2	易	2～10	很好
硝酸银	1	较难	5～30	好
抗生素	4～450 mg/L	中	30～60	较好

（三）接种

(1) 接种前，接种室用70%酒精喷雾，使细菌和真菌孢子随灰尘的沉降而沉降，再用紫外灯照射20 min，或用高锰酸钾与甲醛蒸气熏蒸。其他一切器皿、衣物均需经严格的灭菌才能带进接种室。超净工作台台面用75%酒精或新洁尔灭溶液擦拭，将培养基及用具放入超净工作台，打开超净工作台紫外灯照射20 min后，打开送风开关、关闭紫外灯；通风10 min后，再开日光灯进行无菌操作。

(2) 在超净工作台上取出接种工具，摆放好，剪刀和镊子使用前插入75%酒精中，使用时先在酒精灯火焰上灼烧片刻，等冷却后再切(剪)取适宜大小的外植体，切割动作要快，防止挤压，避免使用生锈的刀片，以防止氧化现象产生。

(3) 将培养容器放在左手中，右手拧转松动塞盖，以便接种时打开。用火焰灼烧瓶口，灼烧时应不断转动瓶子(靠手腕的动作，使瓶口沾染的少量微生物得以烧死)。将灼烧后冷却的镊子触动培养基部分，使其冷却，以免烫伤被接种的外植体，然后轻轻夹住外植体，放在培养基上，每瓶放3块。培养材料在培养容器内的分布要均匀，以保证必要的营养面积和光照条件。将茎段基部插入固体培养基中，茎尖下端置于培养基表面，叶片通常将叶背接触培养基，这是由于叶背气孔多，利于吸收水分和养分。封口，贴标签，注明姓名，标明接种时间和材料名称。整理好超净工作台的台面，搞好清洁卫生。

知识链接

常用消毒剂的作用原理与特点

(1) 次氯酸钠:次氯酸钠是一种强氧化剂,能氧化细菌体内原浆蛋白中的活性基团,并与蛋白中的氨基结合而使其变性,从而起到杀菌作用,对细菌、真菌、芽孢及病毒均有效。但次氯酸钠产生的刺激性气体如氯气、氯化氢对人体有毒害作用,强烈刺激眼角膜、上呼吸道黏膜等,可引起喉痉挛、喉水肿、支气管炎和急性脑炎等,重者会致人窒息死亡。

由于超净工作台上存在面向人体的较强的风力,在使用次氯酸钠对外植体进行表面消毒时,应注意:采用封闭的容器对外植体进行表面消毒;消毒工作完成后应将消毒废液及时倒掉,清理好超净工作台后开始下一步工作;在进行表面消毒操作时戴好口罩,不宜用手揉眼摸脸等,以防消毒液对眼睛和皮肤造成伤害。

(2) 氯化汞:氯化汞($HgCl_2$)是一种重金属盐类,Hg^{2+}可与带负电的细菌蛋白质结合,使蛋白变性,酶蛋白失活。

氯化汞是一种极为有效的杀菌剂,但也是一种剧毒药品,因而在实验室管理中应采取严格的方法:使用时要登记详细,防止私人带出实验室;采用专门的药匙、烧杯、量筒来配制,称量后天平盘上的称量纸应及时清除,配制完后要清洗干净玻璃器皿和手;在消毒操作过程中应小心谨慎,避免接触皮肤;消毒完成后应及时处理掉消毒废液。

特别提示

(1) 表面消毒剂对植物组织是有害的,应正确选择消毒剂的浓度和处理时间(一般需进行筛选试验),以降低组织的死亡率、提高成活率。

(2) 在表面消毒后,必须用无菌水漂洗材料3次以上以除去残留杀菌剂,但若用酒精消毒,则不必漂洗。

(3) 与消毒剂接触过的切面在转移到无菌基质前需将其切除,因为消毒剂会阻碍植物细胞对基质中营养物质的吸收。

(4) 若外植体污染严重,则应先用流水漂洗1 h以上或先进行种子培养得到无菌种苗,然后用其各个部分建立植物组织培养。

(5) $HgCl_2$效果最好,但对人的危害最大,用后要用水冲洗至少5次。

四、组织实施

(1) 明确外植体表面灭菌所需的用具及药品,进行合理分工。

(2) 在教师的指导下,各小组合理分工,对外植体进行表面灭菌,经过讨论确定本组外植体表面灭菌所用的药剂及浸泡时间,确定操作程序。

(3) 在教师的指导下，各小组采用正确的方法与步骤完成50瓶的接种任务。

(4) 在教师的指导下，各小组采用正确的方法与步骤对外植体进行初步整理，经过讨论确定外植体清洗的方式及冲洗时间，并进行冲洗。

(5) 各小组对外植体表面灭菌及接种过程中出现的问题进行交流和总结，并互相检查接种是否合理、规范。

(6) 教师对各小组任务完成情况进行讲评，对整个过程的安排提出合理化建议，解答学生对本次任务的疑问。

(7) 对操作现场进行规范整理。

五、评价与考核

项目	考核内容	要求	赋分
计划制订	① 确定本组外植体表面灭菌所用的药剂、浸泡时间及操作程序 ② 各小组分工情况	小组分工明确，根据外植体的种类选用合适的灭菌剂，并制订外植体进行表面灭菌的操作程序	10
物品准备	超净工作台、手术剪、镊子、接种盘、已预处理的外植体、培养基、灭菌剂等	正确、规范地使用工具，对外植体进行表面灭菌，在无菌条件下将外植体切成适宜的大小，接种到培养基中	10
外植体的表面灭菌与接种	① 灭菌剂的配制	配制一定浓度的不同种类的灭菌剂	20
	② 外植体的表面灭菌	组内成员分工协作，在外植体表面灭菌过程中操作正确、规范，浸泡、搅拌、冲洗时间把握恰当	15
	③ 接种前的准备	正确进行器械灭菌、接种室及超净工作台灭菌、接种工具及培养基的摆放、接种人员消毒等	15
	④ 接种	在酒精灯火焰10 cm范围内，用消毒过的工具切割、转移已经过表面灭菌的外植体，并按照极性植入培养基中，将培养容器盖好，或用封口膜包扎好瓶口，贴上标签、做好标记	20
现场整理	清理操作台面，并还原用具	把培养容器搬至培养室，将超净工作台面收拾干净，接种用具带出接种室，各工具清洗后归置原位	10

项目五

植物组织培养苗培养

知识目标

（1）掌握初代培养关键技术。

（2）掌握植物组织培养苗培养的方法。

（3）基本掌握植物组织培养苗培养易出现的问题和解决措施。

能力目标

（1）会进行营养器官的初代培养。

（2）能正确判断和解决植物组织培养苗培养过程中易出现的问题。

任务分析

植物组织培养苗的培养分为三个阶段，分别为初代培养、继代培养、生根培养。初代培养是指将外植体从母体上切取下来进行的第一次培养。初代培养的产物为第一代培养物，通过继代培养，其体外繁殖体可供作第二、第三乃至无数代的培养，当增殖到一定数量后，就需要进行生根培养。

根据植物组织培养苗的三个阶段，本项目分解为三个任务来完成：第一个任务是植物组织培养苗的初代培养（4 课时）；第二个任务是植物组织培养苗的继代培养（4 课时）；第三个任务是植物组织培养苗的生根培养（4 课时）。

任务 1　植物组织培养苗的初代培养

学习目标

（1）了解初代培养的概念、类型和方法。

（2）掌握器官培养技术。

（3）基本掌握初代培养易出现的问题和解决措施。

任务要求

由教师提出任务，师生共同探究初代培养的概念、过程、问题及解决措施，然后根据生产实际制订初代培养计划，在教师指导下各小组分工来完成初代培养任务。

一、任务提出

教师通过向学生展示不同植物初代培养阶段的试管苗，提出学习任务。

(1) 什么是初代培养?

(2) 初代培养分为哪些类型?

(3) 如何进行初代培养?

(4) 初代培养容易出现的问题有哪些? 如何解决?

二、任务分析

植物组织培养苗的初代培养，是指将外植体从母体上切取下来进行的第一次培养，也就是将准备进行体外无菌培养的组织或器官从母体上取下，经过表面灭菌后，切割成合适的小块或直接置于培养基上进行培养的过程。初代培养的产物为第一代培养物，通过继代培养，其体外繁殖体可供作第二、第三乃至无数代的培养。

由于初代培养的成败直接关系到该种植物组织培养是否成功，所以初代培养在植物组织培养的整个过程中尤为关键。初代培养的效果不仅与植物的种类、培养基的成分有关，而且与培养技术有直接关系。

三、相关知识

(一) 初代培养的目的

初代培养旨在接种外植体后，经过最初的几代培养，获得无菌材料或建立无性繁殖系，包括芽丛、原球茎、胚状体等，为继续进行植物组织培养苗的快速繁殖打下基础。

(二) 初代培养的类型

1. 初代培养的分类

根据外植体的不同，初代培养可分为器官培养、胚胎培养、细胞培养、花药培养等。根据培养基的不同，初代培养可分为固体培养、液体培养等。

2. 营养器官的初代培养

营养器官培养是指植物根、茎、叶的无菌培养。

1) 根的培养

离体根的培养，由于具有生长迅速、代谢活跃及在已知条件下可根据需要增减培养基中的成分等优点，多用于探索植物根系的生理现象及其代谢活动。对离体根培养应用最多的是胡萝卜，用 White 培养基添加 2,4-D(0.01 mg/L)和 KT(0.15 mg/L)使胡萝卜肉质根形成愈伤组织，将未分化的愈伤组织球形细胞转入到含低水平生长素的培养基中，细胞先形成根，再产生不定芽，长成小植株。

2）茎的培养

根据取材部位，茎的培养可分为茎尖培养和茎段培养。关于茎尖培养详见项目八，这里只介绍茎段的培养。茎段培养是指对带有腋（侧）芽或叶柄的数厘米的茎段进行离体培养。由于嫩茎段（当年萌发或新抽出的尚未完全木质化的枝条）的细胞可塑性大，容易离体培养，常作为外植体。在无菌条件下，将经过消毒的茎段切成数厘米长的节段，接种在固体培养基上。茎段可直接形成不定芽或先脱分化形成愈伤组织，再脱分化形成再生苗。把再生苗进行切割，转接到生根培养基上培养，便可得到完整的小植株。

3）叶的培养

很多植物如天竺葵、秋海棠等的叶片具有很强的再生能力，由于取材方便、数量多且均一性较好，为适宜的外植体。叶片从枝上摘取后，用水冲洗数小时，表面消毒后接种于固体培养基上。叶片在培养基上的生长状况大多依赖于叶片离体时的成熟程度，一般来说，幼叶比成熟叶生长潜力大。很多植物的叶组织在离体培养条件下先形成愈伤组织，然后通过愈伤组织再分化出胚状体、茎、叶和根。

（三）初代培养易出现的问题及解决措施

经过初代培养，外植体可能会出现褐变、玻璃化、污染等现象，如出现这些问题，需要分析原因并及时采取措施。

1. 外植体的褐变及其预防措施

外植体的褐变是指外植体在培养过程中，自身组织从表面向培养基释放出褐色物质，以致培养基逐渐变成褐色，外植体也随之进一步变成褐色而死亡的现象。

预防措施如下：①选择分生能力较强的材料作为外植体；②采用适宜的培养基和光温条件；③在培养基中添加活性炭、抗氧化剂或其他抑制剂；④缩短转瓶周期等。

2. 外植体的玻璃化现象及其预防措施

玻璃化现象是指植物组织培养过程中的特有的一种生理失调或生理病变，试管苗呈半透明状外观形态异常的现象。

预防措施如下。①调整培养基，如适当增加培养基中钙、锌、锰、硝态氮、蔗糖等的含量，降低铵态氮、细胞分裂素和赤霉素的浓度。或在培养基中加入间苯三酚、根皮苷或其他添加物等。②改变培养条件，如采取增加自然光照、控制光照时间、调整培养温度、改善培养器皿的气体交换状况等措施，以有效减轻或防治试管苗玻璃化。

3. 外植体的污染及防止

外植体菌类污染是指在植物组织培养过程中，由于细菌、真菌等微生物的侵染，培养基和培养材料滋生大量菌斑，使试管苗不能正常生长和发育的现象。相对于继代和生根环节，初代培养的污染更严重，控制也会更难。

预防措施如下：①进行外植体材料的预培养；②接种前进行表面杀菌消毒；③在培养基中添加抗生素及杀菌药物；④确保接种室、培养室清洁无菌；⑤接种时保持接种台整洁；⑥规范无菌接种操作等。

4. 初代培养其他常见问题及解决措施

（1）培养物水浸状、变色、坏死、茎断面附近干枯。

可能原因：表面杀菌过度，消毒时间过长，外植体选用不当（部位或时期）。

改进措施:调换其他杀菌剂或降低浓度,缩短消毒时间,试用其他部位,生长初期取材。

(2) 培养物长期培养无反应。

可能原因:基本培养基不适宜,生长素不当或用量不足,温度不适宜。

改进措施:改换基本培养基或调整培养基成分,尤其是调整盐离子浓度,增加生长素用量,调整培养温度。

(3) 愈伤组织生长过旺、疏松,后期水浸状。

可能原因:激素过量,温度过高,无机盐含量不当。

改进措施:减少激素用量,适当降低培养温度,调整无机盐(尤其是铵盐)的含量,适当提高琼脂用量增加培养基硬度。

(4) 愈伤组织太紧密、平滑或突起、粗厚,生长缓慢。

可能原因:细胞分裂素用量过多,糖浓度过高,生长素过量。

改进措施:减少细胞分裂素用量,调整细胞分裂素与生长素比例,降低糖浓度。

(5) 侧芽不萌发,皮层过于膨大,皮孔长出愈伤组织。

可能原因:枝条过嫩,生长素、细胞分裂素用量过多。

改进措施:减少激素用量,采用较老化枝条。

知识链接

初代培养建立的无性繁殖系包括茎梢、芽丛、胚状体和原球茎等。根据初代培养时发育的方向可分为三种。

一、顶芽和腋芽的发育

采用外源的细胞分裂素,可促使具有顶芽或没有腋芽的休眠侧芽生长,从而形成一个微型的多枝多芽的小灌木丛状的结构。在几个月内可以将这种丛生苗的一个枝条转接继代,重复芽苗增殖的培养,并且迅速获得多数的嫩茎。然后将一部分嫩茎转移到生根培养基上,就能得到可种植到土壤中去的完整的小植株。一些木本植物和少数草本植物也可以通过这种方式来进行再生繁殖,如月季、茶花、菊花、香石竹等。这种繁殖方式也称作微型扦插,它不经过愈伤组织而再生,是最能使无性系后代保持原品种特性的一种繁殖方式。适宜这种再生繁殖的植物,在采样时,只能采用顶芽、侧芽或带有芽的茎切段,其他如种子萌发后取枝条也可以。

茎尖培养可看做是这方面较为特殊的一种方式。它采用极其幼嫩的顶芽的茎尖分生组织作为外植体进行接种。在实际操作中,采用包括茎尖分生组织在内的一些组织来培养,这样便保证了操作方便以及成活率。

用靠培养定芽得到的培养物一般是茎节较长,有直立向上的茎梢,扩大繁殖时主要用切割茎段法,如香石竹、矮牵牛、菊花等。但特殊情况下也会生出不定芽,形成芽丛。

二、不定芽的发育

在培养中由外植体产生不定芽，通常首先要经脱分化过程，形成愈伤组织的细胞。然后，经再分化，即由这些分生组织形成器官原基，它在构成器官的纵轴上表现出单向的极性(这与胚状体不同)。多数情况下它先形成芽，后形成根。

另一种方式是从器官中直接产生不定芽，有些植物具有从各个器官上长出不定芽的能力如矮牵牛、福禄考、悬钩子等。在试管培养的条件下，培养基中提供了营养，特别是提供了连续不断的植物激素的供应，使植物形成不定芽的能力被大大地激发出来。许多种类的外植体表面几乎全部为不定芽所覆盖。在许多常规方法中不能无性繁殖的外植体，在试管条件下却能较容易地产生不定芽而再生，如柏科、松科、银杏等一些植物。许多单子叶植物储藏器官能大量地产生不定芽，用百合鳞片的切块就可大量形成不定鳞茎。

在不定芽培养时，也常用诱导或分化培养基。用靠培养不定芽得到的植物，一般采用芽丛进行繁殖，如非洲菊、草莓等。

三、体细胞胚状体的产生与发育

体细胞胚状体类似于合子胚但又有所不同，它也经过球形、心形、鱼雷形和子叶形的胚胎发育时期，最终发育成小苗，但它是由体细胞产生的。胚状体可以从愈伤组织表面产生，也可从外植体表面已分化的细胞中产生，或从悬浮培养的细胞中产生。

四、组织实施

(1) 在教师指导下各小组采用正确的方法与步骤进行相关植物的初代培养。

① 在教师指导下，学生分组完成初代培养计划的制订。

② 外植体的灭菌与接种。

(2) 各小组对初代培养诱导率进行观察、记载、统计和分析。接种 1 周后，观察污染情况。接种 25 天后观察出苗情况，计算诱导率，以后每隔一周观察接种材料的生长情况，并进行记载。表 5-1 所示为初代培养记载表。

表 5-1 初代培养记载表

项目	接种日期	记载日期	诱导率/(%)	污染率/(%)	生长状况

（3）各小组对初代培养过程中出现的问题进行总结。接种后，每个小组要定期到培养室进行观察记载，对观察过程中出现的问题及时解决，完成初代培养后进行总结分析。

（4）教师对各小组任务完成情况进行讲评，对整个过程的安排提出合理化建议，解答学生对本次任务的疑问。

五、评价与考核

项目	考核内容	要　求	赋分
计划制订	① 制订初代培养计划 ② 各小组分工情况	初代培养计划合理；小组分工明确	10
物品准备	初代培养基的制备、试剂、烧杯、接种器具等	准备齐全，分工明确	10
无菌操作技术及培养过程	① 接种材料准备：根据不同外植体进行相应的处理	处理方法正确，符合要求	5
	② 材料灭菌：选择合适浓度的灭菌剂进行灭菌	浓度合适、时间适中	10
	③ 无菌操作：正确进行超净工作台、接种器具的消毒，操作过程规范	动作准确、熟练、省力；操作过程无污染	20
	④ 接种速度：在规定时间内完成接种任务	在规定时间内完成接种瓶数	15
	⑤ 培养物的观察与记载：对培养过程进行全程观察记载	对植物的生长状况、诱导率等指标有完整记载，并对出现的问题进行分析	15
	⑥ 培养结果与分析：对诱导率、污染率、生长情况进行分析	分析诱导和生长情况与培养基等因素的关系，分析污染的原因，并能对出现的问题提出解决措施	10
现场整理	清洁操作台面，并还原药品及用具	按要求整理到位，培养良好的工作习惯	5

知识拓展

1. 胚培养

胚培养是指分离出的植物胚在培养基上离体培养生长。

胚培养技术早在1904年由Hanning首先完成试验。他把萝卜和辣根菜未成熟的胚培养在含有蔗糖、无机盐、氨基酸和植株提取液的培养基上，结果胚得到了充分发育，并获得了可移植的实生苗。由此证明了胚可以离开母体在人工合成的培养基上生长发育。早期胚培养工作的目的性不明确，所以胚培养技术发展不快。

植物胚培养分为成熟胚的培养和幼胚的培养。成熟胚一般是指子叶期后至发育完全的胚，它的培养较易成功。幼胚是指子叶期以前的具胚结构的幼小胚，它的培养技术难度较成熟胚大。幼胚培养能克服远缘杂交的不亲和性进行“胚营救”。成熟胚培养能提高发芽率，这种能力可用于抢救储藏过久或储藏不当的种子。

2. 细胞培养

细胞培养是指在体外条件下，用培养液维持细胞生长与增殖的技术。

单细胞的分离方法：从完整植物器官中分离单细胞，通常采用机械法和酶切法。另外单细胞还可以通过培养的愈伤组织获得。由愈伤组织获得优良单细胞的方法：首先将未分化和易散碎的愈伤组织转移到盛有液体培养基的容器中，置于摇床上不断振荡。通过振荡对细胞团施加一种缓和的压力，使它们破碎成小细胞团和单细胞，保持均匀分布在培养基中，有利于促进培养基和容器之间的气体交换。

植物细胞悬浮培养即植物细胞或小的细胞聚集体在液体培养基中进行悬浮培养，可分为分批培养和连续培养两种类型。

分批培养是指细胞在一定容积的培养基中进行培养，目的是建立单细胞培养物。在培养过程中，除了气体和挥发性代谢产物可以同外界空气交换外，一切都是密闭的。随着培养基中的主要营养物质的耗尽，细胞的分裂和生长也随即停止。为了使分批培养的细胞不断增殖，必须进行继代培养，方法是取出培养瓶中的一小部分(通常为总体积1/5～1/3)悬浮液，转移到含有相同成分的新鲜培养基中。在分批培养中，细胞数目增长的变化情况表现为S形曲线。

连续培养是利用特别的培养容器进行大规模细胞培养的一种培养方式。连续培养过程中，不断注入新鲜培养基，排掉等体积的用过的培养基，营养物质得到不断补充。由于注入的新鲜培养液与流出的已用培养液体积相等，可调节流入及流出的速度，使细胞的生长速率相对一致，从而形成一个稳定状态。连续培养对于植物细胞代谢调节的研究，取决于各个生长限制因子对细胞生长的影响，并对次生物质的大量生产等都有一定意义，但它们需要的设备比较复杂，投入的精力较多，现在还未被广泛应用。

3. 原生质体培养

原生质体培养是指将细胞去除细胞壁后形成裸露的原生质体，将其放在无菌条件下生长发育的技术。植物原生质体作为一个良好的实验系统而被应用于植物细胞骨架、细胞壁的形成与功能、细胞膜的结构与功能、细胞分化与脱分化等重大理论问题的研究。植物原生质体培养作为植物生物技术的一个重要分支，可应用于外源基因转移、体细胞杂交、无性系变异及突变筛选。一些重要的作物如大豆、棉花、油菜、马铃薯、水稻、玉米、小麦、谷子、高粱、大麦等的原生质体培养和植株再生研究，都已获得成功，为细胞工程实用化提供了可能。

要获得高质量的原生质体,应选择生长旺盛的植物体幼嫩部分。植物的年龄、季节、光照、肥水条件等都明显影响原生质体的质量。普遍采用的外植体有根、下胚轴、幼叶、子叶等,生长在温室里的植株较好。在酶解游离原生质体之前,对植株进行预处理,有时可提高原生质体培养中的分裂频率。预处理的方式有暗处理、低温处理或预培养。

原生质体的培养和组织培养、细胞培养相似。由于除去了细胞壁,培养基中须有一定浓度的渗透压稳定剂来维持原生质体的稳定,多采用 KM-8P、N_6 等配方。在培养基中添加天然有机物如椰汁、酵母提取物等对原生质体的生长有利。

4. 花药培养

花药培养是指用植物组织培养技术,把发育到一定阶段的花药,通过无菌操作技术,接种在人工培养基上,以改变花药内花粉粒的发育程序,诱导其分化,并连续进行有丝分裂,形成细胞团,进而形成一团无分化的薄壁组织——愈伤组织,或分化成胚状体,随后使愈伤组织分化成完整的植株。

任务2　植物组织培养苗的继代培养

学习目标

(1) 了解植物组织培养快速繁殖的增殖类型。

(2) 了解不同的增殖类型的特点。

(3) 了解如何根据植物的种类选择增殖方式。

任务要求

由教师提出任务,师生共同探究植物组织培养快速繁殖有哪些增殖类型、特点、适合培养的植物类型,选择外植体的类型、部位,培养基的组成及各成分的作用。然后根据生产实际确定外植体的选择方法及外植体的增殖方式,在教师指导下各小组分工来完成植物组织培养苗的增殖。

一、任务提出

教师通过向学生展示不同增殖类型的植物组织培养苗,提出如下学习任务。

(1) 植物组织培养苗的增殖都有哪些类型?

(2) 如何根据植物种类选择合适的增殖类型?

(3) 同种植物如何实现不同类型的增殖?

(4) 不同的增殖类型各有什么优缺点?

(5) 生产实际中如何选择适宜的增殖方式?

(6) 不同类型增殖苗的继代转接技术是什么?

二、任务分析

在初代培养的基础上所获得的芽、苗、胚状体和原球茎等,称为中间繁殖体,它们的数量都还不多,需要进一步增殖,使之越来越多,从而发挥快速繁殖的优势。继代培养是在初代培养之后的连续数代的增殖培养过程。因此,植物组织培养快速繁殖建立无性繁殖系,正确地选择快速繁殖类型和诱导中间繁殖体是关键技术阶段。

继代培养使用的培养基对于一种植物来说每次几乎完全相同,由于培养物在接近最良好的环境条件、营养供应和激素调控下,排除了其他生物的竞争,所以能够按几何级数增殖。一般情况,在4～6周内增殖3～4倍是很容易做到的。如果在继代转接的过程中能够有效地防止菌类污染,又能及时的转接继代,一年内就能获得几十万或几百万株小苗。这个阶段就是快速繁殖的阶段。

三、相关知识

(一) 植物组织培养快速繁殖中间繁殖体发生类型

1. 无菌短枝型

无菌短枝型又称为无菌微型扦插型。此技术是将待繁殖的材料剪成带1叶的1芽茎段,转入成苗培养基瓶内,经一定时间培养后可长成大苗,再剪成带1叶的1芽茎段,继代培养又成大苗。继代培养时将大苗反复切段转接,重复芽-苗增殖的培养,从而迅速获得较多嫩茎。这种增殖方式也称作"微型扦插"或"无菌短枝扦插"。将一部分嫩茎切段转移到生根培养基上,即可培养出完整的试管苗。这种方法主要利用顶端优势,可用于枝条生长迅速,或对植物组织培养苗质量要求较高的草本植物和一部分木本植物,如菊花、香石竹、马铃薯、丝石竹、葡萄、甘薯、猕猴桃、大丽花、月季等。该技术成苗快,不经过愈伤组织诱导阶段,遗传性状稳定,培养过程简单,适用范围广,移栽容易成活。

2. 丛生芽增殖型

茎尖或初代培养的芽,在适宜的培养基上诱导,不断发生腋芽,而成丛生芽。将丛生芽分割成单芽增殖培养成新的丛生芽,如此重复芽生芽的过程,可实现快速大量繁殖的目的。将长势强的单个嫩茎转入生根培养基,诱导生根成苗,扩大繁殖。美国红栌、三角梅、樱桃、砧木等多数木本植物最好采用此种技术进行植物组织培养快速繁殖。这种技术从芽繁殖到芽,遗传性状稳定,繁殖速度快,是茎尖培养和脱毒苗初期培养不可缺少的过程。

3. 器官发生型

从植物叶片、子房、花药、胚珠、叶柄等,诱导出愈伤组织,从愈伤组织上诱导不定芽,也称为愈伤组织再生途径。杨树、半夏、香花槐等组织培养快速繁殖就是用这种技术。由于容易发生变异,在良种繁殖时应特别注意。烟草、油菜、柑橘、咖啡、小苍兰、虎尾兰、香蕉和棕榈可通过此途径培养获得植株。

4. 胚状体发生型

利用植物叶片、子房、花药、未成熟胚等诱导体细胞胚胎发生。其发生和成苗过程类似合子胚或种子，又有所不同，它也通过球形胚、心形胚、鱼雷形胚和子叶形胚的胚胎发育过程，形成类似胚胎的结构，最终发育成小苗。这种胚状体具有数量多、结构完整、易成苗和繁殖速度快的特点，是植物离体无性繁殖最快、生产量最大的繁殖技术，也是人工种子和细胞工程的前提，但注意试管苗的变异。百合等可通过此途径培养获得植株。

胚状体苗和器官发生苗的区别见表 5-2。

表 5-2　胚状体苗和器官发生苗的区别

胚状体苗	器官发生苗
① 最初形成多来自单个细胞，双向极性，两个分生中心，较早分化出径端和根端(方向相反)	① 最初形成多来自多细胞，单项极性，单个分生中心
② 胚状体维管组织与外植体维管组织不相连	② 不定芽、不定根与愈伤组织的维管组织相连
③ 有典型的胚胎形态发育过程	③ 无胚胎形态，分生中心直接分化器官
④ 形成的幼苗有子叶	④ 不定芽的苗无子叶
⑤ 胚状体发育的苗、根、芽齐全，不经诱导生根阶段	⑤ 一般先长芽后诱导生根，或先诱导生根后长芽

诱导胚状体需要的条件，因植物种类、部位和培养时植物组织细胞所处状况的不同而异，可有几种情况。

(1) 胚状体的产生不需要任何激素和细胞分裂素，如烟草、曼陀罗和水稻等的花药培养，莳萝和茴香的子房培养，四季橘愈伤组织和欧芹叶柄的愈伤组织培养。

(2) 培养中需要生长激素或细胞分裂素或两者的组合，如石龙芮的下胚轴、檀香和石刁柏的愈伤组织培养。有的需要较高的激动素和生长素的配合才能有较高的胚状体发生频率，如颠茄的花药培养。

(3) 需先在有激素的培养基上诱导，然后转入低浓度的培养基。由愈伤组织分化出胚状体激素或在无激素的培养基中培养，如石刁柏下胚轴的愈伤组织培养及颠茄细胞的悬浮培养。胡萝卜在诱导愈伤组织时需 2,4-D，但由愈伤组织诱导出胚状体时，则需在没有 2,4-D 的培养基上培养。某些天然产物，如椰汁、西瓜汁、酵母提取物、酪朊水解物或腺嘌呤等都有利于胚状体的发生。

胚状体的诱导与外植体所处生理状况、内源性激素的变化及遗传性等都有密切的关系。

5. 原球茎型

兰科植物中大多数兰花的培养属于这一种类型。原球茎是一种类胚组织，培养兰花类的茎尖或腋芽可直接产生原球茎，继而分化成植株，也可以继代增殖产生新的原球茎，通过原球茎扩大繁殖，这是“兰花工业”取得成功的关键技术。

各种再生类型的特点比较见表5-3。

表5-3 各种再生类型的特点比较

再生类型	外植体来源	特 点
无菌短枝型	嫩芽茎段或芽	一次成苗、培养过程简单、适用范围广、移栽容易成活、再生后代遗传性状稳定,但初期繁殖较慢
丛生芽增殖型	茎尖、茎段获初代培养的芽	与无菌短枝型相似,繁殖速度较快、成苗量大、再生后代遗传性状稳定
器官发生型	除芽外的离体组织	多数经历"外植体→愈伤组织→不定芽→生根→完整植株"的过程,繁殖系数高,多次继代后愈伤组织的再生能力下降或消失,再生后代容易变异
胚状体发生型	活的体细胞	胚状体数量多、结构完整、易成苗、繁殖速度快,有的胚状体存在一定变异
原球茎型	兰科植物的茎尖	原球茎具有完整的结构,易成苗、繁殖速度快,再生后代变异概率小

(二)无菌短枝型试管苗继代转接技术

(1)打开超净工作台和无菌操作室的紫外灯,照射20 min。

(2)照射20 min后关闭紫外灯。

(3)操作前20 min时超净工作台处于工作状态,让过滤过的空气吹拂工作台面和四周的台壁。

(4)用水和肥皂洗净双手,穿上灭过菌的专用试验服、鞋子,戴上帽子,进入无菌操作车间。

(5)用70%酒精擦拭工作台和双手。

(6)用蘸有70%酒精的纱布擦拭装有培养基的培养器皿,放进工作台。

(7)把经过灭菌的器械架包装纸打开,注意千万不能用手碰到器械架的内部,过火后放在超净工作台的右前方。弯头剪也按同样的方法打开,过火后放在器皿架上。

(8)把瓶苗外壁以及瓶口先用蘸有70%酒精的干净纱布擦干净,然后取下封口材料,用酒精灯火焰灼烧瓶口,转动瓶口使瓶口的各个部位均能烧到。

(9)按照同样的方法对培养基瓶进行擦拭消毒,并打开封口材料灼烧瓶口。

(10)左手拿接种瓶,右手拿弯头剪,从待转接的试管苗瓶中剪下1~1.5 cm的茎段,迅速转移到新鲜增殖培养基中。注意在接种过程中,手绝对不能从打开的接种瓶上方经过,以免灰尘和微生物落入造成污染。

(11)按照这种方法依次剪取茎段、插植,使无菌短枝在增殖培养基中直立并均匀分布,每瓶接种20个茎段。

(12)一瓶转接完成后,同法灼烧瓶口,然后盖上封口材料。再按同样的方法转接下一瓶,直到瓶苗全部转接完成。

(13) 把接好种的瓶苗，先进行扎口，然后标注好品种名称、培养基种类、接种时间、接种人的代号等。

(14) 接种结束后，把瓶苗放到植物培养车间中培养，清理和关闭超净工作台。

(15) 定期到植物培养车间中观察瓶苗的生长状况。

(三) 原球茎型试管苗继代转接技术

(1)～(9)同无菌短枝型试管苗继代转接技术。

(10) 左手拿接种瓶，右手拿镊子，从待转接的试管苗瓶中取出放在无菌接种盘中，用镊子、解剖刀把原球茎和兰花幼苗分别放置，分别把原球茎迅速转移到新鲜增殖培养基中，把兰花幼苗迅速转移到新生根培养基中。注意在接种过程中，手绝对不能从打开的接种瓶上方经过，以免灰尘和微生物落入造成污染。

(11) 按照这种方法在增殖培养基上均匀接种 20 块左右，兰花幼苗根据情况确定接种数量。

(12)～(15)同无菌短枝型试管苗继代转接技术。

(四) 试管苗继代培养的方法

试管苗由于增殖方式不同，继代培养可以用固体培养和液体培养两种方法。

1. 液体培养

以原球茎和胚状体方式增殖，可以用液体培养基进行继代培养。如兰花增殖后得到原球茎，分切后进行振荡培养(用旋转、振荡培养，保持 22 ℃恒温，连续光照)即可得到大量原球茎球状体，再切成小块转入固体培养基，即可得到大量兰花苗。

2. 固体培养

多数继代培养都用固体培养，其试管苗可进行分株、分割、剪截、剪成(剪成 1 芽茎段)等转接到新鲜培养基上，其容器可以与原来相同，大多数用容量更大的三角瓶、罐头瓶、兰花瓶等以尽快扩大繁殖。

(五) 影响试管苗继代培养的因素与解决措施

当试管苗在瓶内长满并长至瓶塞，或培养基利用完成时就要转接，进行继代培养，可迅速得到大量试管苗，以便进行移栽。能否保持试管苗的继代培养，是能否得到大量试管苗和能否用于生产的重要问题。

1. 驯化现象

在植物组织培养的早期研究中，发现一些植物的组织经长期继代培养，发生一些变化，在开始的继代培养中需要生长调节剂的植物材料，其后加入少量或不必加入生长调节剂就可以生长，此现象就称为“驯化”。如在胡萝卜薄壁组织培养过程中，逐渐消耗了母体中原有器官形成有关的特殊物质。如初代培养中加入 1～6 mol/L IAA，才能达到最大生长量，但经多次继代培养后，在不加 IAA 的培养基上也可达到同样生长量，一般约在一年以上，或继代培养 10 代以上。

但并不是出现这种所谓的驯化现象就好，有时长期的驯化现象会得到不好的结果，如卡德利亚兰实生苗在长期的加香蕉的培养基中继代，最后造成只长芽不长根，芽的增长倍数很高，但芽又细又弱，这时在加入生长素的培养基中培养，几次继代培养可长出较多的根。

2. 形态发生能力的保持和丧失

在长时期的继代培养中，材料自身内部要发生一系列的生理变化，除了前面讲的驯化现象外，还会出现形态发生能力的丧失。不同的植物其保持再生能力的时间是不同的，而且差异很大，在以腋芽或不定芽增殖继代培养的植物中，在培养许多代之后仍然保持着旺盛的增殖能力，一般较少出现再生能力丧失的问题。

一般认为分化能力衰退主要有三个因素。

第一，愈伤组织中含有从外植体启动分裂时就包括进来的成器官中心（分生组织），当重复继代培养时会逐渐减少或丧失，这意味着不能形成维管束，只能保持无组织的细胞团，也有人认为在继代培养过程中，逐渐消耗了原有的与器官形成有关的特殊物质。为什么有的植物出现形态发生能力丧失的现象，而在另一些植物中，形态发生能力又能很好保持？其原因还有待进一步研究。

第二，形态发生能力的减弱和丧失，也可能与内源生长调节剂的减少或丧失有关，如胡萝卜和菘兰。

第三，也可能是细胞染色体出现畸变，数目增加或丢失。

3. 影响继代培养的其他因素

1）植物材料的影响

不同种类植物，同种植物不同品种，同一植物不同器官和不同部位继代繁殖能力也不相同。一般是草本＞木本，被子植物＞裸子植物，年幼材料＞老年材料，刚分离组织＞已继代的组织，胚＞营养体组织，芽＞胚状体＞愈伤组织。

2）培养基及培养条件

培养基及培养条件适当与否对能否继代培养影响很大，故常改变培养基和培养条件来保持继代培养，在这方面有许多报道，如在水仙鳞片基部再生子球的继代培养中，加活性炭的培养基中再生子球比不加活性炭的要高出一至几倍。胡霓云等报道，在 MS 培养基初次培养的桃茎尖，若转入同样的 MS 培养基则生长不良，而转入降低铵态氮和钙，增加硝态氮、镁和磷的培养基中则能继代繁殖。

3）继代培养时间长短

关于继代培养次数对繁殖率的影响，报道结果不一。有的材料长期继代培养可保持原来的再生能力和增殖率，如葡萄、黑穗醋栗、月季和倒挂金钟等。有的经过一定时间继代培养后才有分化再生能力。潘景丽等进行沙枣愈伤组织继代培养 6 次后，才分化出苗，保持两年，仍具有分化能力。而有的随继代培养时间加长而再生繁殖能力降低，如杜鹃茎尖外植体，通过连续继代培养，产生小枝数量开始增加，但在第四代或第五代则下降，虽可用光照处理或在培养基中提高生长素浓度，以减慢小枝数量的下降，但无法阻止再生繁殖能力的降低，因此必须进行材料的更换。

4）季节的影响

有些植物材料能否继代培养与季节有关。如水仙取 6、7 月份的鳞茎，因夏季休眠，

生长变慢,8 月休眠后,生长速度又加快。百合鳞片分化能力的高低,表现为春季>秋季>夏季>冬季。球根类植物组织培养繁殖和胚培养时,就要注意继代培养不能增殖,是因其进入休眠,可通过加入激素和低温处理来克服。唐菖蒲在 MS 培养基上得到的球茎,移植于 MS 培养基中,无机盐和糖浓度减半,并增加萘乙酸用量,可以防止继代培养中的休眠。

一般能达到每月继代增殖 3～10 倍,即可用于大量繁殖,盲目追求过高增殖倍数,一是所产生的苗小而弱,给生根、移栽带来很大困难;二是可能会引起遗传性不稳定,造成灾难性后果。

(六) 提高繁殖速度的方法

试管苗不仅繁殖类型不同,而且在试管内又受到基因型、外植体来源、年龄、部位、培养基种类、附加成分和培养环境等多种因素的影响,应通过具体试验来摸索每种植物最快、最好的繁殖方法。

1. 改进培养基

长期以来,根据培养的组织不同、目的不同,已设计了许多种培养基。初代培养能否进行增殖,培养基的选择是一个关键。MS 培养基可以适用于许多植物的培养,但在大量组织器官培养中发现,由于其无机盐浓度较高,对某些植物来说出现了抑制生长甚至毒害作用,例如,捕虫堇的叶,接种到 1/2 LS 培养基中死亡率很高(LS 培养基和 MS 培养基的无机盐一样),在 1/5 LS 培养基中效果很好,而越橘的嫩茎在 1/4 MS 培养基中生长良好,作为热带气生兰的许多种类均需要较低的盐浓度。

糖类具有维持培养基渗透压的作用,在培养过程中,组织不断地从培养基中吸取糖,随着时间增加,糖的浓度逐渐降低,不能维持正常的渗透压,这种情况下应尽快将材料转移至新鲜的培养基中,否则影响试管苗的生长。

在植物组织培养中所用的维生素类绝大部分为 B 族维生素,如硫胺素、烟酸、叶酸、生物素等,它们以各种辅酶的形成参与代谢活动,影响形态发生、分化及试管苗的生长。有的外植体或愈伤组织能自己合成各类维生素,但在不确定的情况下,一般均加入,以防缺乏。

植物生长调节剂,在试管苗增殖中起决定性的作用,由于植物体内源激素难以测定,因此,外源激素的加入靠一系列的试验来修正。下面叙述试管内增殖的三种不同途径所使用的不同植物生长调节剂。

1) 促进腋芽形成和生长的激素

高等植物的每一个叶腋中都有腋芽,在一定条件下可使它生长。现在知道顶端优势抑制芽的生长可被外源的细胞分裂素打破,所以在利用这条途径来增殖时,几乎都要加入细胞分裂素。由于细胞分裂素的持续作用,腋芽不断分化和生长,逐渐形成芽丛。反复切割和转移到新的培养基中继代培养,就可在短期内得到大量的芽。除了细胞分裂素以外,培养基中还经常加入低浓度的生长素,以促进腋芽的生长,但要防止愈伤组织形成。有时还加入低浓度的赤霉素,以促进腋芽的伸长。在实际操作中,一般高浓度细胞分裂素和低浓度生长素的配比，既能提高腋芽的增殖速度，也能保证腋芽的健壮生长，为后续的生根移栽打下良好基础。如果细胞分裂素浓度过高，生长素浓度过低，会形成过于细密的嫩芽，虽然提高了增殖速度，但苗多而弱，降低了芽的质量，不适宜作为生根或移栽用苗，这也是一种浪费。但这并不意味着促进腋芽的增殖必须同时需要生长素和细胞分裂素。许多情况下只用细胞分裂素也可以得到优质的增殖芽。

2）诱导不定芽形成和生长的激素

除现有的芽之外，任何器官上的，通过器官发生重新形成的芽称为不定芽。促进外植体形成不定芽，要使用一定量的细胞分裂素和生长素，一般浓度不能过高。否则不但器官分化能力降低，而且遗传性难以稳定。诱导外植体形成不定芽时，一般使用细胞分裂素的浓度高于生长素浓度的配比，但也经常采用细胞分裂素和生长素浓度的比值接近于1的配比。有的材料还需加入低浓度的2,4-D才能诱导不定芽的产生。具体应用时应查阅相关资料，并通过大量筛选来寻找最适当的细胞分裂素和生长素种类和浓度的配比。但总的原则还是如上所述，不能片面追求增殖率，既要求一定的增殖率，也要保证小苗的质量。

3）促进胚状体的形成和繁殖的激素

胚状体发生途径的优点是增殖率高，而且同时具有胚根和胚芽，可免去生根。现在胚状体发生还不普遍或产生的胚状体难以成株或成株率太低，以及遗传性尚不稳定，故仅在有限植物中应用。一般是在含有丰富还原氮的培养基上，加入生长素，特别是加入2,4-D以诱导胚状体的发生，然后转移到降低浓度或没有生长素的培养基上使其成熟、萌发和生长。在培养基中，还可加入其他附加成分，如氨基酸、水解乳蛋白（LH）300～500 mg/L、水解酪蛋白（CH）200～500 mg/L，以及腺嘌呤（ADE）1～80 mg/L等，以促进试管苗的生长。

2. 改善培养条件

试管苗增殖与培养条件如温度、光照、湿度、培养器皿和培养基的pH值等密切相关，需要进行控制，以促进繁殖。

1）温度

不同植物增殖的最适温度不同，大多采用(25±2) ℃的温度。一般低于15 ℃时，培养的组织生长出现停滞，而高于35 ℃的温度对生长也不利。促进芽的形成温度略低，如烟草芽形成以18 ℃最好，12 ℃以下、33 ℃以上成芽率均低。增殖苗的温度一般是恒温，也有昼夜变温下生长效果比恒温好的，如百合。在考虑某种培养物的温度要求时，也应考虑原植物的生态环境所处温度条件，如松树一般生长在较高的海拔及较低的温度环境，在较高温度的培养条件下其试管苗生长变慢，有人采用两到三个月的模拟冬天的低温环境，又使其生长恢复。温度预处理也对试管苗增殖有影响。高温处理不仅可获得无病毒植株，也影响到器官发生。草莓的茎尖分生组织经38 ℃处理3～5天，提高了无病毒茎尖分生组织的成活率。天竺葵一个品种分别用10 ℃、20 ℃和30 ℃等不同温度处理1～4周，培养8周后，以10 ℃处理的茎尖繁殖数最高，20 ℃处理的其次，30 ℃处理的最差，在木本植物的胚培养中，发现胚在2～5 ℃条件下进行一定时间的低温处理，有利于提高胚的成

活率，如桃树。

2）光照

光对试管苗生长增殖也有明显影响，表现在光照、光质和光周期等方面。对于光照强度对细胞、组织的增殖和器官的分化影响研究尚少，因此看法不一致。在一些植物（如荷兰芹等）的组织培养中，发现器官形成不需要光。而另一些植物（如菊芋、卡里佐枳橙）的组织培养中，则发现光对器官的形成有重要作用。据报道用黑暗、2200 lx 和 5700 lx 等不同光照处理卡里佐枳橙的茎尖培养，茎尖分化新梢数随着光照强度增加而增加，分别增加了 153.8% 和 238.5%。吴绛云发现光照显著促进黑穗醋栗幼苗的增殖。而王际轩等培养苹果砧木的芽，通过暗培养产生黄化苗，明显提高茎尖增殖率。关于光周期，试管苗的增殖与分化，许多研究者都选用一定光周期来培养，最常用的光周期是 16 h 光照，8 h 黑暗。有人发现菊芋块茎器官的分化，每天 1 h 600 lx 光照有促进，到 12 h 则达最高限度，再增加则无作用。曹孜义等用连续光照培养葡萄试管苗，绝大多数品种可加快苗的增殖，而且使苗生长健壮。王永明发现一个月以上每日 10 h 以下光照，会使部分苗生长停止和封顶，若延长至 12～16 h，则可消除。如果诱导试管内花的形成，那日照长短则是一个重要因素。

3）湿度

培养容器内的相对湿度几乎可达 100%，而环境中的湿度会影响培养基湿度，培养室湿度太低，培养基易失水、干裂，影响生长，过高则易引起棉塞长霉，造成污染。一般要求在 70%～80% 的相对湿度，过低应洒水，过高应通风除湿。

4）pH 值

试管苗的增殖都要一定的 pH 值。如果 pH 值不适，则直接影响试管苗对营养物质的吸收，从而影响到生长和繁殖。除特殊要求外，一般培养基 pH 值为 5.6～6.0。

5）渗透压

培养基中由于有添加的盐类、蔗糖等化合物，因此，而影响到渗透压的变化。通常1～2 个大气压对植物生长有促进作用，2 个大气压以上就对植物生长有阻碍作用，而 5～6 个大气压植物生长就会完全停止，6 个大气压以上植物就不能生存。

6）气体

试管苗生长和繁殖需要氧气。进行固体培养时，如果瓶塞密闭或将芽埋入培养基会影响生长和繁殖。液体培养，则需进行振荡和旋转或浅层培养以解决氧气供应。试管苗增殖培养时，应注意避免有害气体的进入，如 SO_2、乙烯等的伤害。

特别提示

（1）遗传稳定性问题，即保持原有良种特性问题。虽然植物组织培养中可获得大量形态、生理特性相同的植株，但通过愈伤组织或悬浮培养诱导的苗木，经常会出现一些体细胞变异个体，有些是有益变异，但更多的是不良变异，如：观赏植物不开花、花小或花色不正；果树不结果、抵抗性下降或果小、产量低、品质差等问题。在生产上造成很大损失，并容易引起经济纠纷，如香蕉试管苗中的不良变异表现为植株矮小、不结果，给果农造成损失。

影响无性系变异频率的因素有很多，其中与植物组织培养快速繁殖中间繁殖体发生类型关系密切，在试管苗的增殖培养中外植体的来源、培养基的组成、外植体的年龄和植株再生的方式等均与变异频率有关。

植株的再生方式有5种类型，以无菌短枝型、丛生芽增殖型的方式繁殖不易发生变异或变异率极低。

(2) 保留继代增殖材料的操作原则是挑选最好的中间繁殖体作为继代培养材料，剩余的在淘汰变异的基础上均可进入生根阶段使之形成完整的试管苗。

(3) 当中间繁殖体大量增殖后，下一步应使部分培养物分流到壮苗生根阶段。若不及时将培养物转到生根培养基上，就会使久不转移的苗发黄老化，或因过分拥挤而使无效苗增多造成浪费。

(4) 由一个外植体经整理、清洗以及一系列消毒灭菌，接入培养瓶内进行培养，建立无菌培养物，在经过若干次扩大增殖与壮苗生根，就可形成无数遗传性状相对一致的植物群体——无性繁殖体。

四、组织实施

(1) 通过对不同植物组织培养快速繁殖中间繁殖体发生类型的探究、根据不同的中间繁殖体发生类型，确定培养基的配方。

(2) 根据中间繁殖体的数量和生长状况确定培养基的制作数量和类型，进行小组合理分工。

(3) 根据不同植物组织培养快速繁殖中间繁殖体发生类型确定继代转接技术。

(4) 各小组对操作过程中出现的问题进行总结，并互相检查接种过程中出现的问题。

(5) 将植物组织培养苗放到培养室中进行管理，对操作现场进行规范整理。

(6) 对继代培养进行观察、记载、统计和分析。

接种1周后，观察污染情况。25天后观察试管苗增殖情况，计算增殖率，以后每隔一周观察接种材料的生长情况，直至长成小植株。表5-4所示为增殖培养记载表。

表5-4　增殖培养记载表

项目	接种日期	增殖率/(%)	污染率/(%)	生长状况

(7) 教师对各小组任务完成情况进行讲评，对整个过程的安排提出合理化建议，解答学生对本次任务的疑问。

五、评价与考核

项目	考核内容	要求	赋分
计划制订	① 制订继代培养计划 ② 各小组分工情况	继代培养计划合理;小组分工明确	10
物品准备	药品、试剂、烧杯、超净工作台、接种器具、培养基、试管苗等	准备齐全,分工明确	10
无菌操作技术及培养过程	① 根据不同中间繁殖体进行相应的处理	处理方法正确,符合要求	10
	② 接种:选择合理的接种方法进行接种	动作准确、熟练、省力;操作过程无污染	30
	③ 接种速度:在规定时间内完成接种任务	在规定时间内完成接种瓶数	10
	④ 培养物的观察与记载:对培养过程进行全程观察记载	对植物的生长状况、增殖率等指标有完整记载,并对出现的问题进行分析	15
	⑤ 培养结果与分析:对增殖率、污染率、生长情况进行分析	分析诱导和生长情况与培养基等因素的关系,分析污染的原因,并能对出现的问题提出解决措施	10
现场整理	清洁操作台面,并还原药品及用具	按要求整理到位,培养良好的工作习惯	5

知识链接

1. 无菌短枝型

相关增殖工艺流程见图5-1。

图5-1　无菌短枝型增殖工艺流程

2. 从生芽增殖型

相关增殖工艺流程见图5-2。

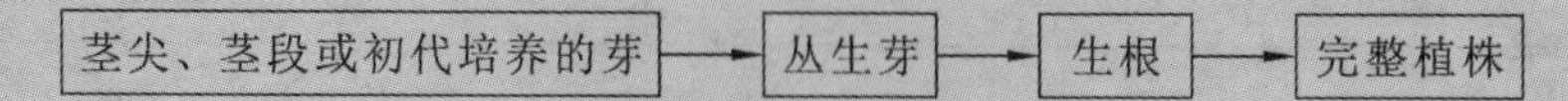

图5-2　丛生芽增殖型增殖工艺流程

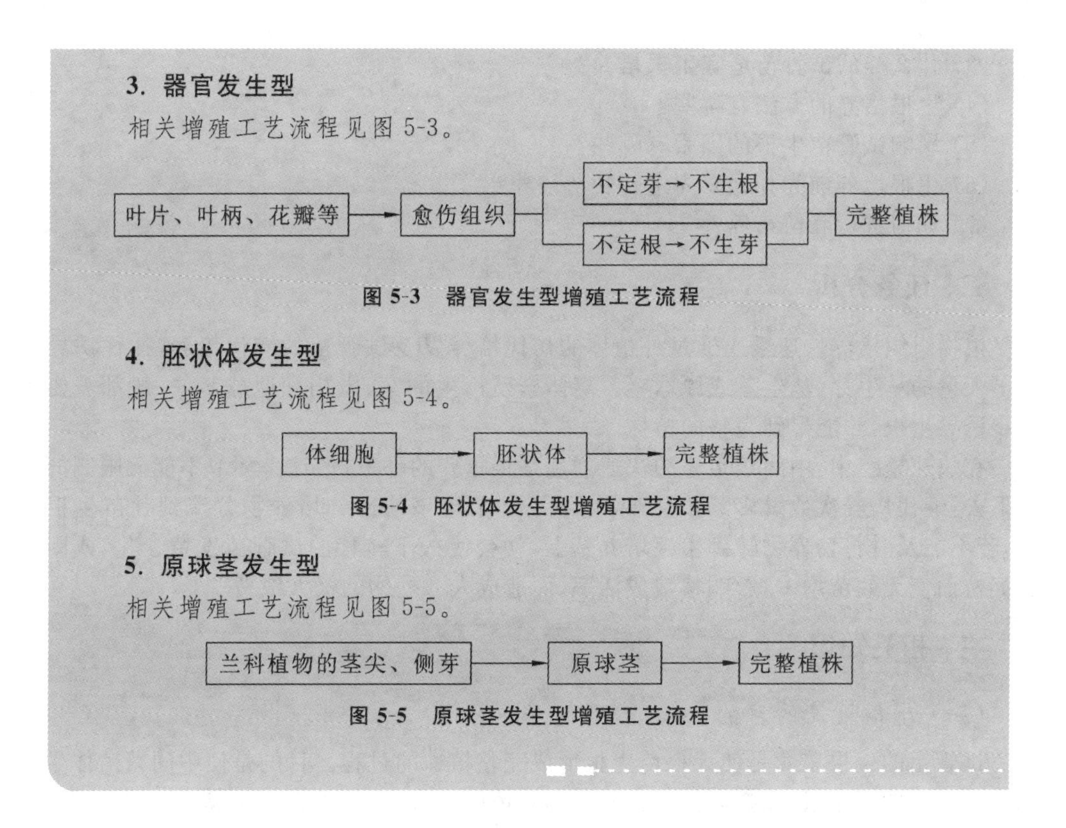

3. 器官发生型

相关增殖工艺流程见图 5-3。

图 5-3 器官发生型增殖工艺流程

4. 胚状体发生型

相关增殖工艺流程见图 5-4。

图 5-4 胚状体发生型增殖工艺流程

5. 原球茎发生型

相关增殖工艺流程见图 5-5。

图 5-5 原球茎发生型增殖工艺流程

任务 3 植物组织培养苗的生根培养

学习目标

(1) 了解植物组织培养苗生根的目的和意义。

(2) 了解影响生根的几大因素。

(3) 掌握培养壮苗的方法。

(4) 掌握植物组织培养苗的生根培养的基本方法步骤。

任务要求

根据试管苗的现行生长情况,及时准确制订生根培养的计划方案,掌握生根培养的方法、壮苗培养方法、生根培养基的制备、生根培养的影响因素,能及时解决生根过程中遇到的问题。

一、任务提出

教师通过现行生长的试管苗,提出如下学习任务。

(1) 为什么要进行生根培养?

(2) 什么样的植物组织培养苗不适宜生根培养?

(3) 什么样的试管苗适宜生根培养?

(4) 生根培养的方法有哪些?

(5) 影响试管苗生根的因素有哪些?

(6) 生根培养前为什么要先进行壮苗培养?

(7) 如何进行壮苗培养?

二、任务分析

植物组织培养快速繁殖通过外植体的初代培养以及试管苗的继代培养,往往诱导产生了大量的丛生芽、丛生茎或原球茎。离体繁殖产生的芽、嫩梢和原球茎,一般都需要进一步诱导生根,才能得到完整的植株。

在快速繁殖中,中间繁殖体的快速增殖是很重要的环节,但这一环节不能无限制的运行下去,继代培养次数过多易发生变异,下一环节应该使部分培养物分流到壮苗生根阶段,若不能及时将培养物转到生根培养基上,就会使久不转移的试管苗发黄老化,或因过分拥挤而使无效苗增多,影响移栽成活率,而造成人、财、物的极大浪费。

三、相关知识

(一) 生根培养的目的

试管苗的生根培养是使无根苗生根形成完整植株的过程。目的是使中间繁殖体生出浓密而粗壮的不定根,以提高试管苗对外界环境的适应力,使试管苗能成功地移栽到试管外,获得更多高质量的商品苗。试管苗一般需转入生根培养基中或直接栽入基质中促进其生根,并进一步长大成苗。

(二) 影响试管苗生根的因素

试管苗生根大多属于不定根,根原基的形成与生长素有着很重要的关系,但根原基的伸长和生长也可以在没有外源生长素的条件下实现。影响试管苗生根的因素很多,有植物材料自身因素,也有外部因素,如基本培养基、生长调节剂、环境因素等。要提高试管苗的生根率及移栽成活率,就必须考虑这些影响因素。

1. 植物材料

不同植物种类、不同的基因型、同一植株的不同部位和不同年龄对根的形成和分化具有重要作用。因植物材料的不同,试管苗生根从开始培养到长出一定数量的不定根,快的只需 3～4 天,慢的则要 3～4 周甚至更长。一般情况下,扦插生根容易的植物,试管苗生根也容易;相反,扦插生根困难的植物,试管苗生根也难。例如:核桃树、柿树等扦插生根较困难,则试管苗也难以生根。此外,生根难易还因取材季节和所处环境条件不同而异。不同植物材料生根的一般规律:木本植物较草本植物难,成年树较幼年树难,乔木较灌木难。但是具体到不同的植物种类也存在着差异,一般营养繁殖容易生根的植物材料在离体繁殖中也容易生根。有些试管苗由于在培养瓶中培养时间过长,茎木质化程度高,形成小老苗,这类苗也很难生根。而生长旺盛幼嫩的试管苗则容易诱导生根。

2. 培养条件

1) 温度

一般诱导生根所需要的温度比分化增殖的温度低一些。例如:一般继代培养时的最适温度为 25～28 ℃，而生根的适宜温度为 20～25 ℃。在较低温度下诱导出的根，质量好而且根的数量也比较适宜，但温度若低于 15 ℃则影响根的分化和生长。不同植物生根所需的最适温度不同，如草莓继代培养芽的再生的适宜温度为 32 ℃，生根温度则以 28 ℃最好；河北杨试管苗白天温度为 22～25 ℃、夜间温度为 17 ℃时生根速度最快，且生根率也高，可达到 100%。

2）光照

光照强度和光照时数直接影响试管苗的生根，但对此说法不一。一般认为生根不需要光照，如：毛樱桃新梢适当暗培养可使生根率增加 20%；生根比较困难的苹果暗培养可提高其生根率；杜鹃试管嫩茎低光照强度处理也可促进其生根。在生根培养基中添加一定量的活性炭，可以为生根创造一个暗的环境，而且还能吸附一些有毒物质，使根不易褐变，有利于根的生长。对于大多数植物来说，光照并不抑制根原基的形成和根的正常生长，因此诱导生根普遍在光照下进行。

3）pH 值

试管苗的生根要求一定的 pH 值范围，不同植物对 pH 值要求不同，一般为 5.0～6.0，如：杜鹃试管嫩茎的生根与生长在 pH 值为 5.0 时效果最好；胡萝卜幼苗切后侧根的形成在 pH 值为 3.8 时效果最好；水稻离体种子的根生长在 pH 值为 5.8 时效果最好。

3. 基本培养基

试管苗生根，是从异养状态向自养状态的转变。培养基中人为提供的丰富营养使试管苗产生依赖性而不容易生根，所以减少培养基中营养成分的含量可以刺激生根。试管苗的生根，对基本培养基的种类要求不严，如 MS、B_5、White 等培养基，都可用于诱导生根，但是其含盐浓度要适当加以稀释。前面的几种培养基中，除 White 培养基外，都富含 N、P、K 盐，均抑制根的生长。因此，应将它们分别降低到 1/2、1/3 和 1/4，如：无籽西瓜在 1/2 MS 时生根较好；硬毛猕猴桃在 1/3 MS 时生根较好；月季的茎段在 1/4 MS 时生根较好；水仙的小鳞茎则在 1/2 MS 时才能生根。

培养基中的其他成分也影响生根。有人认为铵态氮（NH_4^+）不利于生根；钙、微量元素中的硼和铁，维生素 B_1、维生素 B_6、维生素 B_{12} 均有利于生根；肌醇对生根作用不大，有时甚至起抑制作用。

此外，糖的浓度对试管苗的生根也具有一定的影响。一般低浓度糖有利于试管苗的生活方式由异养向自养转变，提高生根苗的移栽成活率。因此通常生根培养基中糖的含量要比继代培养基中减少一半或更多。例如桉树不定枝生根的最适宜蔗糖浓度为 0.25%，马铃薯为 1%。但也有植物在高糖浓度下生根较好，如淮山药在蔗糖 6%时生根状况最好。

4. 继代培养

试管嫩茎（芽苗）一般随着继代培养次数的增加，其生根能力有所提高。如：苹果试管嫩茎继代培养的次数越多则生根率越高；富士苹果在前 6 代之内生根率低于 30%，生根苗的平均根数不足 2 条，而随着继代次数的增加，到第 10 代时生根率达 80%，12 代以后则生根率达到 95%以上；杜鹃茎尖培养中，随培养次数的增加，小插条生根数量明显增加，第 4 代最高，最后达 100%的生根。

5. 植物生长调节剂

植物生长调节剂对不定根的形成起着决定性的作用，一般各种类型的生长素均能促进生根。

1）生长素

常用于促进生根的生长素有 IAA、IBA、NAA，其中 IBA、NAA 使用最多，但 IBA 价格昂贵些。三种生长素对生根的作用依次为 NAA>IBA>IAA，但不同种类植物对生长素的种类和浓度要求不同：一般 IAA 适用于草本植物；IBA 适用于木本植物。对于难生根的可以交替使用两种生长素，效果可能会好些。

不同种类的生长素，直接影响生根的数量和质量。一般 IBA 作用强烈，作用时间长，诱导的根多而长，IAA 诱导出的根比较细长，NAA 诱导出的根比较短粗，一般认为用 IBA、NAA(0.1～1.0 mg/L)有利于生根，两者可混合使用，但大多数仅单用一种人工合成生长素即可获得较好的生根效果。生根与生长素的浓度有关，高浓度的生长素促使根向短粗方向发展，但超过一定限度，则加速形成愈伤组织，影响根的形成与生长。此外，生根粉(ABT)也可促进不定根的形成，并可与生长素、赤霉素等配合使用。常见植物生根培养基使用的生长调节剂浓度见表 5-5。

表 5-5　常见植物生根培养基使用的生长调节剂浓度

植物名称	生长调节剂种类	生长调节剂浓度/(mg/L)
桃	NAA	0.1
非洲紫罗兰	NAA	0.01～0.2
变叶木	NAA	0.5
康乃馨	NAA	0.2
球根秋海棠	IBA	0.5
铁皮石斛	IBA	0.1
羽叶甘蓝	IBA+NAA	IBA 0.5+NAA 0.1
大花蕙兰	IAA 或 IBA+NAA	IAA 1.0 或 IBA 0.8+NAA 0.1
君子兰	IBA+NAA	IBA 0.01～1.0 +NAA 0.01～1.0

2）细胞分裂素

在生根方面，细胞分裂素对生长素有拮抗作用，从而对根的生长具有抑制作用，所以生根培养基中一般不加细胞分裂素。在长期多次的继代培养中，由于高浓度的细胞分裂素使芽分化速度加快，芽小而密，生长极其缓慢。这种矮小的芽在转入生根培养基前，首先要转到细胞分裂素偏低或没有细胞分裂素的培养基上培养 1～3 代，待芽苗长得粗壮时，再转到生根培养基中诱导生根，这样提高了苗的质量。有些植物在高浓度的生长素和低浓度的细胞分裂素下，可兼顾芽的分化和根的生长两方面，常用的细胞分裂素是低浓度的 KT。

3）植物生长调节剂的使用方法

植物生长调节剂的使用方法有两种：一种是在培养基中加入适宜浓度的生长素，即生根培养基，将无根的试管苗接种上后，在培养瓶中生根和生长；另一种是将需生根的植物材料先在一定浓度的植物生长调节剂（无菌）中浸泡或培养一定时间，然后转入无植物生长调节剂的培养基中进行培养，即"两步生根法"，可显著提高生根率。常见植物的两步生根法的处理方法及其生根率见表 5-6。

表 5-6 常见植物的两步生根法的处理方法及其生根率

植物名称	两步生根法的处理方法	生根率
核桃	1/4 DKW+IBA 5.0～10.0 mg/L（暗培养 10～15 d）	60.5%～89.7%
牡丹	IBA 50～100 mg/L（浸泡 2～3 h）	90%以上
板栗	IBA 1.0 mg/mL（浸泡 2 min）	90%
猕猴桃	IBA 50 mg/L（浸泡 3～3.5 h）	93.3%

6. 其他物质

在一些难生根植物的生根培养基中加入间苯三酚、脯氨酸和核黄素等也有利于试管苗的生根，如苹果新梢的生根。

（三）生根培养的方法

在培养材料增殖到一定数量后，就要将成丛的苗分离生根，让苗长高长壮以便于移栽。当新梢达到 3 cm 以上时切除基部存有的愈伤组织，用下列方法诱导生根。

(1) 将新梢基部浸入 50 mg/L 或 100 mg/L IBA 溶液中处理 4～8 h，诱导根原基的形成，再转移至无植物生长调节剂的培养基上促进幼根的生长。

(2) 在含有生长素的培养基中培养 4～6 d，待有根原基形成后，再进一步培养。

(3) 直接移入含有生长素的生根培养基中。

上述三种方法均能诱导出新根，但前两种方法对新根的生长发育更为有利，而第三种方法对幼根的生长有抑制作用，其原因是当根原基形成后，较高浓度生长素的继续存在不利于幼根的生长发育。

另外，也可采用下列方法生根。

(1) 延长在增殖培养基中的培养时间，试管苗即可生根，如洒金柳等的生根培养。

(2) 适当降低增殖倍率，减少细胞分裂素的用量（即将增殖与生根合并为一步），如吊兰、花叶芋、火炬花等能丛植的植物种类的生根培养。

(3) 切割粗壮的嫩枝，用生长素溶液浸蘸处理后在营养钵中直接生根。这种方法只适用于容易生根的植物，如某些杜鹃、菊花、香石竹等。

对于少数难生根的植物，则可采用以下方法促进试管苗生根。

(1) 滤纸桥培养：采用粗试管加液体培养基，并在试管中放置滤纸做的筒状物（滤纸桥），托住切成单条的嫩枝，滤纸桥略高于液面，靠滤纸的吸水性供应嫩枝的水、营养成分和生长素等，解决生根时氧气不足的问题，从而诱导出新根，可使生根过程加速，如山茶花、香石竹等花卉试管苗的生根培养。

(2) 分次培养：对于少数因为多次继代残留过多的细胞分裂素而难以生根的植物，可先在不含任何植物生长调节剂的 MS 培养基中过渡培养一次，再转接到生根培养基中进

行生根的进一步培养。对于一些生长细弱的植物，一般也需要采用不加植物生长调节剂的培养基进行一次壮苗培养，可适当加入少许矮壮素，以促使幼苗粗壮，便于诱导生根和以后的种植。

由胚状体发育成的小苗，常常有原先即已分化的根，可以不经过诱导生根阶段。但由于经过胚状体发育的苗数比较多，且个体较小，所以常需要低浓度或没有植物激素的培养基培养的阶段，以便壮苗生根。

（四）生根培养的壮苗培养

在中间繁殖体的增殖培养中，通过增加细胞分裂素浓度可以提高增殖系数，但同时也会造成增殖的芽长势减弱，不定芽短小、细弱，无法进入下一步的生根培养阶段。即使部分能够生根，移栽成活率也低。有的种类繁殖体中植株的生长及伸长缓慢，只有达到一定高度及大小的幼芽才能作为生根植株。如果生根苗非常细弱，移栽成活率就很低。为了使植株健壮，在试管苗生根之前要进行壮苗培养。

壮苗培养时，一般将生长较好的中间繁殖体分离成单苗，将较小的材料分成小丛苗培养：控制中间繁殖体的繁殖系数在3～5倍；采用较高浓度的生长素与较低浓度的细胞分裂素组合；适当增加光照，控制温度；一般培养温度为25 ℃左右，为了培养壮苗，培养温度可适当降低到20～25 ℃，光照要适当增加到3000 lx左右。培养基中添加多效唑、比久、矮壮素等一定数量的生长延缓剂。

试管内壮苗培养的阶段，是为了成功地将苗移植到试管外的环境中，以使试管苗适应外界的环境条件。通常不同植物的适宜温度不同，如菊花以18～20 ℃为宜。实践证明：植物生长的温度过高不仅会牵涉到蒸腾作用加强，还牵涉到菌类易滋生的问题；温度过低则使幼苗生长迟缓，或不易成活。春季低温时苗床可加设电热线，使基质温度略高于气温2～3 ℃，这不仅有利于生根和促进根系发达，还有利于培养苗提前成活。

移植到试管外的植物苗光照强度应比移植前培养时有所提高，并可适应强度较高的漫射光，以维持光合作用所需光照强度。但光线过强刺激蒸腾作用加强，会使与水分平衡的矛盾更尖锐。

知识链接

多效唑（PP_{333}）是一种高效、低毒的植物生长延缓剂。当试管苗生长细高时，在培养基中加入PP_{333} 0.5～1 mg/L，可以使试管苗生长矮壮。例如，当冬枣试管苗出现节间伸长、茎干细弱时，在培养基中加入PP_{333} 1 mg/L，培养2～3周后茎明显变粗，节间变短，再经过3周的生根培养，可长出2～3条健壮的根。脱毒马铃薯在继代培养中，也发生节间长、茎细长的现象，加入PP_{333} 2 mg/L后，试管苗明显变矮壮。总之，适当浓度的多效唑能促进不定根的发生和生长，增加不定根的发生率、数量和质量，可作为生根促进剂。由于根系发达，还可起到壮苗的作用。

四、组织实施

(1) 在教师的指导下,各小组制订科学合理的试管苗生根实施方案。

(2) 在熟悉培养基种类的情况下,各小组在教师指导下采用正确的方法进行生根培养基的配制与灭菌。

(3) 各小组分别选择1~2种无根苗,通过无菌操作技术,使其生根,并进行培养。各小组对生根技术进行讨论,可以按小组分别采取不同的生根方法。

(4) 各小组在分工合作下,对所培养的生根试管苗进行随机观察,并做好记录,及时发现并解决问题。

(5) 教师对各小组任务完成情况进行总结,对整个过程的安排提出合理化建议。

五、评价与考核

项目	考核内容	要求	赋分
计划方案制订	有完整的设计方案、实验方法	方案设计科学合理、具体,可操作性强	10
实训态度	出勤情况,工作态度,责任心	出勤率高,遵守纪律,服从安排,责任心强,有团队精神和创新意识	10
培养基的配制	药品用量计算,药品称量,药品溶解,定容,调整 pH 值,分装,封口,灭菌	计算方法正确,称量准确,溶解彻底,定容准确,封口方法正确,灭菌方法准确、彻底	15
生根接种	工作台面的预消毒,接种工具消毒,操作程序、方法,工序衔接情况	操作程序正确,操作规范、准确,上、下工序衔接紧凑	15
清理工作	清洁操作台面,关掉用电设备,物品归位	按要求整理实验室、工作台面,培养有始有终的工作态度	15
培养观察	培养过程中观察记录生根的数量,发根情况,发现问题,解决问题	观察细心认真,能够及时发现问题,记录详细,统计准确无误,问题分析科学、客观、准确	20
实训报告	实训目的,实训方法、步骤,实训用具	撰写认真,现象分析与判断准确,结论正确	15

特别提示

蔗糖在高温高压下会部分水解,形成葡萄糖和果糖,很容易被植物细胞吸收利用。若在酸性环境下,这种水解更加迅速。如果以葡萄糖或果糖为碳源配制成的培养基需要过滤除菌后才会有好的培养效果,否则培养基通过高温高压蒸汽灭菌,会产生对细胞有害的糖与有机氮的复合物,从而妨碍细胞的生长。

知识链接

试管外生根

试管苗一般都是在试管内先生根后移栽，而对于一些比较容易生根的试管苗，如菊花、康乃馨、月季、无籽西瓜等，可以不经过瓶内生根而直接从试管中取出进行瓶外生根。还有些植物在试管内生根质量差，根和茎之间的维管束连接不好，或者没有须根和根毛，直接影响移栽成活率。这些植物就可以采用试管外生根的方法。

实验证明很多植物可以把试管繁殖的嫩枝当做微型插条，直接插入基质中生根成活，如将杨树、桦木和其他阔叶树试管繁殖的嫩梢，直接栽入泥炭和蛭石基质中，可很快生根，且成活率较高。

1. 试管外生根的特点

所谓试管外生根，就是将植物组织培养中茎芽的生根诱导阶段同培养阶段结合在一起，直接将茎芽扦插到试管外的有菌环境中，省去了用来提供营养物质并起支持作用的培养基，简化了植物组织培养程序，降低了成本，提高了繁殖系数。

另外，瓶外生根苗避免了根系附着的琼脂造成的污染腐烂，且根系发育正常健壮，根与茎芽的输导系统相通，吸收功能较强，并且试管苗瓶外生根在生根过程中即已逐步适应了环境，经受了自然环境的锻炼，不适应环境的弱苗在生根过程中已经被淘汰，移栽苗都是抗逆性强的壮苗，容易成活。

2. 影响试管外生根的因素

1）生长素

在植物组织培养的过程中，植物生长调节剂起着非常重要的作用，而生长素更甚。不定根发生的整个阶段一般都需要生长素，生长素对根原基的启动和形成起着关键作用，但过多的生长素也会抑制根原基的生长，进而影响根的伸长。而根原基的伸长和生长则可以在没有外源生长素的条件下实现。试管外生根就是基于上述原理，在生根的起始阶段采用高浓度的生长素刺激根原基的形成，而在根原基的伸长阶段撤掉生长素，解除其抑制作用。因此生长素的存在对试管苗瓶外生根是必需的，如牡丹丛生芽在试管外生根时，只有体内 6-BA 水平下降、IAA 水平升高后才有利于不定根的形成。

2）生根方式

试管苗瓶外生根大多采用微体扦插法进行，即将无根苗切下，经过一定浓度生长素处理后，扦插到基质或苗床上，给以保湿措施，来完成试管苗的生根。微体扦插基质一般选择透气保湿的基质，如苔藓、蛭石、珍珠岩、泥炭等，如芦荟组织培养苗试管外生根以蛭石为好；一品红试管苗试管外生根以珍珠岩比较适宜，因为珍珠岩空隙大，质轻，透气性好，且有一定的保水能力，扦插成活率能达到 83.8%。

此外，试管苗还可进行水培生根。例如，对满天星采用瓶外水培生根，将健壮试管苗的茎段用ABT生根粉处理后，然后扦插进行水培，覆膜保湿管理，其生根率可达90%以上，且根系发达，吸水能力强，生长健壮。

3）环境条件

试管苗瓶外生根过程中的环境条件是成功的关键因素。试管苗一般生长在高湿、弱光、恒温、无菌的条件下，出瓶后若不保湿，常常因为失水萎蔫而死亡。在试管外生根前期需采取覆膜或喷雾等方法，保证空气相对湿度达到85%以上，温度起始阶段则控制在20 ℃左右较为适宜，并及时增加光照，以保证幼苗基部的正常呼吸，并防止叶片失水萎蔫，增强其光合作用的能力。在试管外生根后期则需加强通风，以逐渐降低湿度和温度，增强幼苗的自养能力，促进叶片保护功能快速完善，气孔变小，增强抵抗性以及适应外界环境条件的能力，提高生根成活率。

温度、光照、基质水分和空气湿度的平衡是获得较高生根率的保证。在影响瓶外生根的环境因子中，最重要的是温度，其次是基质水分和湿度，最后是光照，在具体操作中应注意平衡。

3. 试管外生根的技术

有些植物种类在试管中难以生根，或有根但与茎的维管束不相通，或根与茎联系差，或有根而无根毛，或吸收功能极弱，均导致移栽后幼苗不易成活，这就需要采用试管外生根法。试管外生根的方法主要有以下三种。

1）在试管内诱导根原基后再扦插

首先从继代培养获得的丛生芽中选取生长健壮、长1～3 cm的小芽，转入生根培养基中培养2～10 d，待芽苗基部长出根原基后再取出扦插到营养钵中。由于扦插通气性好，一般5～6 d后即可由根原基长出主根、侧根和根毛，形成吸收功能好的完整根系。该方法简便易行，可缩短生产周期，又能显著提高移栽成活率。

2）生长素处理

试管外生根所用生长素浓度一般比诱导生根的培养基中生长素浓度高10倍左右，如草本植物可用IAA 5 mg/L+NAA 1 mg/L，木本植物可用IBA 5 mg/L+NAA 1 mg/L，浸泡1～2 h后扦插，或速蘸1000 mg/L ABT扦插。

3）盆插或瓶插生根法

采用罐头瓶或盆为容器，内装泥炭或腐殖土与细沙，每瓶插入10～30株无根壮苗，插入深度为0.3～1.2 cm，加入生根营养液，在一定的温度、湿度及光照条件下进行培养，约20 d即可长出新根，约30 d后待二级根长至8～12 cm时即进行移栽，可提高成活率。

项目六

植物组织培养苗管理

知识目标

(1) 掌握植物组织培养苗污染问题的解决方法。

(2) 基本掌握褐化和玻璃化的控制方法。

(3) 熟悉植物组织培养苗的培养条件。

能力目标

(1) 能根据具体情况控制污染问题。

(2) 能调节植物组织培养苗的培养条件。

(3) 对出现褐化和玻璃化的植物组织培养苗及时处理。

任务分析

植物组织培养能否成功的关键之一就是能否解决污染的问题。因此,解决污染问题是植物组织培养工作的难题之一。除此之外,还要解决褐化和玻璃化的问题,这样植物组织培养苗才能正常生长。

本项目分解为两个任务来完成:第一个任务是植物组织培养苗培养管理要求与调控(2 课时);第二个任务是植物组织培养生产常见问题及控制(2 课时)。

任务 1　植物组织培养苗管理要求与调控

学习目标

(1) 能根据每种植物组织培养苗的特点,调节其生长环境,使其生长得更好。

(2) 熟悉植物组织培养苗日常管理工作。

任务要求

由教师提出任务,师生共同探究每种植物组织培养苗的特点、最佳生长环境,然后根据生产实际制订培养计划，在教师指导下各小组分工来完成培养任务。

一、任务提出

教师通过向学生展示不同生长与分化阶段的试管苗，提出如下学习任务。

(1) 影响植物组织培养苗生长的条件有哪些？

(2) 如何调控生长环境，才能使植物组织培养苗长得更好？

(3) 植物组织培养苗的日常管理工作有哪些？

二、任务分析

每种植物都有其最适宜的生长环境，所以要根据不同植物对环境条件的不同要求，通过调控创造适宜的环境条件，使植物组织培养苗生长良好。其中最主要的是光照、温度、湿度和氧气等。植物组织培养苗的管理与调控就是为植物组织培养苗创造最佳生长环境。

三、相关知识

(一) 植物组织培养苗的管理

1. 光照与温度

光照对离体培养物的生长发育具有重要的作用。通常对愈伤组织的诱导来说，暗培养比光培养更加合适。但器官分化需要光照，并随着试管苗的生长，光照强度需要不断地加强，才能使小苗生长健壮，并促进它从“异养”向“自养”转化，以提高移植后的成活率。普通培养室要求每日光照 12～16 h，光照强度为 1000～5000 lx。如果培养材料要求在黑暗条件中生长，可用铝箔或者适合的黑色材料包裹在容器的周围或置于暗室中培养。

植物组织培养苗对温度的调控要求要比光照显得更为突出。不同的植物有不同的最适生长温度，大多数植物最适温度在 23～32 ℃。培养室一般所用的温度是(25±2) ℃，低于 15 ℃或高于 35 ℃，对生长都是不利的。而这些条件又不是固定不变的，它是因不同植物、不同外植体或外植体分化的不同阶段而不同的。山葵组织培养，其植物组织培养苗的培养温度总保持在 18～20 ℃，小苗才分化迅速生长良好，超过 20 ℃，小苗就显得无精打采，到 23 ℃小苗叶就开始发黄。而卡特兰组织培养苗要在 23 ℃以上时才能很好生长。一般菊科组织培养苗的培养温度不宜超过 25 ℃，仙客来组织培养苗培养温度在 20 ℃为合适，温度再高就不利于生长，蝴蝶兰则要在 25 ℃才能很好生长，温度高到30 ℃也能生长。所以在植物组织培养苗的培养管理中一定要注意结合植物的实际要求控制培养温度。

由于植物组织培养苗是在空间很小的植物组织培养瓶内生长的，其瓶内温度受外界影响很大，尤其是光照的影响，实践证明植物组织培养瓶在光照的条件下内部温度要比外界温度高 1～3 ℃，如果是太阳光的自然光照，相差就更远了，一般要相差 3～5 ℃。也就是说如果采用太阳光光照进行培养，如培养架所处的环境温度是 25 ℃，则植物组织培养瓶内的温度已达到 30 ℃，要是在这样的条件下培养仙客来或非洲菊那就很难得到成功。况且自然界太阳光强弱变化无穷，多云时的光照强度与云层散去太阳光直接照射时的光照强度要相差 3～5 倍。清晨、正午、傍晚太阳光的光照强度相差也在 3～6 倍，甚至更多。

光照强度的变化都直接影响植物组织培养瓶内温度的变化。特别要注意的是高强度的太阳光照，哪怕是一个小时，都有可能使植物组织培养瓶内温度急剧上升，达到 40 ℃甚至 50 ℃，这样的温度对瓶内的植物组织培养苗来说是致命的，很可能在一个中午就造成几十瓶植物组织培养苗的死亡。所以必须防范在先，保证做到在自然环境发生变化时有相应的措施跟上，如遮光等。

另外植物组织培养瓶往往是一个个排列整齐摆放在培养架上，如果培养架四面不能通风则在光照的条件下热量很难散去，瓶内温度也会居高不下，对植物组织培养苗生长不利。

2. 湿度对植物组织培养苗的影响与控制

植物组织培养中的湿度影响主要有两个方面。一是培养室的湿度，它的湿度变化随季节和天气而有很大变动，湿度过高或过低都是不利的，过低造成培养基失水而干枯，或渗透压升高，影响培养物的生长和分化；湿度过高会造成杂菌滋长，导致大量污染。因此，要求室内保持 70%～80%的相对湿度。湿度过高时可用除湿机来降湿，过低时可通过喷水来增湿。二是培养器内的湿度，一般来说植物组织培养瓶内的湿度是很高的，它的湿度条件常可保证 100%，随时间的延长植物组织培养瓶内的湿度也在变化，但植物组织培养苗在瓶里如湿度不合适也同样无法正常生长。而瓶内湿度的控制主要由培养基和封口膜来决定的。瓶内培养基的多少和配制培养基时每升培养基内琼脂的多少都与瓶内湿度有关。一般瓶内培养基很少，其瓶内相对湿度也会较低，反之其瓶内湿度相对也就较高。在配制培养基时琼脂用量较大，如每升用琼脂粉 7～8 g 配成的培养基发硬，则瓶内湿度不会很高。而每升用琼脂粉 6 g 左右配成的培养基则发软，瓶内湿度相对较高。根据不同植物对湿度的不同要求，有时在配培养基时，调整琼脂的用量来满足所要培养的植物对湿度的要求。

3. 氧气

植物组织培养中，植物组织培养苗的呼吸需要氧气。在液体培养中，振荡培养可解决通气问题。在固体培养中，最好采用通气性好的瓶盖或瓶塞。

（二）植物组织培养苗的培养条件的调控

1. 光照的调控

一是合适的培养室位置，一般选择在阳面，2～3 层楼，光照条件会好些，可以节约电源。二是使用电子石英控时器来自动控制人工照明时间。三是培养架排列要与窗玻璃垂直，便于阳光分布均匀。四是中午阳光比较充足时，靠近窗附近处日照太强，要用窗帘遮阳。

2. 温度的调控

一是培养室天棚、地面、墙壁要有保温处理。二是用空调或控温仪来调控室内温度。三是每个培养室内尽量培养一种或一类植物，便于调节到植物生长的最适温度。

3. 湿度的调控

一是调节室内湿度，通过加湿器来增加湿度，通过除湿机来降低湿度。二是调节培养器内湿度，通过增加培养基量、适当减少琼脂用量、使用不透气的封口膜增加湿度；相反则降低湿度。

4. 氧气的调控

固体培养基主要是通过通气性好的瓶盖或瓶塞来增加氧气，液体培养基是通过振荡培养来增加氧气。

知识链接

封口膜的种类有很多。最常用的是聚丙烯塑料，它是由丙烯聚合而制得的一种热塑性树脂。聚丙烯也包括丙烯与少量乙烯的共聚物在内，通常为半透明无色固体，无臭无毒。由于结构规整而高度结晶化，故熔点高达 167 ℃，耐热，制品可用蒸汽消毒是其突出优点。密度为 0.90 g/cm^3，是最轻的通用塑料。耐腐蚀，抗张强度为 30 MPa，强度、刚性和透明性都比聚乙烯好。缺点是耐低温冲击性差，较易老化，但可分别通过改性和添加抗氧化剂予以克服。另外封口膜还有牛皮纸等。

四、组织实施

(1)通过对植物组织培养苗培养条件的学习，熟悉光照、温度、湿度和氧气对植物组织培养苗的作用。

(2)熟练掌握电子石英控时器、照度计、空调、控温仪、除湿机、加湿器的使用方法，并能够对植物组织培养苗的生长环境进行调控。

(3)各小组制订实施方案，教师对实施过程进行指导。

(4)教师对各小组任务完成情况进行讲评，对整个过程的安排提出合理化建议，解答学生对本次任务的疑问。

(5)总结经验，完成实施方案。

五、评价与考核

项目	考核内容	要　求	赋分
计划制订	① 根据植物组织培养苗的种类，确定培养条件 ② 各小组分工情况	温度、光照、湿度等在适宜的温度范围之内；小组分工明确	30
物品准备	培养架、电子石英控时器、除湿机、加温器、暗培养箱等	正确使用每种物品	20
工作记录	卫生管理	每天打扫室内卫生	10
	光照、温度管理	认真记录，按要求调控	25
	室内湿度管理	认真记录，按要求调控	15

知识拓展

植物开放式组织培养研究可以破解世界性难题。以一次性塑料饮水杯粘贴保鲜膜作为培养容器和封口材料，添加中药抑菌剂抑制培养基污染，在自然光的温室里就可以快速繁育出合格、健壮的植物组织培养苗。这是山东农业优质产品开发服务中心主任、高级农艺师单文修历时 5 年主持完成，并通过了鉴定审核的成果。

专家认为，此项研究针对植物组织培养必须在严格的无菌环境下操作的限制，研制出了中药抑菌剂，中药抑菌剂加入培养基后，使培养基具有抑制真菌和细菌生长的功能，并在有限抑菌浓度范围内，对植物生长无不良影响。因此，在植物组织培养过程中，中药抑菌剂可以省去培养基高压蒸汽灭菌程序，不需应用超净工作台即可接种，这在植物组织培养技术史上是一项重大突破，在国内外尚属首创。由普通的聚乙烯塑料水杯代替传统的耐高温高压蒸汽灭菌的聚丙烯塑料制品、由食品保鲜膜代替封口膜这项技术也是国内外首例。该研究所提出的完善的植物开放式组织培养规程，开发的中药抑菌剂生产性商品培养基，大幅度降低了植物组织培养的成本，使植物组织培养这个高精技术走向了普通大众，加快了我国植物组织培养产业化发展步伐，推动了植物组织培养事业的发展。

任务2　植物组织培养生产中常见问题及控制

学习目标

(1) 根据实际情况，能分析植物组织培养生产常见问题出现的原因，掌握解决方法。
(2) 在生产实践中，能尽力控制生产中常见的问题。

任务要求

由教师提出任务，师生共同探究植物组织培养中常出现的问题有哪些，通过什么途径能进行控制，然后根据生产实际制订培养计划，在教师指导下各小组分工来完成培养任务。

一、任务提出

教师通过向学生展示出现问题的试管苗，提出如下学习任务。
(1) 植物组织培养中最常见的问题有哪些？
(2) 如何控制污染？
(3) 如何控制玻璃化和褐化的发生？

二、任务分析

植物组织培养过程中，虽然每个过程都按照操作规程进行操作，但是，也会发生这样或那样的问题，其中最常见的就是污染、玻璃化和褐化现象。因此对于这些问题发生的原因进行深入分析，找出对策，这才是植物组织培养成功的关键所在。

三、相关知识

(一) 污染原因及控制

1. 污染原因

污染是指在培养过程中，培养基或培养材料上滋生真菌、细菌等微生物，使培养材料不能正常生长和发育的现象。植物组织培养中污染是经常发生的，常见的污染病原体是细菌和真菌这两大类。细菌污染常在接种1～2天后表现，培养基表面出现黏液状菌斑。真菌污染一般在接种3天以后才表现，主要症状是培养基上出现绒毛状菌丝，然后形成不同颜色的孢子层。

造成污染的原因也很多，主要有：培养基及各种使用器具灭菌不彻底；外植体消毒不彻底；接种时没有严格遵守无菌操作规程；接种和培养环境不清洁，如超净工作台的过滤装置失效、培养容器的口径过大；培养容器的原因，包括盖子和封口膜破损等引起的污染等。

2. 污染的预防措施

1）灭菌要彻底

在植物组织培养生产中，各种培养基以及接种过程中使用的各种器具都要严格灭菌。首先是培养基的灭菌，耐高温的培养基需要在121 ℃条件下灭菌20～30 min。一些不耐高温的物质，可采取细菌过滤器除去其中的微生物。其次，接种用的器具除了经过高温灭菌外，在接种的过程中，每使用1次后，都要蘸酒精在酒精灯火焰上灼烧灭菌。最后，对于被污染的培养瓶和器皿要单独浸泡、单独清洗，有条件的灭菌后再清洗。

2）选择适当的外植体

要认真地选择外植体，减少外植体上的带菌量。一般多年生的木本材料比一二年生的草本材料带菌量多；老的材料比幼嫩的材料带菌多；田间生长的材料比温室生长的材料带菌多；带泥土的材料比不带泥土的材料带菌多。

用茎尖作外植体时，应在室内或无菌条件下对枝条进行预培养。将枝条用水冲洗干净后插入无糖的营养液或自来水中，使其发枝。然后以这种新抽的嫩枝作为外植体，可大大减少材料的污染。或在无菌条件下对采自田间的枝条进行暗培养，从抽出的徒长黄化枝条上取材，也可明显地减少污染。

3）外植体消毒

外植体上可能附着外生菌和内生菌。外生菌可以通过表面消毒方法杀灭。而内生菌生长在植物材料内部，表面消毒难以杀灭，培养一段时间后，病原菌自伤口处滋生。防治内生菌首先将欲取材的植株或枝条放在温室或无菌培养室内预培养，再在培养液中添加一些抗生素或消毒剂。

4）环境消毒

不清洁的环境也会使培养的污染率明显增加，尤其是在夏季，高温高湿条件下污染率更高。接种和培养环境要保持清洁，定期进行熏蒸或喷雾消毒。高锰酸钾和甲醛熏蒸效果好，但对人体有一定的伤害，一般每年熏蒸2～3次。平时的接种室和培养室可采用紫外线照射消毒或2%来苏尔消毒。臭氧消毒机对环境消毒效果较好，而且使用灵活方便，对人体的伤害也相对较小。

5）严格无菌操作

在接种时要严格无菌操作，避免人为因素造成污染。为了使超净工作台有效工作，防止操作区域本身带菌，要定期对过滤器进行清洗和更换。对内部的过滤器，不必经常更换，但每隔一定时间要检测操作区的带菌量，如果发现过滤器不能有效工作，则要整块更换。此外还

需要测定操作区的风速，通过调压旋钮使操作区的风速达到无菌操作的要求(20～30 m/min)。

（二）植物组织培养苗褐化的原因及控制

1. 褐化现象

植物组织培养苗褐化是指在接种后，其表面开始变为褐色，有时甚至会使整个培养基变为褐色的现象。它的出现是由于植物组织中的多酚氧化酶被激活，而使细胞的代谢发生变化所致。在褐变过程中，会产生醌类物质，它们多呈棕褐色，当扩散到培养基后，就会抑制其他酶的活性，从而影响所接种外植体的培养。

2. 褐化的主要原因

1）品种

研究表明，品种间的褐化现象是不同的。由于多酚氧化酶活性上的差异，因此有些品种的外植体在接种后较易褐变，而有些花卉品种的外植体在接种后不易褐变。故在培养过程中应该有所选择，对不同的品种分别进行处理。

2）生理状态

外植体的生理状态不同，在接种后褐变程度也有所不同。一般来说，幼嫩的组织在接种后褐变程度并不明显，而老熟的组织在接种后褐变程度较为严重。

3）培养基成分

浓度过高的无机盐会使褐变程度加深，此外，细胞分裂素的浓度过高也会刺激某些外植体的多酚氧化酶的活性，从而使褐化现象加深。

4）培养条件不当

如光照过强、温度过高、培养时间过长等，均可使多酚氧化酶的活性提高，从而加速被培养的外植体的褐变。

3. 预防措施

1）选择合适的外植体

一般来说，最好选择处于旺盛生长的外植体，这样可以使褐化现象明显减轻。

2）合适的培养条件

无机盐成分、植物生长调节剂浓度、适宜温度、及时继代培养均可以减轻材料的褐化现象。

3）使用抗氧化剂

在培养基中，使用半胱氨酸、抗坏血酸等抗氧化剂能够较为有效地避免或减轻很多外植体的褐化现象。另外使用0.1%～0.5%活性炭对防止褐变也有较为明显的效果。

4）连续转移

对容易褐变的材料可间隔12～24 h的培养后，再转移到新的培养基上，这样经过连续处理7～10天后，褐化现象便会得到控制或大为减轻。

（三）植物组织培养苗玻璃化的原因及控制

当植物材料不断地进行离体繁殖时，有些培养物的嫩茎、叶片往往会呈半透明水迹状，这种现象通常称为玻璃化。玻璃苗是指外表呈现玻璃状，茎叶透明的畸形试管植物。

1. 玻璃苗的形态解剖和生理生化特征

1）形态解剖学特征

和正常试管苗相比，发生了一些变化：茎尖分生组织区变小，细胞核小，液泡化程度高，胞质稀薄，胞壁发育不完全，有空洞；叶表面缺少保护组织；节间缩短或没有节间；输导组织的导管和管胞木质化不完全；叶片通常没有栅栏组织，只有海绵组织。正是由于玻璃苗形态结构的畸形，致使水分的输导、光合作用等功能不全，因此移栽后很难成活。

2）生理生化特征

与正常试管苗相比，玻璃苗也具有其独特的生理生化特征。例如：含水量增加，干重降低；可溶性糖含量增加，糖代谢发生障碍；乙烯释放量增高；碱性过氧化物同工酶活性增加；叶绿素含量降低等。

2. 试管苗发生玻璃化的机制

离体培养过程中培养基与外植体的水势梯度过大，造成水分失调，打破内源激素的平衡，造成某些代谢过程受阻，代谢过程受阻反过来抑制离子的吸收，从而加重生理失调。

3. 玻璃苗产生的重要原因

1）外植体

不同的药用植物甚至同一植物的不同品种的不同外植体对试管苗玻璃化有显著影响。这种差异可能与药用植物种类或品种内源激素水平不同有关。

2）琼脂

植物组织培养苗中的玻璃苗率与琼脂用量成负相关。因此适当增加培养基中的琼脂用量可有效地减少玻璃苗数量。

3）碳源的种类和数量

糖浓度的提高会减少玻璃苗的数量，降低还原糖的数量，增加肌醇的数量。

4）激素的浓度和种类

细胞分裂素浓度的增加会导致玻璃苗的增加。使细胞分裂素增多的原因有以下几种：一是培养基中一次性地加入过多的细胞分裂素；二是细胞分裂素与生长素比例失调；三是多次继代培养时愈伤组织和试管苗体内累积过量的细胞分裂素。

5）湿度

湿度涉及瓶内的空气湿度和培养基的含水量。瓶内处于高湿环境，导致玻璃苗的发生频率增高。

6）温度

温度过高或过低都会促进玻璃苗的产生。

7）光照

光照强度过高或过低，光照时间过长或过短都会促进玻璃苗的产生。

4. 防止玻璃苗产生的措施

1）适当控制培养基中无机营养成分

大多数植物在MS培养基上生长良好，玻璃苗的比例较低，主要是由于MS培养基的硝态氮、钙、锌、锰的含量较高。适当地增加培养基的硝态氮、钙、锌、锰、钾、铁、铜、镁的比例，降低氮和氯的比例，特别是降低铵态氮浓度，提高硝态氮浓度，可减少玻璃苗的比例。

2）适当提高培养基中蔗糖和琼脂的浓度

适当提高培养基中蔗糖的含量，可降低培养基中的渗透势，减少外植体从培养基中获得过多的水分。而适当提高培养基中琼脂的含量，可降低培养基的衬质势，造成细胞吸水阻遏，也可降低玻璃化程度，如将琼脂浓度提高到1.1%时，洋蓟玻璃苗完全消失。

3）适当降低细胞分裂素和赤霉素的浓度

细胞分裂素和赤霉素可以促进芽的分化，但是为了防止玻璃化现象，应适当减少其用量，或增加生长素的比例。在继代培养时，要逐步减少细胞分裂素的用量。

4）增加自然光照，控制光照时间

在试验中发现，玻璃苗放在自然光下几天后茎、叶变红，玻璃化逐渐消失。这是因为自然光中的紫外线能促进试管苗成熟，加快木质化。光照时间不宜太长，大多数植物以8～12 h为宜，光照强度在1000～1800 lx，就可以满足植物生长的要求。

5）控制好温度

培养温度要适宜植物的正常生长发育。如果培养室的温度过低，应采取增温措施。热击处理，可防治玻璃化的发生。如用40 ℃热击处理瑞香愈伤组织培养物可完全消除其再生苗的玻璃化，同时还能提高愈伤组织芽的分化率。

6）改善培养器皿的气体交换状况

改善培养器皿的气体交换状况，如使用棉塞、滤纸片或通气好的封口膜封口。

7）在培养基中添加其他物质

在培养基中加入间苯三酚、根皮苷或其他添加物，可有效地减轻或防治试管苗玻璃化，如添加马铃薯汁可降低油菜玻璃苗的产生频率，而用0.5 mg/L多效唑或10 mg/L矮壮素可减少满天星试管苗玻璃化的发生，而添加1.5～2.5 g/L聚乙烯醇可防止苹果砧木玻璃化。在培养基中加入0.3%活性炭还可降低玻璃苗的产生比例。0.5 mg/L多效唑或10 mg/L矮壮素可减少康乃馨玻璃化。

知识链接

1. 植物组织培养污染来源

1）真菌

室内真菌种类主要有芽枝霉属、曲霉属、交链孢霉属、镰刀霉属、青霉属等，春夏季，尤其是南方的梅雨时节，温暖潮湿，非常适合真菌生长。如果长期使用空调而不注意通风，可引起室内真菌污染。曲霉菌落数在室内有空调比没有空调情况下的多4倍。

2）细菌

细菌是无孔不入的微生物，为避免细菌的侵袭，科学家曾尝试用抗微生物材料生产各种用品，但效果不十分理想，因为这些材料虽然能杀死细菌，却充满了化学物质。

3）植物组织培养过程中的污染源

户外风大菌类进屋机会多，屋内太潮湿菌类繁衍多，物品带菌多，屋内不干净，屋内清理带菌植物组织培养苗，接种不正确。

2. 传播途径

1）户外风传播

菌类细小如尘，随风飘散，由上下落，遇湿就长，有风就有沙，有沙就有尘，有尘就有菌，菌尘混生共存。

2）涡流传播

超净工作台上，摆放物品太多，当无菌风吹过时，就会在物品周围形成涡流群，菌类就会在涡流群中停留，从而降低净化效果，增加污染机会。

3）接种传播

每只脏手带有细菌4万～40万个，干净的手，指甲盖大小的面积也有3200多个细菌。指甲缝可以窝藏30多种细菌。如果手上带菌较多，在操作过程中，就可能有菌落入培养基或植物材料上，而导致污染。另外，不正确操作也会增加污染概率，如掀盖生硬、灭菌不够、操作过慢等。接种过程应该轻开盖、慢灭火、操作快。

四、组织实施

（1）通过对生长不良植物组织培养苗的学习与挑选，掌握对污染苗、褐化苗、玻璃苗等异常植物组织培养苗的识别。

（2）熟悉异常植物组织培养苗产生的原因，并能够通过对植物组织培养苗生长条件的调控控制相应问题的出现。

（3）各小组制订实施方案，教师对实施过程进行指导。

（4）教师对各小组任务完成情况进行讲评，对整个过程的安排提出合理化建议，解答学生对本次任务的疑问。

（5）总结经验，完成实施方案。

五、评价与考核

项目	考核内容	要求	总分
计划制订	① 根据植物组织培养苗的生长情况，针对问题制订改进计划 ② 各小组分工情况	针对出现的问题，认真分析其产生的原因，以便对症下药；小组分工明确	30
物品准备	培养架、电子石英控时器、除湿机、加温器、制备培养基原料、消毒剂等	正确使用每种物品，能按照无菌操作规程进行无菌操作	10
常见问题处理	污染的处理	无菌操作正确、培养室定期消毒、污染试管苗及时处理等操作	30
	褐化的处理	植物组织培养材料的选择、外植体生理状态、培养基成分、连续转接等操作	15
	玻璃化的处理	激素浓度、无机成分适当，光照时间和温度适宜，添加其他物质等操作	15

知识拓展

植物组织培养生产中其他常见问题、原因及解决措施

1. 初始培养阶段

详见项目五任务一。

2. 继代培养阶段

(1) 苗分化数量少、速度慢、分枝少、个别苗生长细高。可能原因为细胞分裂素用量不足，温度偏高，光照不足。改进措施为增加细胞分裂素用量，适当降低温度，改善光照，改单芽继代培养为团块(丛生芽)继代培养。

(2) 苗分化过多、生长慢、有畸形苗、节间极短、苗丛密集、微型化。可能原因为细胞分裂素用量过多，温度不适宜。改进措施是减少或停用细胞分裂素一段时间，调节温度。

(3) 分化率低、畸形、培养时间长苗可出现再次愈伤组织化。可能原因是生长素用量偏高，温度偏高。改进措施为减少生长素用量，适当降温。

(4) 叶粗厚变脆。可能原因是生长素用量偏高，或兼有细胞分裂素用量偏高。改进措施为适当减少激素用量，避免叶片接触培养基。

(5) 再生苗的叶缘、叶面等处偶有不定芽分化出来。可能原因是细胞分裂素用量偏高，或表明该种植物适于该种再生方式。改进措施为适当减少细胞分裂素用量，或分阶段地利用这一再生方式。

(6) 丛生苗过于细弱，不适于生根或移栽。可能原因是细胞分裂素浓度过高或赤霉素使用不当，温度过高，光照短，光照强度不足，久不转移，生长空间窄。改进措施为减少细胞分裂素用量，免用赤霉素，延长光照时间，增强光照，及时转接，降低接种密度，更换封瓶纸的种类。

(7) 幼苗淡绿，部分失绿。可能原因为无机盐含量不足，pH 值不适宜，铁、锰、镁等缺少或比例失调，光照、温度不适。改进措施为针对营养元素亏缺情况调整培养基，调好 pH 值，调控温度、光照。

(8) 幼苗生长无力、发黄落叶、有黄叶、死苗夹于丛生苗中。可能原因为瓶内气体状况恶化，pH 值变化过大，久不转接导致糖已耗尽，营养元素亏缺失调，温度不适，激素配比不当。改进措施为及时转接、降低接种密度，调整激素配比和营养元素浓度，改善瓶内气体状况，控制温度。

3. 生根阶段

(1)培养物久不生根，基部切口没有适宜的愈伤组织。可能原因：生长素种类、用量不适宜；生根部位氧气不良；生根程序不当；pH 值不适，无机盐浓度及配比不当。改进措施为改进培养程序，选用适宜的生长素或增加生长素用量，适当降低无机盐浓度，改用滤纸桥培养生根等。

(2) 愈伤组织生长过快、过大，根茎部肿胀或畸形，几条根并联或愈合。可能原因为生长素种类不适，用量过高，或伴有细胞分裂素用量过高，生根诱导培养程序不对。改进措施为调换生长素种类或几种生长素配合使用，降低使用浓度，附加维生素 B_2 或 PG 等，改变生根培养程序等。

项目七

植物组织培养苗的驯化移栽与苗期管理

知识目标

（1）掌握植物组织培养苗的基本特点。

（2）掌握影响植物组织培养苗成活率的因素。

能力目标

（1）能根据植物组织培养苗的特点对其进行驯化。

（2）能根据植物组织培养苗的特点，采取适当的技术处理，对植物组织培养苗进行移植。

（3）能根据影响植物组织培养苗成活率的因素，创造合适的条件，保证植物组织培养苗较高的成活率。

任务分析

组织培养所得的苗通常称为试管苗或植物组织培养苗。植物组织培养苗长期生长在培养器皿中，从而形成了一个独特的生态系统。这个生态系统与外界环境相比具有四大差异，即高温、高湿、弱光和无菌。

植物组织培养苗的驯化移植与苗期管理是组织培养工作的重要环节。为了使植物组织培养苗顺利完成从室内环境到室外环境的过渡，保证植物组织培养苗较高的移栽成活率，通常先对植物组织培养苗进行驯化（炼苗），然后进行移栽和苗期管理。

本项目分解为两个任务：第一个任务是植物组织培养苗的驯化与移栽（4课时）；第二个任务是植物组织培养苗的苗期管理（2课时）。

任务1　植物组织培养苗的驯化与移栽

学习目标

（1）能根据植物组织培养苗的特点，创造合适的条件对植物组织培养苗进行驯化。

(2) 能根据植物组织培养苗的特点,选择合适的移栽基质和容器。

任务要求

由教师提出任务,师生共同探究植物组织培养苗的特点,然后根据生产实际制订植物组织培养苗驯化和移栽计划,在教师指导下各小组分工完成植物组织培养苗的驯化和移栽任务。

一、任务提出

教师通过向学生展示植物组织培养苗的特点,提出如下学习任务。

(1) 为什么要对植物组织培养苗进行驯化?

(2) 植物组织培养苗具有哪些特点?

(3) 如何对植物组织培养苗进行驯化?

(4) 植物组织培养苗移栽过程中要注意哪些问题?

二、任务分析

植物组织培养苗的驯化和移栽是植物组织培养苗能否适应大田环境的一项关键技术,必须通过合理的驯化技术和移栽技术,才能使植物组织培养苗成功地完成从室内到室外的过渡阶段,保证植物组织培养苗顺利成活,为大田栽种奠定基础。

三、相关知识

(一) 植物组织培养苗的驯化

为了适应移栽后的较低湿度以及较高的光照,完成试管苗从"异养"到"自养"的转变,需要有一个逐步适应的过程。在移植之前对试管苗进行适当的锻炼,使植株生长粗壮,增强幼苗素质,对外界环境适应能力增强,以提高移栽成活率。这个过程称为试管苗驯化或炼苗。

植物组织培养苗的驯化分两个阶段。第一阶段是在出瓶之前,将培养容器置于较强光下,逐渐打开封口增加通气,直至封口物全部去除,使试管苗逐渐适应外界环境,这个驯化过程多在驯化室内进行。试管苗不离开培养容器,因此也称为"瓶内驯化",一般需要10~20天。第二阶段是从培养室移出后定植到育苗容器或苗床上,要经过一段保湿遮光阶段,称为"瓶外驯化"。

试管苗驯化的时间、时机和方式依植物的种类而异。一般来说,经过继代培养的芽苗转入生根培养基后,即可将生根状态理想的试管苗连同培养容器从培养室取出,进行光照适应性锻炼。驯化前期,应维持与培养室相似的环境。驯化后期,则要维持与后期栽培相似的环境,从而达到逐步适应环境的目的。

(二) 植物组织培养苗的移栽

1. 移栽基质的选择与配制

适于移栽植物组织培养苗的基质要具备透气性、保湿性和一定的肥力,容易灭菌处理，且不利于杂菌滋生，一般可选用珍珠岩、蛭石、河沙、过筛炉灰渣、腐熟锯末、草炭、腐殖土、中草药渣、椰糠等，最好使用理化性状良好的复合基质，也可根据情况选用蛭石、河沙、锯末甚至是营养土，而兰科植物最好用草苔。这些基质在使用前应高压蒸汽灭菌，或至少烘烤 1 h 消灭其中的微生物，也可用 0.3%～0.5%高锰酸钾溶液消毒。基质应根据不同植物的栽培习性配制。

2. 苗床的整理

首先清除苗床下面的杂草，然后洒上石灰以达到杀虫卵和灭菌的效果；用烟熏灵熏蒸；采用多菌灵等药物配制成的药液进行喷洒，使消毒彻底。维持温室清洁，及时清除杂物。及时清除病叶、病花和腐烂植株，并集中掩埋或烧毁。

3. 植物组织培养苗的准备

从瓶中取苗时，动作要轻，不能用力过猛，防止扯断苗根。如果培养基太干燥，可以先用清水浸泡一段时间再取苗。

试管苗清洗时，一只手轻轻捏住苗的根茎上部，另一只手轻揉苗根，将附于其上的琼脂块和松散的愈伤组织清理掉。如果根过长，可以剪断一段，蘸生长素(50 mg/L 吲哚乙酸或萘乙酸)或生根粉后移入穴盘。清洗一定要干净，否则残留的培养基会导致霉菌污染。

4. 植物组织培养苗的移植方式

植物组织培养苗的移植方式有容器移栽和大田移栽。将驯化的试管苗先移栽到高锰酸钾溶液处理过的穴盘、营养钵等育苗容器中，称为容器移栽。幼苗在育苗容器中培育一段时间，达到商品苗或大田移栽要求后，再进行出售或定植。

5. 植物组织培养苗的移植方法

将准备好的植物组织培养苗栽入经过消毒处理的育苗盘中，喷淋透水，喷洒一定剂量的杀菌药物，然后放在干净、排水良好的温室或塑料保温棚中，在初期应该保持较高的空气湿度，并适当遮阳，大约需要 20 天。

四、组织实施

(1) 通过对植物组织培养苗特点的探究、对植物组织培养苗所处环境及外界环境的异同进行比较，熟悉植物组织培养苗的特点，为植物组织培养苗的成功驯化奠定基础。

(2) 明确试管苗驯化的目的，组织讨论驯化和移栽计划，进行小组合理分工。

(3) 在教师指导下各小组采用正确的方法与步骤对植物组织培养苗进行驯化和移栽。

(4) 各小组对驯化移栽过程中出现的问题进行总结，并互相检查驯化条件和移栽技术是否合理。

(5) 教师对各小组任务完成情况进行讲评，对整个过程的安排提出合理化建议，解答学生对本次任务的疑问。

(6) 对驯化和移栽的植物组织培养苗进行科学管理，对操作现场进行规范整理。

五、评价与考核

项目	考核内容	要求	赋分
计划制订	① 确定驯化、移栽方案 ② 各小组分工情况	方案合理;小组分工明确	10
物品准备	瓶苗、苗床、营养钵、园土、蛭石、珍珠岩、水盆、镊子等	保证驯化和移栽的顺利进行	25
驯化与移栽	① 驯化	将培养瓶移到半遮阳的自然光照下锻炼1～2周,使其壮实后再开瓶注入少量自来水使幼苗逐渐降低温度,再进行移栽	15
	② 苗床准备	苗床平整好、踏实,铺上一层5～10 cm厚的蛭石,浇透水备用	15
	③ 移栽容器准备	容器的底部放一层园土,约占整个容器高度的1/2,园土上面放蛭石至瓶口1～2 cm,浇透水备用	15
	④ 取苗	用镊子将瓶苗轻轻提出来,放在加水的盆中,把植物组织培养苗上的培养基清洗干净,去掉黄叶和多余的根,摆放整齐备用	5
	⑤ 移栽	将植物组织培养苗定植在苗床内	5
现场整理	清洁操作场地,并按要求将移栽苗摆放整齐	按要求整理到位,培养良好的工作习惯	10

知识拓展

要想保证植物组织培养苗移栽后较高的成活率,除了对植物组织培养苗驯化和选择合适的移栽基质外,还应注意以下几个方面。

1. 植物组织培养苗的生理状况

同一植物的组织培养苗,壮苗比弱苗移栽后成活率高,因此应注意培育壮苗。

2. 植物生长调节剂

生长素能促进生根,故也能提高植物组织培养苗移栽的成活率。不同的植物有其适宜的生长素种类,如月季以NAA诱导生根和提高移栽成活率的效果最好。细胞分裂素一般抑制根的生长,不利于移栽。

3. 无机盐浓度

降低无机盐的浓度对植物生根效果好,有利于移栽成功。

4. 活性炭

在生根培养基中加入少量活性炭，对某些植物的嫩茎生根有良好作用，尤其是采用酸、碱和有机溶剂洗过的活性炭效果更佳。但活性炭对某些植物根的生长无作用。

5. 环境条件

环境条件也影响植物组织培养苗移栽的效果。植物组织培养苗移栽要达到良好的效果，关键是控制好移栽前 10 天的光照、温度、湿度。做好适当遮阳工作，避免太阳光直射，造成试管苗迅速失水而死亡。温度一般保持在 25～30 ℃，开始几天相对湿度一般保持在 90%以上。

6. 驯化过程中让植物组织培养苗逐渐从无菌向有菌环境过渡

植物组织培养苗出管后，要将其上面的培养基洗净，以免杂菌滋生。对于驯化成活比较困难的植物，第一次移栽时最好用灭菌的基质，以提高移栽成活率。

任务 2 植物组织培养苗的苗期管理

学习目标

能根据植物组织培养苗的特点，创造合适的条件对移栽的幼苗进行科学管理。

任务要求

由教师提出任务，师生共同探究移栽幼苗的特点；然后根据生产实际制订移栽幼苗管理计划，在教师指导下各小组分工完成移栽幼苗的苗期管理工作。

一、任务提出

教师通过向学生展示移栽幼苗的特点，提出如下学习任务。

(1) 植物组织培养苗移栽幼苗具有哪些特点？

(2) 在苗期管理过程中要注意哪些问题？

二、任务分析

植物组织培养苗的苗期管理是植物组织培养的最后一个步骤，必须根据移栽植物组织培养苗的特点，创造合适的光照、温度、湿度等环境条件，并加强对病虫害的管理，以确保较高的移栽成活率，为大田栽种奠定基础。

三、相关知识

移栽幼苗的前期管理非常重要，需特别注意保湿和遮阳，以免植物组织培养苗缺水死亡。

一般植物组织培养苗培养20～30天后长出新根、发出幼叶，高度5～10 cm就可以定植。

（一）保持小苗的水分供需平衡

移栽5～7天后，应给予较高的空气湿度（相对湿度控制在70%～85%），使叶面水分蒸发减少，尽量接近培养瓶内的条件，使小苗始终保持挺拔的状态。7天后，小苗出现生长趋势，可逐渐降低湿度，减少喷水次数。

（二）防止菌类大量滋生

应对移栽基质进行高压蒸汽灭菌或烘烤灭菌，或使用一定浓度的杀菌剂，以便有效保护幼苗。同时，对穴盘等移栽容器也应使用高锰酸钾溶液浸泡杀菌，并注意处理好苗床。每天通风排湿。必要时可用百菌清烟剂进行熏蒸。

（三）保证适宜的温度和光照条件

适宜的生根温度是18～20 ℃。温度太低时幼苗生长迟缓或不易成活；温度太高时水分蒸发太快，从而使水分平衡受到破坏，并会促使菌类滋生。

在光照管理的初期可用较弱的光照，控制在3000 lx左右，同时，保持温室内每天通风3～4 h。小植株开始新的生长后，逐渐增加光照，后期可直接利用自然光照。

四、组织实施

（1）通过对移栽幼苗特点的探究，熟悉苗期管理方法。

（2）组织讨论苗期管理计划，进行小组合理分工。

（3）在教师指导下各小组采用正确的方法与步骤对移栽幼苗进行科学管理。

（4）各小组对苗期管理出现的问题进行总结，并互相检查移栽成活率。

（5）教师对各小组任务完成情况进行讲评，对整个过程的安排提出合理化建议，解答学生对本次任务的疑问。

（6）对移栽幼苗进行科学管理，对操作现场进行规范整理。

五、评价与考核

项目	考核内容	要求	赋分
计划制订	① 确定苗期管理方案 ② 各小组分工情况	方案合理；小组分工明确	10
物品准备	已经驯化好的植物组织培养苗等	物品准备到位	10
苗期管理	光照、温度、水分、病虫害管理	管理科学，植物组织培养苗成活率高	70
现场整理	清洁操作场地，并按要求将移栽苗摆放整齐	按要求整理到位，培养良好的工作习惯	10

知识拓展

植物组织培养苗的出圃标准

植物组织培养苗的出圃应符合国家标准。一般来讲，要求苗壮，具有一定的叶片数量，无病虫害，无变异症状。

以香蕉组织培养苗的出圃标准为例。香蕉组织培养营养杯苗出圃规格要求有6张叶片以上(不含瓶子内的叶)，假茎高度在12 cm以上，不徒长，叶片、茎秆青绿，假茎直径1～2 cm，无病虫害，无变异株症状。从假植时间上来说，秋末低温时，育苗要90～110天，夏天高温时，育苗要50～60天。大棚内育苗期太短，香蕉组织培养苗幼嫩，植入大田后抗逆性较差，易染花叶心腐病。育苗期稍长，香蕉组织培养苗炼苗较好，植入大田后恢复较快，抗逆性较强，也就是通常所说的香蕉老苗，是不会影响产量的。

大棚内培育的香蕉组织培养苗，蕉苗叶片出现紫红褐色斑块，是正常的。有斑块而且斑块大的植株，说明其健壮，肥水足，炼苗时间够。将幼苗定植于大田三个月左右仍会出现斑块，以后就会慢慢消失而看不出来。

项目八

无病毒植物培育

知识目标

（1）掌握植物茎尖培养的脱毒方法。

（2）基本掌握无病毒苗木的鉴定方法。

（3）掌握培养脱毒苗在生产上的重要意义。

能力目标

（1）能根据植物特点选择适合的脱毒方法。

（2）能够独立完成茎尖培养的操作过程。

（3）了解无病毒苗木的鉴定和保存利用的方法。

任务分析

病毒给植物生产带来的损失是很大的，如草莓病毒使草莓的产量严重降低，品质大大退化。为了提高植物的产量和质量，根除病毒和其他病原菌是非常必要的。虽然通过防治细菌和真菌的药物处理，可以治愈受细菌和真菌侵染的植物，但现在还没有什么药物可治愈受病毒侵染的植物。若一个无性系的整个群体都已受到侵染，获得无病毒植株的唯一方法就是消除营养体的病原菌，并从这些组织中再生出完整的植株。一旦获得了一个不带病原菌的植株，就可在不致受到重新侵染的条件下，对它进行营养繁殖。用植物组织培养法消除病毒是唯一行之有效的方法。

去除植物病毒的方法有热处理法、茎尖培养法、愈伤组织培养法和茎尖微体嫁接法，其中前两种为主要方法。病毒主要分布于植物体成熟和衰老的组织及器官中，靠维管束传播。由于茎尖尚未形成维管束，所以茎尖一般是无毒的，可用于培养无病毒苗。经过脱毒处理的植株作为无病毒原种使用之前，必须对特定的病毒进行检测，才能确保植物组织培养苗的内在质量。

本项目分解为两个任务来完成：第一个任务是无病毒苗的培育（2 课时）；第二个任务是对无病毒植物的检测（2 课时）。

任务1 无病毒苗的培育

学习目标

（1）了解茎尖脱毒的原理。

（2）掌握茎尖和其他植物组织培养脱毒的方法。

（3）能够根据不同的植物选择适合的脱毒方法。

任务要求

由教师提出任务，师生共同研究无病毒苗培养的方法、外植体消毒的特点、在立体显微镜下操作的注意事项、培养方式等，然后根据生产实际制订无病毒苗培养计划，在教师指导下各小组分工来完成无病毒苗培育的任务。

一、任务提出

教师提出如下学习任务。

（1）脱毒方法有哪些？

（2）茎尖脱毒的原理是什么？

（3）茎尖脱毒的方法是什么？

（4）其他植物组织培养脱毒方法是什么？理化脱毒方法有哪些？

二、任务分析

目前在生产上常用的脱毒材料获取方法主要有热处理脱毒、茎尖脱毒、抗病毒药剂脱毒等。茎尖培养具有更广泛的适用性，生产上多采用茎尖培养来获得脱毒苗。此外，也有人通过愈伤组织、花药组织培养等方法获取无病毒植株。

研究表明，茎尖和根尖的分生组织中一般是无毒或仅含极低浓度的病毒粒子。茎尖由顶端分生组织及其下的1～3个叶原基构成，一般大小为0.1～1 mm。在无菌条件下，如何对外植体进行消毒和准确剥取茎尖是是否获得脱毒苗的关键。

三、相关知识

（一）茎尖培养脱毒

1. 茎尖培养脱毒的原理

1）病毒在植物体内的分布

感染病毒植株的体内病毒的分布并不均匀，病毒的数量随植株部位及年龄不同而异，越靠近茎顶端区域的病毒感染度越低，生长点（0.1～1.0 mm 区域）则几乎不含病毒或含病毒很少。这是因为分生区域内无维管束，病毒只能通过胞间连丝传递，赶不上细胞不断分裂和活跃的生长速度。

2）茎尖大小与脱毒效果

在切取茎尖时越小越好，但太小不易成活，过大又不能保证完全除去病毒。茎尖培养脱毒，由于其脱毒效果好，后代稳定，所以是目前培育无病毒苗最广泛和最重要的一个途径。

2. 茎尖培养脱毒的方法

1）取样与消毒

剪取顶芽梢段 3～5 cm，削去大叶片，用自来水冲干净，在 75%酒精中浸泡 30 s，用 1%～3%次氯酸钠溶液消毒 10～20 min，最后用无菌水冲洗 4～5 次。

2）剥取茎尖与接种

剥取茎尖时，要把茎芽置于立体显微镜下，一手用细镊子将其按住，另一手用解剖针将叶片和叶原基剥掉。当一个闪亮形似半圆球的顶端分生组织充分暴露出来之后，用锋利的长柄刀片将分生组织切下来，上面可以带有叶原基，也可不带，然后用同一工具将其接种到培养基上。

3）培养

接种后的材料置于(25±2) ℃，光照强度 1500～5000 lx，每日光照 10～16 h 条件下培养，其中光照对茎尖培养的影响最大。

4）生根诱导

一些植物茎尖培养形成绿芽后，基部很快生出不定根。而另一些植物茎尖不产生不定根，需经再诱导、生根才能成为完整植株。

3. 培养基与培养方式

1）培养基

MS 培养基适合于多种植物茎尖培养。使用的生长素是 NAA 和 IAA，其中 NAA 由于比较稳定，效果更好。应当避免使用 2,4-D 生长素，因为它容易诱导外植体形成愈伤组织。

2）培养方式

将接种好的茎尖置于约 22 ℃下培养。每天以 16 h 2000～3000 lx 的光照条件培养。由于在低温和短日照条件下，茎尖有可能进入休眠状态，所以较高的温度和充足的日照时间必须保证。微茎尖需数月培养才能成功。茎尖培养的继代培养、生根培养、驯化移栽和一般器官的培养相同，这里不再叙述。

（二）理化方法脱毒

1. 物理方法

1）高温处理

高温处理又称为热处理或温热疗法。植物组织处于高于正常温度的环境中，组织内部的病毒受热以后部分或全部钝化，但寄主的组织很少或不会受到伤害。每种植物都有其临界温度，超过这一临界温度或在此范围内时间过长，都会导致寄主组织受伤。为此可使用变温的处理方法，高温(40 ℃)和低温(16～20 ℃)交替处理，既能保证植物材料不受伤害，又能除去病毒。在热处理期间，寄主对于在钝化活体中的病毒似乎也起某种作用。

热处理可通过热水或热空气进行。热水处理对休眠芽效果较好。热空气处理对活跃生长的茎尖效果较好，既能消除病毒，又能使寄主有较高的存活机会。通常处理方法如下：把适当的材料移入一个热处理室或光照培养箱中，在 35～40 ℃下，根据种类特征和材料情况处理数天到数周不等，如香石竹在 38 ℃中连续处理 2 个月，消除了茎尖内所有病毒；百合、郁金香、风信子等球根花卉，用休眠种球进行热处理，可大大降低种球生长点内的病毒含量。

热处理有一定的局限性，一方面热处理只能降低植株内病毒的含量，单独处理时难以获得无毒材料，且在热处理之后，只有一小部分植株能够存活。另一方面热处理时间过长，会造成植株代谢紊乱，加大品种变异的可能性。并非所有的病毒都对热处理敏感，该法只对球状病毒（如葡萄扇叶病毒、苹果花叶病毒）或线状病毒（如马铃薯 X、Y 病毒）有效果，而对杆状病毒（如千日红病毒）不起作用。

和单独采用热处理相比，茎尖培养具有更广泛的适用性。很多不能单独由热处理除去的病毒，可以通过茎尖培养和热处理相结合的方式，或单独的茎尖培养而消除。

2）低温处理

低温处理又称为冷疗法。适当增加低温处理时间可提高脱毒效果。如菊花植株在 5 ℃下经 4～7.5 个月处理后，切取茎尖进行离体培养，可以有效去除菊花矮化病毒与菊花褪绿斑驳病毒，仅茎尖培养则无此效果。目前低温脱毒的报道尚少，但不失为一种脱毒的方法。

2. 化学处理

许多化学药品（包括嘌呤和嘧啶类似物、氨基酸、抗生素等）某种程度上在植物体内和植物叶片内抑制了病毒的增殖或活化。整株植物用化学疗法不能除去病毒，但离体培养和原质体培养效果明显。Inoue 报道，用齿舌兰环斑病毒（ORSV）的抗血清预处理兰花的离体分生组织，提高了再生株中无 ORSV 的植株频率（1971 年）。Kassanis 和 Tinsley 通过在烟草愈伤组织培养基中加入 2-硫脲嘧啶，消除了组织中马铃薯 Y 病毒（PVY），不过在这些愈伤组织中没能再生出马铃薯植株（1958 年）。

（三）其他组织培养脱毒方法

1. 愈伤组织培养脱毒

不是所有从感染组织诱发的愈伤组织的细胞都带有病毒。感染愈伤组织分化出的无病毒植株，也证明一些愈伤组织细胞实际上并不含有病毒，原因是病毒复制与细胞增殖不同步。同时发生变异的一些细胞获得对病毒感染的抗性，抗性细胞与敏感细胞共同存在于母体组织之中，由此分化出的植株也就有部分是无病毒植株。

通过植物的器官和组织的培养去分化诱导产生愈伤组织，然后从愈伤组织再分化产生芽，长成小植株，可以得到无病毒苗。感染烟草花叶病毒的愈伤组织经机械分离后，仅有 40%的单个细胞含有病毒，即愈伤组织无病毒植株。愈伤组织的某些细胞之所以不带病毒，其理由：①病毒的复制速度赶不上细胞的增殖速度；②有些细胞通过突变获得了抵御病毒的抗性。对病毒侵袭具有抗性的细胞可能与敏感的细胞共同存在于母体细胞之中。但是，愈伤组织脱毒的缺陷是植株遗传性不稳定，可能会产生变异植株，并且一些植物的愈伤组织尚不能产生再生植株。

2. 胚培养脱毒

具有多胚性的种子(如柑橘)除了一个有性胚之外,其他的胚是来源于不含病毒的珠心细胞。通过培养珠心胚,可以得到除去病毒的新生系,然后嫁接繁殖成无病毒植株。胚珠是病毒含量极低或不带病毒的组织器官,通过胚珠离体培养成功地得到了无病毒植株。Bitters 等通过分离胚珠中的珠心进行培养得到罗伯逊脐橙的无病毒珠心胚植株,Button 通过同样的方法也获得了华盛顿脐橙的无病毒植株。

3. 茎尖嫁接脱毒

木本植物茎尖培养难以生根成植株,将实生苗砧木在人工培养基上种植培育,再从成年无病树枝上切取 0.4～1.0 mm 茎尖,在砧木上进行试管微体嫁接,以获得无病毒幼苗。这在桃、柑橘、苹果等果树上已获得成功,并且有的已在生产上应用。

4. 花药培养脱毒

果树多为无性繁殖,长期种植后病毒积累较多,病毒危害严重,花药培养也是一个很好的途径,目前已在草莓培育上广泛使用,脱毒率在 90% 以上。采集草莓现蕾后长到 4～6 mm 的单核靠边期花蕾,在无菌条件下,经过消毒剥取花药进行培养诱导产生愈伤组织,再由愈伤组织形成不定芽,最后分化出带有茎叶的独立个体。花药培养的优点是从愈伤组织形成到分化出茎叶过程中可以脱除病毒,并且脱毒率比较高。此方法可以在病毒种类不清和缺乏指示植物鉴定的条件下培育无病毒苗。

特别提示

在进行脱毒培养时,由于微小的茎尖组织很难靠肉眼操作,因此需要一台带有适当光源的简单立体显微镜(8～40 倍)。剥离茎尖后,应尽快接种,茎尖暴露的时间应当越短越好,以防茎尖变干。可在一个衬有无菌湿滤纸的培养皿内进行操作,有助于防止茎尖变干。和其他器官的培养一样,在进行茎尖培养时,首先是获得表面不带病原菌的外植体。因此,一般来说,茎尖分生组织由于有彼此重叠的叶原基的严密保护,只要仔细解剖,无须表面消毒就可以得到无菌的外植体。有时消毒处理会增加培养物的污染率,所以在选取茎尖前,可将供试植株接种于无菌盆土中在温室中进行栽培,浇水时要直接浇在土壤中而不要浇在叶片上。另外,最好还要给植株定期喷施内吸杀菌药物,可用多菌灵(0.1%)和抗生素(如 0.1%链霉素)。对于某些田间种植的材料,可以切取插条插入 Knop 溶液中令其长大,由这些插条的腋芽长成的枝条比由田间植株上直接取来的枝条污染小得多。

为了保险起见,在切取外植体之前一般仍须对茎芽进行表面消毒:叶片包被严紧的芽,如菊花、兰花,只需在 75%酒精中浸蘸一下;叶片包被松散的芽,如香石竹、蒜和马铃薯等,则要用 0.1%次氯酸钠溶液表面消毒 10 min。在工作中应灵活运用上述消毒方法,如在大蒜茎尖培养时,可将小鳞茎在 75%酒精中浸蘸一下,再用灯火烧掉酒精,然后解剖出无菌茎芽。解剖针要常常蘸入 90%酒精,并用火焰灼烧以进行消毒。但需注意解剖针的冷却,可蘸入无菌水中进行冷却。为了提高成活率,可带 1～2 枚幼叶,然后将其接种到培养基上。接种时确保微茎尖不与其他物体接触,只用解剖针接种即可,尤其是当芽未曾进行表面消毒时更需要如此。

四、组织实施

(1) 通过对茎尖培养脱毒方法的探究，熟悉茎尖脱毒的原理，结合植物组织培养的方法，熟悉茎尖脱毒的方法。

(2) 明确任务，准备材料，进行小组合理分工。

(3) 在教师指导下各小组采用正确的方法与步骤进行茎尖培养脱毒。

(4) 各小组对操作过程中出现的问题进行总结，定期观察。

(5) 教师对各小组任务完成情况进行讲评，对整个过程的安排提出合理化建议，解答学生对本次任务的疑问。

五、评价与考核

项目	考核内容	要求	赋分
计划制订	① 确定茎尖脱毒的材料、方法 ② 各小组分工情况	材料选用，操作过程熟悉；小组分工明确	10
物品准备	材料准备；工具准备；培养基配制等	材料准备好，工具齐全，培养基配制正确	10
无病毒苗培育过程	① 外植体切取与消毒	外植体切取大小合适，消毒方法正确	15
	② 剥取茎尖与接种	剥取茎尖准确	20
	③ 培养	接种后无污染	15
	④ 生根诱导	培养基配制正确，接种后无污染，生根良好	15
	⑤ 驯化	炼苗方法正确，苗成活率高	15

知识拓展

全世界已发现植物病毒近700种。大多数农作物，尤其是无性繁殖的农作物都受到一种或一种以上病毒侵染，且带毒株的比率高。病毒对寄主可造成毁灭性危害，导致大幅度减产，甚至全株死亡。潜隐性病毒侵染植物造成的慢性危害症状不明显，不易被发现，尤其危险。受病毒侵染的植物全身终生带毒，目前尚无药物可治愈。国内外解决这一问题的有效途径是培育无病毒苗，实施农作物无病毒化栽培。

一、植物病毒的发现

很多植物体内都带有植物病毒，由于人类视觉所限，形体越小的生物就越不易被发现，所以病毒的发现比其他生物要晚得多。直到19世纪末期，德国的A. Mayer发现烟草上出现深浅相间的绿色条纹，称之为烟草花叶病毒，并证实其具有传染性。俄国植物病理学家D. Ivanowski对烟草花叶病病原进行研究，认为它是由一种极小的“细菌”引起的。最终荷兰人M. W. Beijerinck首先提出

烟草花叶病病原是一种“传染性的活性液体”或称“病毒”。此后，许多学者陆续发现了各种植物病毒。1935 年美国人 Stanley 和 Bawden 揭示了烟草花叶病毒的化学本质不是纯蛋白而是核蛋白。1940 年德国的 Kausche 等首次在电子显微镜下观察到烟草花叶病毒的杆状外形。由此，病毒研究进入了更深入的领域。目前，人们不但能在实践生产中有效地防治病毒侵染，而且能利用病毒作为遗传工程的载体改造植物。

二、植物病毒的类型

植物病毒大部分属于单链 RNA 病毒，少数为 DNA 病毒，其基本形态有杆状、丝状和等轴对称的近球形二十面体。植物病毒虽然是严格的细胞内寄生物，但是专一性并不强，往往一种病毒可寄生在不同种、属甚至不同科的植物上，如烟草花叶病毒能侵染十多个科，200 多种草本和木本植物。

已知的植物病毒种类有 600 多种，绝大多数种子植物易发生病毒病。植物被病毒感染后，一般表现出三类症状：①因寄主细胞的叶绿素或叶绿体被破坏，使植物出现花叶或黄化病证；②阻碍植株发育，使植株发生矮化、丛枝或畸形等；③杀死植物细胞使植株出现枯斑或坏死。

三、植物病毒对植物的侵染途径

由于植物病毒一般无专门的吸附结构，而且植物细胞表面至今也未发现有病毒特异性受体部位，因此植物病毒的侵染途径主要是通过伤口，例如：①借昆虫刺吸式口器损伤植物侵入；②借带病汁液与植物伤口相接触侵入；③借人工嫁接时的伤口侵入。

植物病毒侵入植物细胞后，病毒按其核酸类型进行复制。其增殖过程因病毒类型不同其细节也很不相同，但步骤大致相似。

四、植物病毒病的防治

目前防治植物病毒病的基本策略是防重于治和综合防治。一般采取以下措施。

(1) 选育抗病品种：选育病毒不能侵入或即使侵入也无法复制的抗病品种和对病毒感染有较强适应性的耐病品种。

(2) 消灭传毒昆虫：利用化学农药、生物农药或物理诱捕等方法治虫。

(3) 用无性繁殖法培育无病毒苗：利用植物茎尖生长点并结合热处理(35～40 ℃)和植物组织培养的方法得到无病毒苗。此法在防治马铃薯、葡萄、柑橘及某些观赏植物的病毒病方面十分有效。

(4) 接种弱毒株来保护植物：这是一种“给庄稼种牛痘”的方法，目前许多国家已用此法来预防番茄花叶病毒。

(5) 采用合理的栽培措施等。

五、植物病毒引起的症状

植物病毒引起的症状是各异的。在观赏植物上由病毒引起外部症状主要有以下几种。

(1) 变色:褪绿、黄化、花叶、斑驳、红叶等。常见病毒有香石竹斑驳病毒、黄瓜花叶病毒、芋花叶病毒等。

(2) 坏死:常见的坏死是病斑或斑点,有轮斑、环斑、条斑、条纹等。常见病毒有香石竹坏死斑点病毒、凤仙花坏死斑点病毒等。

(3) 畸形:植株可出现矮缩、矮化或叶片皱缩、卷叶、蕨叶等病状。

(4) 萎蔫:主要是指植物根或茎的维管束组织受到破坏而发生供水不足所出现的凋萎现象。

任务2 无病毒植物的检测

学习目标

(1) 掌握无病毒苗木的鉴定方法。
(2) 了解脱毒苗木的保存和利用的方法。

任务要求

由教师提出任务,师生共同研究无病毒苗检测的方法,然后根据生产实际制订无病毒苗检测计划,在教师指导下各小组分工来完成无病毒苗检测的任务。

一、任务提出

(1) 脱毒苗鉴定方法有哪些?
(2) 如何选择合适的脱毒苗鉴定方法?
(3) 怎样进行脱毒苗木的保存和利用?

二、任务分析

经过脱毒处理的植株作为无病毒原种在使用之前,必须针对特定的病毒进行检测,才能保证植物组织培养苗的内在质量。目前常用的植物病毒检测方法有可见症状鉴定法、指示植物鉴定法、抗血清鉴定法、电子显微镜检测法、分子生物学鉴定法等。可见症状鉴定法较简单,但准确性差,对于不表现症状的隐症病毒几乎无效。而电子显微镜检测法、分子生物学鉴定法虽然准确性高,但设备昂贵。目前生产上,国内外主要采用鉴别寄主和抗血清检测法检测植物病毒。

因此，采用鉴别寄主的方法来进行脱毒植株的检测，接种方法采用汁液涂抹法。

三、相关知识

经培育得到的植株必须经过严格的鉴定，证明确实无病毒存在，才可以提供给生产应用。鉴定的方法有以下几种。

（一）直接检测法

直接检测法是一种最简便的方法。直接观察待测植株生长状态是否异常，茎叶上有无特定病毒引起的可见症状，从而可判断病毒是否存在。然而，寄主感染病毒后需要较长时间才会出现症状，有时还不出现可见症状，因此需要更敏感的测定方法。

（二）指示植物鉴定法

利用病毒在其他植物上产生的枯斑作为鉴别病毒种类的方法就是枯斑和空斑测定法。这种专用易产生局部病斑的寄主即为指示植物（indicator plant），又称为鉴别寄主，它只能鉴定靠汁液传染的病毒。指示植物鉴定法最早是由美国的病毒学家 Holmes 在 1929 年发现的。他用感染了 TMV 病毒的普通烟叶的粗汁液和少许金刚砂相混合，然后在烟叶上摩擦，2～3 d 后叶片上出现了局部坏死斑，在一定范围内，枯斑与侵染性病毒的浓度成正比。这种方法条件简单，操作方便，故一直沿用至今，是一种经济而有效的鉴定方法。枯斑法不能测出病毒总的核蛋白浓度，而只能测出病毒的相对感染力。由于病毒的寄生范围不同，所以应根据不同的病毒选择适合的指示植物。此外还要求所选择的指示植物不但一年四季都容易栽培，并且在较长的时期内还能保持对病毒的敏感性和容易接种性，而且在较广的范围内具有同样的反应。指示植物一般有两种类型：一种是接种后产生系统性症状，其病毒可扩展到植物非接种部位，通常没有局部病斑；另一种是只产生局部病斑，常由坏死、褪绿或环状病斑构成。指示植物有荆芥、千日红、昆诺阿藜和各种烟草。

在接种时从被鉴定植物上取 1～3 g 幼叶，在研钵中加 10 mL 水及少量磷酸盐缓冲溶液（pH 值为 7.0），研碎后用两层纱布滤去渣滓，再在汁液中加入少量的 500～600 目金刚砂作为指示植物叶片的摩擦剂，给叶面造成小的伤口，而不破坏表面细胞。然后用棉球蘸取汁液在叶面上轻轻涂抹 2～3 次进行接种，后用清水冲洗叶面。接种时可用手指、纱布或喷枪等。为确保接种质量，接种工作应在防蚜虫温室中进行，保温 15～25 ℃，接种 2～6 d 后可见到上述症状出现。木本多年生果树植物及草莓等无性繁殖的草本植物由于采用汁液接种法比较困难，所以通常采用嫁接接种的方法。以指示植物作砧木，被鉴定植物作接穗，常用劈接法。

（三）抗血清鉴定法

植物病毒是由核酸与蛋白质组成的核蛋白，可作为一种抗原，注射到动物体内即产生抗体，抗体存在于血清之中称为抗血清。不同病毒产生的抗血清都有特异性，用已知病毒的抗血清来鉴定未知病毒，这种抗血清就成为高度专一性的试剂，特异性高，测定速度快，一般几小时甚至几分钟就可以完成。所以抗血清鉴定法成为植物病毒鉴定中最有用的方法之一。

抗血清鉴定法要进行抗原的制备，包括病毒的繁殖、病叶研磨、粗汁液澄清、抗血清的采收和分离等。血清可分装到小玻璃瓶中，储存于－15～－25 ℃的冰冻条件下。测定时，将稀释的抗血清与未知的植物病毒置于小试管内混合，反应形成可见的沉淀，然后根据沉淀反应来鉴定病毒。

（四）酶联免疫吸附测定

酶联免疫吸附测定(ELISA)的原理是通过抗原、抗体专一性反应来鉴定病毒的存在与否。这种方法具有灵敏度高、专一性强、快速、操作简便的优点。其原理如下：将抗原或抗体固定到某种固相载体表面，并保持免疫活性；使抗原或抗体与某种酶连接成酶标抗原或抗体，这种酶标抗原或抗体既保留其免疫活性，又保留酶的活性；用洗涤的方法使固相载体上形成的抗原-抗体复合物与其他物质分开，最后结合在固相载体上的酶量与标本中受检物质的量成一定的比例，加入酶反应的底物后，底物被酶催化变成有色产物，产物的量与标本中受检物质的量直接相关，故可根据颜色反应的深浅来定性定量分析。此法的缺点是需要制备抗体，而且一次只能检测一种病毒。

（五）分子生物学鉴定法

1. 双链 RNA 法

在受 RNA 病毒侵染的植物体内，有相应复制形式的双链 RNA 存在，而在健康植株中未发现病毒的 dsRNA。

2. 互补 DNA 检测法

用互补 DNA 检测病毒的方法又称为 DNA 分子杂交法。

（六）电子显微镜检测法

由于人的眼睛难以观察直径小于 0.1 mm 的微粒，而借助于普通光学显微镜也只能看到直径小至 200 μm 的微粒，所以只有通过电子显微镜才能分辨直径 0.5 μm 的病毒颗粒。采用电子显微镜既可以直接观察病毒，检查出有无病毒存在，了解病毒颗粒的大小、形状和结构，又可以鉴定病毒的种类。这是一种较为先进的方法，但需特定的设备和技术。

由于电子的穿透力很低，制品的厚度为 10～100 μm(通常制成厚 20 μm 左右的薄片)，置于铜载网上，才能在电子显微镜下观察到。用电子显微镜结合血清学检测病毒，称为免疫吸附电子显微镜(ISEM)。新研制的电子显微镜铜网用碳支持膜使漂浮膜到位，用少量的稀释抗血清孵育 30 min，就可以将血清蛋白吸附在膜上，铜网漂浮在缓冲溶液中除去过量蛋白质，用滤纸吸干，加入一滴病毒悬浮液或感染组织的提取液，1～2 h 后，以前吸附在铜网上的抗体陷入同源的病毒颗粒，在电子显微镜下即可见到病毒的粒子。这一方法的优点是灵敏度高和能定量测定病毒。

四、组织实施

(1) 掌握无病毒苗木的鉴定方法，熟悉无病毒苗木的检测方法。

(2) 明确任务，准备材料，进行小组合理分工。

(3) 在教师指导下各小组采用正确的方法与步骤进行检测。

(4) 各小组对操作过程中出现的问题进行总结，定期观察。

(5) 教师对各小组任务完成情况进行讲评，对整个过程的安排提出合理化建议，解答学生对本次任务的疑问。

五、评价与考核

项目	考核内容	要求	赋分
计划制订	① 确定检测的材料、方法 ② 各小组分工情况	材料选用，操作过程熟悉；小组分工明确	15
物品准备	材料准备；工具准备；培养基配制等	材料准备好；工具齐全；培养基配制正确	15
无病毒苗培育过程	① 鉴别寄主的栽种	栽种植物生长良好	15
	② 取汁液	操作方法正确，取材合适	20
	③ 接种	接种方法正确	20
	④ 观察	培养环境适合，认真观察	15

知识链接

一、无病毒苗的保存

无病毒植株并没有抗病性，它们有可能很快又被重新感染，所以一旦培育得到无病毒苗，就应很好地隔离与保存。这些原种或原种材料可以保存利用5～10年。通常无病毒苗应种植在隔虫网内，使用300目（网眼直径为0.4～0.5 mm）的网纱，才可以防止蚜虫的进入。栽培用的土壤应进行消毒，周围环境也要整洁，并及时喷施农药防治虫害，以保证植物材料在与病毒严密隔离的条件下栽培。有条件的可以到海岛或高岭山地种植保存，那里气候凉爽，虫害少，有利于无病毒材料的生长与繁殖。另一种更便宜的方法，是把由茎尖得到的并已经通过脱毒检验的植物通过离体培养进行繁殖和保存。

（一）隔离保存

植物病毒的传播媒介主要是昆虫，如蚜虫、叶蝉或土壤线虫，因此应将无病毒苗种植于防虫网室、盆栽钵中保存。

（二）长期保存

将无病毒苗的器官或幼小植株接种到培养基上，在低温下离体保存，是长期保存无病毒植物及其他优良种质的方法。

1. 低温保存

茎尖或小植株接种到培养基上，置于低温、低光照下保存。

2. 冷冻保存

用液氮保存植物材料的方法称为冷冻保存。

二、无病毒苗的繁殖

1. 嫁接繁殖

从通过鉴定的无病毒母本植株上采集穗条，嫁接到实生砧木上。

2. 扦插繁殖

硬枝扦插应于冬季从无病毒母本上剪取芽体饱满的成熟休眠枝，经沙藏后，于次年春季剪切扦插。

3. 压条繁殖

将无病毒母株上1～2年生枝条水平压条，土壤踩实压紧，保持湿润，压条上的芽眼萌动长出新梢，不断培土，至新梢基部生根。

4. 匍匐茎繁殖

一些植物的茎匍匐生长，匍匐茎上芽易萌动生根长成小苗，如草莓、甘薯。

5. 微型块茎(根)繁殖

从无病毒的单茎苗上剪下带叶的叶柄，扦插到育苗箱沙土中，保持湿度。1～2月后叶柄下长出微型薯块，即可用做种薯。

项目九

植物组织培养方案设计与实施

知识目标

(1) 学习文献查询、收集、研究分析的方法。

(2) 了解植物组织培养方案设计的基本程序，熟悉植物组织培养方案制订的原则、方法步骤及注意事项。

(3) 进一步熟悉植物组织培养试验方法步骤与各项操作，学会运用数理统计学的方法科学分析和处理有关试验数据。

(4) 熟悉植物组织培养试验报告的一般格式，掌握植物组织培养试验报告撰写的方法。

能力目标

(1) 能针对培养植物查询、收集、研究分析相关植物组织培养方面的文献。

(2) 能独立编制并完成目标植物离体培养试验方案。

(3) 能按照已定试验方案，依次完成目标植物组织培养的各项操作。

(4) 能按照数理统计分析方法，科学处理和分析有关试验数据。

(5) 能独立完成植物组织培养试验报告的撰写。

任务分析

植物组织培养方案设计是在实施植物组织培养试验或研究之前，根据试验或研究的目的和要求，指导学生经过独立思考和科学规划，创造性地运用相关植物组织培养知识和技能，对试验材料、仪器试剂和方法步骤进行的一种规划活动。植物组织培养方案设计是植物组织培养技术课程的一项重要的教学内容，是培养学生科研创新能力和良好思维模式的有效途径。

植物组织培养方案的实施则是通过分工协作的方式，指导学生按照自己制订的植物组织培养试验方案进行培养基筛选、配制与灭菌及外植体筛选、消毒、接种、培养、观察与记录等一系列实践操作活动，同时对试验结果进行统计分析并撰写试验报告，以培养和提高学生的协作精神、植物组织培养操作技能、观察事物能力和分析能力、试验报告的撰写能力等。

本项目分解为两个任务来完成：第一个任务是植物组织培养方案设计(4 课时)；第二个任务是植物组织培养方案的实施与报告的撰写(2～4 课时)。

任务1　植物组织培养方案设计

学习目标

(1) 能针对培养植物查询、收集、研究分析相关植物组织培养方面的文献。

(2) 了解植物组织培养方案的作用，明确制订植物组织培养方案的目的和意义。

(3) 熟悉植物组织培养方案制订的原则、方法步骤及注意事项。

(4) 编制并完成目标植物离体培养试验方案。

任务要求

教师在进行充分调查的基础上，结合当地生产实际确定离体培养目标植物，并提出任务。师生共同探究制订植物组织培养方案的目的、原则、方法步骤、注意事项及编制格式等，然后在教师指导下分组讨论、制订植物组织培养方案编写计划，并按照编写计划完成植物组织培养方案的设计。

一、任务提出

教师通过向学生介绍植物组织培养项目确立前进行社会调查的重要性及在课前进行社会调查的结果，确定3～4种可供本课选择的目标植物，提出如下学习任务。

(1) 为什么要在确定离体培养目标植物之前进行充分的社会调查？

(2) 制订目标植物组织培养方案的依据是什么？应遵循哪些原则？

(3) 制订植物组织培养方案应注意哪些问题？

(4) 一个完善的植物组织培养方案应包括哪些内容？

(5) 如何编制植物组织培养方案？

二、任务分析

任何一项能给社会带来巨大经济效益和生态效益的先进的植物组织培养技术都是通过多次反复的植物组织培养试验来开发完成的。植物组织培养方案是确保植物组织培养试验成功的前提。在离体培养时，来源于不同植物种类、同一种植物不同部位的外植体对营养物质和培养条件的要求均不相同。所以要想对某种植物进行离体培养，首先必须制订出一个科学合理的试验方案，然后按照试验方案进行试验。其目的是揭示其离体生长发育的规律、筛选适合其生长发育和增殖要求的各项条件。

三、相关知识

(一) 植物组织培养方案设计目的

植物组织培养方案设计目的是对植物组织培养试验所用的试验材料、仪器试剂、方法步骤等进行科学合理的规划，确保试验目的能顺利实现，以培养和提高学生的科研创新能力、团结协作精神、综合分析问题的能力。

（二）植物组织培养方案设计的基本程序

植物离体培养方案的设计一般包括以下工作环节。

1. 选择试验课题，确定目标植物

研究课题的选择是整个试验工作的第一步。正确选择课题，试验研究就有了良好的开端。一般来说，试验课题通常来自两个方面：一是由教师申报承担的国家或企业指定的科研课题，这些课题不仅确定了科研选题的方向，而且也为研究人员选题提供了依据，并以此为基础提出最终的目标和方向；二是学生自己选定的试验课题。学生自选课题时，首先应该明确试验的目的、需解决的问题及在科研和生产中的作用、效果等。

目标植物的确定是由植物组织培养试验的目的来决定的。如果只是为了训练和培养初学者的植物组织培养操作技能，使他们认识和了解植物离体培养过程中生长发育的一般状况而设计的验证性试验，就应该选择那些植物组织培养技术较为成熟的容易获得成功的植物种类作为试验对象，以确保试验教学目的能顺利实现；如果是为了培养或提高学习者的科研能力或是为了满足社会生产发展需要进行新技术开发而设计的探究性试验，就应该选择那些植物组织培养技术尚不成熟或前人还未进行过植物组织培养尝试的新、优、特植物物种或品种作为试验对象，以确保新植物组织培养技术研发成功后能为社会带一定的经济效益和生态效益。

2. 查询和收集文献

培养目标确定后，为了进一步了解目标植物离体培养方面的研究进展，增强感性认识，以便试验设计更具针对性和科学性，就必须收集足够数量的有关该植物的组织培养研究文献作参考。参考文献获得的途径如下：① 到图书馆借阅植物组织培养技术方面的专著、教材、专业期刊等纸质文献；② 利用因特网（Internet）查阅某些专业网站（如中国植物组织培养网等）、数据库（如中国知网的《中国学术期刊网络出版总库》、《中国博士学位论文全文数据库》，维普资讯网的《中文科技期刊数据库》等）、私人博客中的有关电子文献；③ 到相关科研所、高等院校、植物组织培养工厂等企事业单位参观和咨询访问。

当培养对象是国内外首次进行离体培养研究的植物，无文献可查时，可以根据植物分类学知识，收集那些与其亲缘关系较近的品种或物种的植物组织培养研究文献。

3. 分析研究文献

植物离体培养经常受很多未知因素或变量困扰，一次试验获得的结果有时很难在下一次试验中重复，或者一个实验室取得的研究成果难以在另一个实验室重新实现，且实验室中研究成功的方法需要加以调整才能在规模化生产中产生类似的结果。因此，在设计植物组织培养试验方案时，对他人研究方案切勿照本宣科，一味模仿。正确的做法如下：在教师或植物组织培养专家的指导下，首先要对已收集到的所有文献进行认真甄别、去伪存真，然后对可信度较高的文献进行认真的研读、分析，获取必要的植物组织培养技术信息，以备设计植物组织培养试验时参考。

分析研读植物组织培养文献时，首先要注意收集以下几方面的技术信息：① 被选择外植体的基因型、来源部位、生理状态、发育年龄、取材季节、处理方法（包括预处理和消毒）、剪取大小、接种方式、污染、褐化、分裂、分化及其成苗途径等内容；② 离体培养各阶段所选用培养基的基本类型、配方改良及筛选方法，尤其是培养基中添加植物生长调节剂的种类和使用剂量；③ 外植体培养条件的选择与调控情况；④ 试管苗驯化条件及移栽基质的配制方法。其次对收集到的各种技术信息进行深入分析整理，归纳总结出影响目标植物离体培养各个环节的主要因素。

4. 方案设计

植物离体培养的方案设计一般包括试验设计、试验实施、数据分析和验证试验四个步骤。

试验设计是进行植物组织培养方案设计的重要环节，试验设计合理与否不仅直接关系到能否获得所需要的数据资料，而且还直接影响数据资料的质量。学科不同、研究问题的目的和性质不同，试验设计的方法也不同。植物离体培养的试验设计一般采用单因素试验、多因素试验和广谱试验等方法，但以单因素试验和多因素试验最为常见。单因素试验是指在一项试验中只有一个试验因素可设置为若干不同水平，其他的可控因素不变的试验（表 9-1）。多因素试验则是指在一项试验中有两个或两个以上的试验因素同时设置为若干不同水平的试验。在多因素试验设计时，常用的设计方法有正交试验设计和均匀试验设计两种。正交试验中各个试验因素搭配均匀，以最大限度排除其他因素的影响，突出被考察因素的作用，试验结果能基本体现因子间的交互作用，试验数据处理简单，能比较容易判断各因素对试验对象的影响效应（表 9-2）。均匀试验的试验点均衡地分布在整个试验区内，用少数具有代表性的试验点进行试验，就可以找到最佳的试验条件，而且试验因素数和水平数越多，其优越性越突出（表 9-3、表 9-4）。

表 9-1 0.1% $HgCl_2$ 不同消毒时间对菊薯外植体（叶片）影响试验安排及结果

消毒时间/min	试验指标		
	成活率/（%）	污染率/（%）	褐化死亡率/（%）
4	12.50	87.50	0
6	13.34	84.44	2.22
8	41.81	54.55	3.64
10	28.89	28.89	42.22

表 9-2 培养基及外源植物激素对月季腋芽诱导影响的 $L_9(3^4)$ 正交设计试验安排

处理号	因素及水平			
	基本培养基	6-BA/（mg/L）	NAA/（mg/L）	KT/（mg/L）
1	MS	1(0.2)	1(0.1)	1(0.1)
2	MS	2(0.5)	2(0.2)	2(0.2)
3	MS	3(0.8)	3(0.3)	3(0.3)
4	1/2MS	1(0.2)	2(0.2)	3(0.3)
5	1/2MS	2(0.5)	3(0.3)	1(0.1)
6	1/2MS	3(0.8)	1(0.1)	2(0.2)
7	White	1(0.2)	3(0.3)	2(0.2)
8	White	2(0.5)	1(0.1)	3(0.3)
9	White	3(0.8)	2(0.2)	1(0.1)

注：表中各个培养基均添加蔗糖 30 g/L、琼脂 5 g/L，pH 值为 5.8。

表 9-3 草莓花瓣愈伤组织诱导培养基的 $U_{11}(11^2)$ 因素及水平设计

水平	因素/(mg/L)	
	TDZ X_1	2,4-D X_2
1	1.40	0.20
2	1.50	0.20
3	1.60	0.30
4	1.70	0.40
5	1.80	0.50
6	1.90	0.60
7	2.00	0.20
8	2.10	0.30
9	2.20	0.40
10	2.30	0.50
11	2.40	0.60

表 9-4 草莓花瓣愈伤组织诱导培养基的 $U_{11}(11^2)$ 均匀设计试验安排

处理号	因素/(mg/L)	
	X_1	X_2
1	1.40	0.50
2	1.50	0.50
3	1.60	0.30
4	1.70	0.30
5	1.80	0.10
6	1.90	0.60
7	2.00	0.60
8	2.10	0.40
9	2.20	0.40
10	2.30	0.20
11	2.40	0.20

实施试验就是将设计好的试验方案付诸实践并对试验指标进行记录的过程。植物组织培养试验的实施步骤一般分为试验准备(包括试验设备的校准、器具的洗涤、干燥与灭菌、药品试剂准备、植物材料的采集与处理等)、试验操作(包括培养基母液的配制、培养基的配制与其灭菌、外植体消毒与接种、外植体的培养等)、试验指标的观察与记录等环节。试验实施过程中,试验操作者不仅要有团结协作的精神,而且要具备严谨、认真、实事求是的科学态度和工作作风。

试验数据分析就是运用科学统计方法对收集的试验数据进行详细研究和概括总结,以求从中提取有用信息和形成结论的过程。植物组织培养试验的目的不同,试验设计方法不同,所设定的试验指标也就不同,那么,对试验取得数据的分析方法也就不同。正交试验获得的试验数据一般采用方差分析法或极差分析法,均匀试验获得的试验数据一般采用回归分析法处理。

验证试验就是对上述试验的分析结论进行检验,以判断其正确与否的试验活动。验证试验旨在对其试验方案进行进一步修正和完善,以求获得最佳试验结论。

(三) 植物组织培养方案的内容

植物离体培养方案一般包括以下几个方面的内容。

1. 研究课题(题目)

研究课题(题目)即试验研究的课题名称。

2. 研究背景(或问题的提出)

研究背景是课题形成的前提条件,作为试验方案的起始部分,使人一看即能明了课题所向,因此对它的表述要做到集中和简明。其主要表述内容为在怎样的情况下提出了这个问题或为什么要研究这个问题。它包括理论依据、现实依据(课题目前研究状况)、理论及实践意义等。

3. 研究目的

明确要解决的问题或探索的规律，预期要取得的成果。

4. 试验原理

根据课题性质确定试验的依据、思路。

5. 研究内容

根据研究目的确定具体的研究内容。一般方法是把研究问题分解为许多小课题，分别进行研究，然后将试验结果加以综合分析。

6. 研究对象

科学选择研究对象是决定试验成败的关键因素之一。

7. 试验用具和药品

选用适宜的设备仪器和药品试剂，以便实现有计划和有效地观测与分析。

8. 研究方法和措施

选择科学的研究方法，以便获得精确的试验结果。同时应注意：① 根据研究内容确定试验类型和方法，例如，探究某种消毒剂的浓度及消毒时间对外植体消毒效果影响的试验，一般选择单因素试验设计法设计试验；探究外植体类型、培养基类型、植物生长调节剂等因素对植物离体繁殖体系建立所产生的影响时，一般采用正交试验法或均匀试验法进行多因素试验；②设置对照，适当增加重复，保证试验的准确性；③设计试验方法应尽量采用先进的试验技术和仪器设备，确保研究结果的准确性。

措施：即解决问题的对策。一般要突出：①创新性；②可操作性；③针对性。

9. 研究周期

研究周期是指课题研究的起止时间。

10. 研究程序（或研究步骤）

研究程序是根据整体研究的要求对全部试验过程作出总体设计，并按日程分阶段组织实施研究方案。它包括如下几个阶段：①准备阶段（主要包括查阅资料、建立课题组、培训研究人员等）；②实施阶段（按照方案设计划分的小课题研究内容和完成时间，分阶段组织实施试验并统计试验数据）；③总结阶段（分析研究试验数据、总结研究成果、撰写研究报告）。

11. 保证措施

保证措施包括组织保障、制度保障、条件保障（包括人员、经费、设备等）。

12. 成果形式

成果形式即研究成果的表现形式，如研究报告、论文、技术专利等。

（四）植物组织培养方案设计应注意的问题

植物组织培养方案是组织实施植物组织培养试验的指导性文件，植物组织培养方案的完善程度对植物组织培养试验的成败在一定程度上起着决定性的作用。因此，设计植物组织培养方案时，若要充分考虑各种因素对目标植物离体培养过程的影响，就必须注意以下几个方面的问题。

1. 选择试验课题

选择试验课题时应注意以下几点。

（1）实用性：要着眼于植物组织培养科研和生产中急需解决的问题。

(2) 先进性：在了解国内外该研究领域的进展、水平等基础上，选择前人未解决或未完全解决的问题，以求在理论、观点及方法等方面有所突破。

(3) 创新性：研究课题要有自己的新颖之处。

(4) 可行性：就是完成试验课题的可能性，无论是从主观条件方面，还是从客观条件方面，都要能保证试验课题的顺利进行。

2. 明确试验目的

植物组织培养方案必须清晰地陈述本试验的研究目的，可以包括探索或验证外植体适宜的消毒方法；最佳外植体的类型；不同培养阶段适宜的培养基配方；某因素对外植体诱导和分化的影响效应；试管苗移栽的适宜基质；防止或抑制外植体污染、褐化、玻璃化及黄化的措施；诱导外植体变异或多倍化的方法等诸多研究目标中的一个或数个。

3. 选择试验材料

选择植物组织培养试验材料不仅要考虑试验目的能否顺利得以实现，而且还要考虑试验成果的效益大小。一般来说，植物组织培养试验材料的选择包括目标植物的确定和外植体的筛选。目标植物的确定是指确定试验植物的物种(或品种)属性及取材植株，以确保受试材料遗传性状的一致性和优良性；外植体的筛选主要是通过对外植体的取材部位、取材季节、取材器官的生理状态和发育年龄、取材大小及材料来源的丰富程度等方面进行选择，以保证受试外植体具有高度一致的生理生化特性(包括对诱导条件的敏感性、不良变异性、脱分化和再分化的难易性等)。

此外，试验外植体数量必须符合生物试验设计和数理统计的基本要求，一般来说，每次试验的外植体数目不得低于30个。

4. 仪器设备及试剂

植物组织培养研究性试验所用仪器设备，尤其是用于计量的仪器设备必须符合植物组织培养试验的要求，如用于称量微量元素和植物生长调节剂的电子分析天平精度必须达到0.0001 g；植物组织培养试验所用化学试剂的纯度绝大多数应达到B.R.级或A.R.级，极少数试剂的纯度可稍低些，但必须达到C.P.级，如次氯酸钠等。所有试剂必须在有效期内使用，且保存在规定的温度条件下。此外，植物组织培养试验所用的水应是蒸馏水或去离子水。

5. 明确试验因素，合理设置因素水平

任何一项试验研究都包括试验对象、影响因素和观测指标三部分，故其被称为试验设计三要素。影响因素包括试验因素和非试验因素。试验因素是指试验所操纵的所有因子，即通过试验考察其对试验结果是否有影响的性质相同的不同试验条件的总称，包括物理因素、化学因素和生物因素等。例如，在“0.1%升汞溶液的不同浸泡时间对菊薯叶片消毒效果的影响”试验中，试验因素是菊薯叶片在0.1%升汞溶液中的浸泡时间。非试验因素是指除试验因素外对试验结果也存在一定影响效应的因子，只是这些因子不是本试验所要探究和关心的试验因子。试验过程中要考察试验因素所产生的效果，就要对非试验因素进行控制，这是试验设计最显著、最重要的特点，也是试验设计应遵循的基本准则。

试验因素的确定是进行试验方案设计的前提条件之一。任何试验效应都是多因素作用的结果，人们不可能也没有必要在一次或几次试验中来全面考虑所有因素，只能抓住对试验结果影响较大的主要因素加以研究。试验研究的目的不同，对试验的要求也不同。在植物组织培养试验过程中影响观察结果的因素很多，而且各个试验因素之间往往存在交互作用，即多种试验因素同时存在比单因素单独作用的试验效应表现出增强或减弱的现象。例如，适宜种类及浓度配比的植物生长素和细胞分裂素配合使用，对外植体脱分化和再分化的诱导效果更好。因此，在进行植物组织培养试验方案设计时，必须结合专业知识，在对相关科研文献进行深入分析研究的基础上，对众多的因素做全面分析，必要时做一些预试验，区分哪些是重要的试验因素，哪些是重要的非试验因素，以便科学地利用多因素试验设计技术妥善安排这些因素（即成功操纵试验因素，有效控制非试验因素）。

试验因素有数量因素与质量因素之分。所谓数量因素，就是因素水平的取值是定量的，如植物生长调节剂的使用剂量、灭菌剂的浓度与作用时间等。所谓质量因素，就是因素水平的取值是定性的，如培养植物的基因型、外植体的取材部位等。设计植物组织培养试验方案时，各试验因素水平的设置可根据不同试验课题、试验因素特点及试验材料对试验因素的敏感性高低来确定，以便使每一个处理的试验结果更容易表现出来。①试验因素水平数目的设置要适当。因素水平选取得过于密集，试验次数就会增多，许多相邻的水平对结果的影响十分接近。这不仅不利于研究目的的实现，而且还会浪费人力、物力和时间。反之，因素水平过于分散，又容易漏掉一些有用信息，不同水平对结果的影响规律不能真实地反映出来，致使结果分析不全面，容易得出错误的结论。在缺乏经验的前提下，应进行必要的预试验或借助他人的经验，选取较为合适的若干个水平。②因素水平间的差异要合理。有些因素在数量等级上只需少量的差异就反映出不同处理的效应，如植物生长调节剂的使用剂量等。而有些因素则需较大的差异才能反映出不同处理效应来，如琼脂、蔗糖的使用量等。③ 试验方案中各因素水平的排列方法要灵活掌握。一般可采用等差法（等间距法）、等比法和随机法 3 种（表 9-5）。④质量因素水平的选取应结合实际情况和具体条件，切忌不顾客观条件而盲目选取。

表 9-5 常见的试验因素水平排列方法

试验因素水平	各因素水平的排列方法		
	等差法	等比法	随机法
1	0.20	0.20	0.20
2	0.40	0.40	0.60
3	0.60	0.80	0.90
4	0.80	1.60	1.20
5	1.00	3.20	1.60

此外，保证试验因素在整个试验的过程中始终一致，这就是试验因素的标准化问题。例如，试验因素是药品，除应确定药品的名称、性质、成分、作用及用法外，还应明确生产厂家、药品批号、出厂日期及保存方法等。试验因素不同，所得到的结果当然是不同的。同样，其他因素也必须遵循标准化原则，否则那些非试验因素或多或少会影响试验结果，导致结论出现较大偏差。因此，在设计时应制订或摸索出标准化的具体措施和方法，使试验因素真正达到标准化，并尽可能使非试验因素始终处于可控状态。

6. 试验观察指标和试验效应判断标准的确定

试验观察指标和试验效应判断标准是植物组织培养试验中反映试验结果的最直接的指标，科学合理地制订试验观察指标和试验效应判断标准对有效评价试验结果具有重要意义。在植物组织培养试验中，应根据不同的试验目的和试验材料来合理制订试验观察指标和试验效应判断标准。例如，在对某植物外植体表面灭菌方法筛选研究试验中，可以设置外植体污染率和褐化率两个观察指标，其中由于表面消毒不彻底导致的细菌性污染和真菌性污染一般分别发生在接种后的1～3 d和3～5 d之内；而由消毒剂浓度较大或消毒时间过长而导致的外植体褐化则多出现在5 d之后。故在该试验方案中，外植体污染率和褐化率两个观察指标的试验效应判断标准应制订为：外植体接种后的1～3 d之内和3～5 d之内分别观察细菌菌落和霉菌菌落的出现情况；外植体接种5 d之后观察褐化现象。

值得注意的是，在对试验观察指标合理制订一些量化判断标准以外，试验实施前还应对参与试验的人员进行统一培训，并进行试验观察一致性检验，以减少试验中可变因素的影响。

7. 试验设计要符合统计学要求

数理统计理论介入植物组织培养试验设计至关重要，为了最大限度地避免非试验因素对试验结果的不利影响，确保试验数据的准确性，植物组织培养试验设计应遵循随机性、可重复性和对照性三大原则。

随机性原则：分配于各试验处理的试验对象（样本）是从总体试验材料中任意抽取的。若在同一试验中存在数个试验因素，则各试验因素施加顺序的机会也是随机的和均等的。通过随机化，一是尽量使抽取的样本能够代表总体，减少抽样误差；二是使各试验处理样本的条件尽量一致，消除或减少各处理间的人为误差，使试验因素产生的效应更加客观，以便获得正确的试验结果。例如，在愈伤组织诱导试验研究中，将来源不同的外植体随机接种到不同配方的培养基上。

可重复性原则：同一试验处理在整个试验过程中出现的次数称为重复。植物组织培养试验多采用平行重复设计（即控制某种因素的变化幅度，在同样条件下重复试验，观察其对试验结果影响的程度）。设置重复试验的作用有二：一是降低试验误差，扩大试验的代表性；二是估计试验误差的大小，判断试验可靠程度。

对照性原则：试验中的非试验因素很多，必须严格控制，要平衡和消除非试验因素对试验结果的影响，设置对照试验是行之有效的好方法。一般来说，在植物组织培养试验设计时，设置对照试验常用的方法有两种：①空白对照（又称对照试验），指没有施加或减少试验因素的常态试验处理，例如，在抗坏血酸抑制某植物外植体褐化的试验中，试验组分别添加一定体积不同浓度的抗坏血酸溶液，而对照组只加了等体积的蒸馏水，起空白对照的作用；②相互对照（又称对比试验），指不单独设置对照组，而是用不同方式或不同物理量的试验因素处理的两个或几个试验组互为对照，例如，在光对某植物外植体愈伤组织诱导影响试验中，利用若干组外植体的不同条件处理的试验组之间进行对照，研究光照与外植体愈伤组织形成之间的关系。

四、植物组织培养方案编制

（一）植物组织培养方案实例及分析

现以荷花离体培养方案为例进行分析，具体如下。

知识链接

植物组织培养方案案例	案例分析
荷花离体培养方案 荷花（*Nelumbo nucifera*），睡莲科莲属水生草本花卉，是中国的传统名花和重要的经济植物。荷花既是美味佳肴，又是上等的滋补品和良药，具有清热生津、凉血散瘀、健脾开胃等功效。目前，我国荷花品种资源十分丰富，但由于多为自然杂交或人工杂交品种，播种繁殖难以保持原品种性状，这个问题现已成为限制荷花种植业发展的主要障碍。而采用植物组织培养法来繁殖荷花，不仅可以较好地保持原品种的优良性状，而且又有利于荷花品种资源的长期保存。目前，关于荷花离体培养研究较少，离体培养技术体系尚未建立。为此，在前人研究的基础上开展荷花组织培养技术的试验研究，旨在探索和完善荷花离体快速繁殖技术程序，为荷花优质苗的规模生产和种质资源的保存提供科学依据。	确立试验课题。 介绍了课题形成的前提条件；确定了离体培养的目标植物——荷花；提出了开展荷花组织培养试验的目的及意义。
1）供试材料 试验材料由学院水生植物资源圃提供，品种为黄色新品种“友谊牡丹”。 2）技术路线 外植体→芽诱导培养→丛生芽继代培养→试管苗生根诱导→试管苗驯化移栽。	确定了试验材料的基因型，确保了试验材料的遗传一致性。 规划制订了试验路线。 将试验课题分为5个子项目分别进行试验研究。
3）方法步骤 (1) 外植体的剪取与消毒程序的筛选：选择生长健壮的黄色荷花新品种“友谊牡丹”的冬眠子藕，用水冲去污泥，然后将腋芽或茎尖连叶鞘一起切下，用2%洗衣粉溶液轻轻刷净，自来水冲洗30 min后用纱布吸干，剥去外层叶鞘，置于超净工作台上。在75%酒精中浸泡1 min，用无菌水冲洗3～5次后，再用无菌滤纸吸干平均分成5组，然后分别用0.1%升汞溶液消毒4 min、6 min、8 min、10 min、12 min后用无菌水冲3～5次，再剥去内层叶鞘，接入初代培养基中培养，并在接种后的第3天、第7天、第14天、第28天分四次观察记录不同消毒时间对外植体灭菌的效果（本试验内容应在3—4月初完成）。	明确了外植体取材部位及剪取方法；确定了外植体表面灭菌试验的目的、方法步骤及观察指标，并运用单因素试验法设计了试验。
(2) 初代培养基的筛选：试验中以MS培养基为基本培养基，含琼脂6 g/L，pH值为5.8。本试验采用3因素2水平正交设计$L_4(2^3)$（详见表9-6），每个处理接种10瓶，每瓶接种3个腋芽，重复3次。培养20 d后，统计腋芽诱导率（本试验内容应在3—4月初完成）。	指明了试验设计方法和试验观察指标等；试验设计较好地遵循了随机性、可重复性及对照性等原则；试验材料数量也符合统计学要求。

植物组织培养方案案例	案例分析

表 9-6 荷花腋芽诱导培养 $L_4(2^3)$ 正交设计试验安排

处理号	因素及水平		
	基本培养基	6-BA/(mg/L)	GA/(mg/L)
1	1(MS)	1(0.2)	1(0.2)
2	1(MS)	2(0.5)	2(0.4)
3	2(1/2MS)	1(0.2)	2(0.4)
4	2(1/2MS)	2(0.5)	1(0.2)

(3)荷花试管苗增殖培养基的筛选：试验中以 MS 培养基为基本培养基，pH 值为 5.8。本试验采用 3 因素 2 水平正交设计 $L_4(2^3)$（详见表 9-7），每个处理接种 10 瓶，每瓶接种 1 块不定芽（含 2～3 个芽），重复 3 次。培养 25 d 后，统计荷花不定芽增殖系数（本试验内容应在 4—12 月份完成）。

表 9-7 荷花不定芽增殖培养 $L_4(2^3)$ 正交设计试验安排

处理号	因素及水平		
	基本培养基	6-BA/(mg/L)	GA/(mg/L)
1	1(固体 MS)*	1(0.4)	1(0.1)
2	1(液体 MS)	2(0.8)	2(0.5)
3	2(1/2MS)**	1(0.4)	2(0.5)
4	2(1/2MS)	2(0.8)	1(0.1)

注：* 添加 6 g/L 琼脂的培养基；** 未添加琼脂的培养基。

案例分析：指明了试验设计方法和试验观察指标等；试验设计较好地遵循了随机性、可重复性及对照性等原则。

(4) 荷花试管苗生根诱导试验：试验中以 MS 培养基为基本培养基（含琼脂 6 g/L，pH 值为 5.8），分别添加不同浓度含量的 IBA 和 NAA，以设置成不同的试验组合对荷花试管苗进行生根诱导培养。接种 5 d 后，每间隔 5 d 观察一次试管苗生根情况，25 d 后统计生根率（本试验内容应在 1—3 月份完成）。

A_1：MS+0.5 mg/L IBA；　B_1：MS+0.5 mg/L NAA；

A_2：MS+1.0 mg/L IBA；　B_2：MS+1.0 mg/L NAA；

A_3：MS+1.5 mg/L IBA；　B_3：MS+1.5 mg/L NAA；

A_4：MS+2.0 mg/L IBA；　B_4：MS+2.0 mg/L NAA。

案例分析：确定了试验目的、方法步骤及观察指标，并运用单因素试验法设计了试验，并针对不同种类的激素及同一激素不同浓度水平对荷花试管苗生根诱导的影响效应进行了对比试验。

(5) 试管苗的移栽试验：将荷花再生植株分别栽入 1/4 MS 营养液、河沙、田园土等基质中，河沙和田园土经高温灭菌，使用时加营养液呈稀糊状，调查试管苗的成活率（本试验内容应在 4—5 月份完成）。

案例分析：确定了试验目的、方法步骤及观察指标，并运用单因素试验法设计了试验。

（二）组织编制目标植物的组织培养方案

(1) 通过对植物组织培养方案设计程序、内容等方面的探究，熟悉植物组织培养方案设计的依据、应遵循的基本原则及方法步骤。

(2) 明确植物组织培养方案设计的目的，依据课前社会调查结果，讨论确定 3～4 种离体培养目标植物，并根据班级学生人数进行分组，每组负责一种植物组织培养方案的制订任务。

(3) 按照植物组织培养方案设计的一般程序，在各个试验小组内进行合理分工。

(4) 在教师指导下各小组采用正确的方法与步骤进行植物组织培养方案的编制。

(5) 各试验小组对植物组织培养方案编制过程中出现的问题进行总结，并互相提出修改意见。

(6) 各个试验小组通过讨论，修改完善植物组织培养方案。

(7) 教师对各小组任务完成情况进行讲评，对整个过程的安排提出合理化建议，解答学生对本次任务的疑问。

任务 2　植物组织培养方案的实施与报告的撰写

学习目标

(1) 能按照已定试验方案，分工协作，依次完成目标植物组织培养的各项操作。

(2) 能按照数理统计分析方法，科学处理和分析有关试验数据。

(3) 熟悉植物组织培养试验报告撰写的方法、格式，完成试验报告的撰写。

任务要求

教师在学生编制的植物组织培养方案基础上，提出任务，师生共同探究植物组织培养方案实施的方法步骤、植物组织培养试验报告撰写的格式、方法及注意事项等。然后在教师指导下各试验小组分别按照已编制好的试验方案进行试验，并撰写试验报告。

一、任务提出

教师在学生编制的植物组织培养方案基础上，提出如下学习任务。

(1) 明确本试验的目的、内容、方法步骤。

(2) 植物组织培养试验应注意的事项有哪些？

(3) 制订试验分工计划，使试验小组内每个成员明确自己的工作任务。

(4) 实施操作，并注意观察试验现象，实事求是地做好试验数据的记录。

(5) 如何分析试验数据？

(6) 植物组织培养试验报告的格式如何？应包含哪些内容？如何撰写试验报告？

二、任务分析

植物离体培养试验是一项繁杂的工作，包括仪器用具的准备、洗涤、干燥与灭菌；药品

试剂的准备、配制与保存；试验材料采集、冲洗、消毒；培养基的配制、分装、灭菌与保存；操作环境的灭菌；外植体的无菌接种、培养与观察等繁杂的工作环节。加之完成试验所需时间较长，因此，每个试验小组的所有成员必须在熟悉植物组织培养试验工作流程、本人责任分工及应注意问题的前提下，团结协作，规范操作，认真完成整个试验项目。

试验报告是指在某项科研活动或专业学习中，试验者把试验的目的、方法、步骤、结果等用简洁的语言写成书面报告。科学撰写试验报告不仅可以积累研究资料，而且可以通过总结研究成果，提高试验者的观察能力，分析问题和解决问题的能力，培养理论联系实际的学风和实事求是的科学态度。

三、相关知识

1. 植物组织培养的基本工作程序

1）试验准备

(1) 种质材料的准备(引种及具有典型性状健康植株的栽培)。

(2) 仪器、试剂的准备(用具的洗涤、干燥、灭菌；试剂准备)。

(3) 无菌环境的创建(试验环境、操作人员的消毒与灭菌)。

(4) 营养条件的建立(培养基母液配制与保存；培养基配制、灭菌分装及预培养)。

2）试验材料的获得

(1) 外植体的筛选与预处理。

(2) 外植体的剪切与表面消毒灭菌。

3）无菌接种

4）初代培养与观察

(1) 愈伤组织诱导或腋芽萌发诱导培养。

(2) 不定芽分化诱导培养。

5）继代培养与观察

(1) 继代培养(循环)。

(2) 种质保存。

(3) 生根诱导与壮苗培养。

6）试管苗的驯化移栽

(1) 试验室内炼苗。

(2) 驯化棚或温室内炼苗。

(3) 生根诱导培养。

(4) 营养钵移栽育苗与管理。

(5) 大田圃苗培育与管理。

在上述工作程序中，每一个工作环节都可以设置各种各样的植物组织培养试验，如在“试验材料的获得”环节中不仅可以设置“××植物外植体筛选试验”，也可以设置“不同的消毒方法对外植体消毒效果比较试验”。任何一个试验都必须科学设计、规范操作。

2. 植物组织培养试验报告的基本格式

撰写植物组织培养试验报告一般应遵循以下格式。

1）题目

运用简洁的文字和关键词进行高度概括性的表述。

2）试验背景

运用简洁的语言叙述设置本试验的必要性或动机。

3）试验目的

运用简洁的文字和关键词叙述本试验在理论上和生产实践上的意义。

4）试验原理

详细、清楚地表述设计本试验所依据的科学理论或假说。

5）试验仪器与药品试剂

植物组织培养试验所用的仪器和药品一般都比较固定，在绝大多数的试验报告中常省略对所用仪器、药品试剂的介绍。

6）试验材料

必须运用科学术语对试验材料的生物学属性（物种或品种）、来源、预处理方法、取材时间及部位等进行详细表述。

7）试验方法与步骤

运用简洁的语言叙述试验所划分的子试验数目、子试验的设计方法、操作步骤、观测指标、试验数据的处理方法等。

8）结果与分析

运用科学的方法对试验数据进行处理与分析，并运用简洁易懂的图表表达出来。需要注意的是无论试验结果如何，都必须实事求是地正确表述事实。

9）结论与讨论

结果和讨论是植物组织培养试验报告中重要的部分，应注意详细表述。植物组织培养试验所讨论的内容可依据试验材料、方法、条件、结果或现象等提出问题，并查阅相关文献资料详加讨论。

试验结论就是依据试验分析及讨论的结果所获得的一种看法（即理论判断）、新的技术与方法，因此，试验结论的获得必须以大量的试验为基础，否则就会犯以偏概全的错误。

10）引用文献

试验中所引用的资料。

四、组织实施

（1）明确试验内容，依据试验步骤及工作量的大小，进行小组内合理分工。

（2）在教师指导下各小组采用正确的方法与步骤进行试验操作。

（3）组织各小组对试验数据进行处理和分析；对试验过程中出现的问题进行分析讨论。

（4）组织和指导学生完成试验报告的撰写，并进行点评和修改。

（5）教师对各小组任务完成的情况进行讲评，解答学生的疑问，并针对学生的试验过程和试验报告的撰写情况提出合理化建议。

项目十

花卉组织培养技术

知识目标

(1) 牢固掌握花卉组织培养的基本原理和基本过程。

(2) 熟悉常见花卉组织培养的影响因素。

能力目标

(1) 熟练掌握花卉实验室组织培养的技术。

(2) 具备花卉快速繁殖和工厂化育苗基本技能。

(3) 具备独立完成常见花卉组织培养设计方案的制订和评价能力。

任务分析

花卉组织培养,就是分离花卉植物体的一部分,如茎段、叶、花、幼胚等,在无菌试管中,配合一定的营养、激素、温度、光照等条件,使其产生完整植株。由于其条件可以严格控制,生长迅速,1～2个月即为一个周期,因此在花卉的生产上有重要应用价值。

植物组织培养对一些难繁殖的名贵品种花卉及一些短期内需大量生产的花卉,应用很广,可实现快速繁殖。对于菊花、香石竹、非洲菊等一大批花卉靠无性繁殖法繁殖,病毒逐代传递积累,危害日趋严重。而分离花卉0.1～0.5 mm的生长点,培养得到的基本上是无病毒苗。所以,通过组织培养可以实现无病毒苗培育。因此这一技术已在花卉无病毒苗的培育中广泛应用。

针对当前市场需求量大,栽培面积广的花卉,本项目分解为六个任务来完成(12课时):第一个任务是菊花组织培养技术(2课时);第二个任务是香石竹组织培养技术(2课时);第三个任务是非洲菊组织培养技术(2课时);第四个任务是兰花组织培养技术(2课时);第五个任务是红掌组织培养技术(2课时);第六个任务是观赏凤梨组织培养技术(2课时)。

任务1　菊花组织培养技术

学习目标

(1) 掌握菊花组织培养的基本知识。

(2) 熟悉菊花组织培养的方法和流程。

(3) 熟悉常用脱毒苗的检测方法。

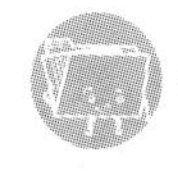

任务要求

(1) 通过菊花的茎尖培养获得无病植株。

(2) 通过愈伤组织途径或丛生芽途径获得菊花试管苗。

(3) 菊花试管苗生根培养。

一、任务提出

教师通过向学生展示菊花不同生长与分化阶段的试管苗和商品苗，激发学生的学习兴趣，提出如下学习任务。

(1) 菊花的生物学习性有哪些?

(2) 菊花组织培养中的外植体应如何选取?

(3) 菊花组织培养中的外植体在灭菌和接种操作中应注意哪些要领?

(4) 菊花组织培养常用的培养基有哪些? 它的培养条件是什么?

(5) 如何进行菊花外植体的诱导和试管苗的继代培养?

(6) 菊花试管苗在生根和移栽阶段应注意哪些问题?

二、任务分析

由于菊花的病毒病种类比较多，而且危害也较为严重。所以在菊花组织培养过程中，外植体的灭菌与脱毒是植物组织培养成功的关键技术。任何一个微小疏忽都会对菊花组织培养造成重大损失，所以要求学生在实际操作过程中务必遵守操作规程，把握好细节。

采用菊花不同部位组织进行培养时，营养和条件都有不同要求，才能使其生长和增殖；相同外植体在培养过程中，不同阶段对营养需求是不同的，在菊花组织培养过程中，就要针对不同阶段选用适合的培养基，并提供适宜的条件。所以也要求学生在学习过程中保持严谨的科学态度。

三、相关知识

菊花(*Dendranthema morifolium*(*Ramat.*)*Tzvel.*)，多年生宿根菊科(Asteraceae)，菊属草本植物，是经长期人工选择培育出的名贵观赏花卉，也称为艺菊。菊花是原产我国的多年生宿根草本花卉，已有3000多年的栽培历史，现广泛分布于世界各地，是我国的传统名花和世界四大切花之一，深受人们的喜爱，成为世界栽培面积较大的一种重要花卉。

长期以来菊花采用分株、扦插等无性繁殖方法进行繁殖，但是传统的繁殖方法易受环境影响，繁殖周期长。随着市场需求的急剧增加，已经不能满足市场日益发展的需要。植物组织培养具有增殖效率高、繁殖速度快的特点，可以用较短的时间和较少的空间生产出大量的试管苗。

（一）形态特征与生物学习性

菊花系多年生植物，株高 60～180 cm，茎直立，粗壮，多分枝，青绿色或带紫褐色，上被灰色柔毛，具纵条沟，呈棱状，半木质化，节间长短不一。叶形大，互生，叶片有深缺刻，基部楔形，表面粗糙，叶背有绒毛。花单生或数朵聚生，边缘为舌状花，中部为筒状花，也有全为舌状或筒状花的，花序形状各异，有球形、莲座形、卷散形等。花色分为黄、白、红、紫、粉五个色系。种子为细小的瘦果。

菊花生长的适宜温度为 15～25 ℃；维持花期的最适温度为 5～12 ℃；较耐寒，宿根地下茎能耐－10 ℃以下的低温。菊花喜阳光充足、通风良好的环境，在光照条件下生长健壮。光照的强弱对花期及花色有一定影响。

（二）菊花组织培养

菊花组织培养工艺流程如图 10-1 所示。

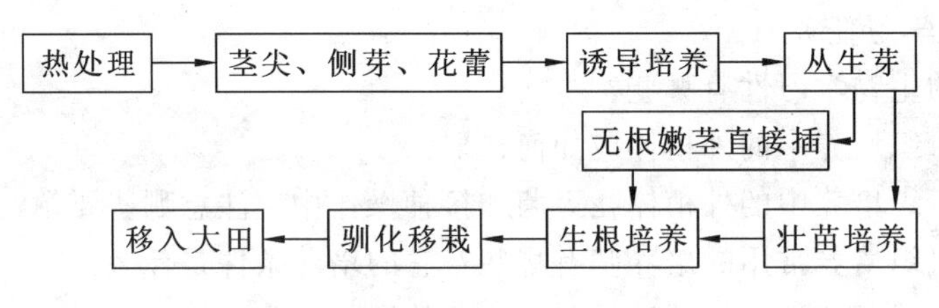

图 10-1　菊花组织培养工艺流程

1. 无菌体系的建立

仅应用茎尖进行组织培养，要完全去除病毒是不可能。只有先对所要培养的植物品种进行热处理，以抑制病毒的活化，再用其茎尖进行培养，才能达到脱毒培养的目的。其方法如下：将植株在 35～38 ℃下，栽培 60 d，其中有相当一部分植株会死亡，采用成活下来的植株茎尖，进行培养。

1）外植体的选取、灭菌和接种

菊花用于快速繁殖的外植体很多，如茎段、侧芽、叶、花序梗、花序轴等，但最好采用茎尖或侧芽，其次是花序轴。下面以茎尖、茎段和花序轴为外植体进行说明。选取无病虫害、生长健壮的茎尖和茎段，要求叶密茎粗，以利于将来分化迅速，无性系后代质量好。若以花序轴为材料，应选取具有该品种典型特征的、饱满充实的蕾，最好是介于开放和未开放之间的花蕾，这时花瓣外有一层薄膜包围，里面洁净无菌，采后便于表面灭菌。过于幼嫩的花蕾，不易灭菌和剥离。茎尖嫩叶不要去掉太多，以免伤口面过多，造成灭菌时过多伤害，过多的叶可在灭菌后、接种之前除去。茎段除去叶，留一段叶柄，流水洗去表面灰尘后，在超净工作台用 75％酒精处理 20～30 s，再用无菌水冲洗 3～5 次，转入 0.1％升汞溶液中浸泡 7～10 min，再用无菌水冲洗 4～6 次，用滤纸吸干水分。要除去菊花体内的病毒，需在立体显微镜下剥离 0.5 mm 以下，带 2 个叶原基的茎尖，接种到诱导培养基上，接种时按材料生长极性的上、下端，正放在培养基上，尤其是茎尖不可倒置或侧植。菊花也可采用热处理的方法来进行脱毒，在 35～36 ℃下栽培 2 个月，可以除去菊花矮缩类病毒和番茄不孕病毒，但不能除去菊花轻斑驳病毒和褪色斑驳病毒，这两种病毒只有通过茎尖培养途径去除。

2）培养基及培养条件

适用于菊花的培养基种类很多，如 MS、B_5、N_6、White 等，大多采用的是 MS 培养基，添加 6-BA 2～3 mg/L，NAA 0.02～0.2 mg/L。菊花对激素的要求并不是很严格，适用的范围很广。菊花培养的温度范围较宽，22～28 ℃都可以，以 24～26 ℃最好。培养室光照以每天 12～16 h 为宜，光照强度为 1000～4000 lx 较好。

2. 初代培养

外植体经培养后，一般 10～20 d 茎尖处可分生出新芽，茎段的叶腋处也会萌生出新芽。而花蕾外植体经过 15～20 d 的培养，会形成愈伤组织；再经过 20～30 d 的培养，愈伤组织就会分化出较多的丛生芽。

3. 继代培养

将从以上外植体诱导分化出的单芽或丛生芽，如图 10-2 所示，分切成数段或数块放入增殖培养基中继代培养。最初分化率及分化数量都较少，但随继代培养次数增加而增加。增殖方式除诱导丛生芽增殖外，也可用茎切段作微型扦插繁殖。丛生芽增殖时，将芽切成小块，转到分化培养基中即可。微型扦插则以嫩茎梢作材料，将嫩梢剪成 1 节带 1 叶的茎段。然后将切段基部插入 MS 或 MS＋NAA 0.1～1 mg/L 的培养基中培养，4～5 周后，腋芽即生长成小植株，再照上述方法切剪茎段，重复培养。

图 10-2　由茎尖诱导的小菊花植株

4. 生根培养

菊花无根苗生根一般较容易，通常在增殖培养时久不转瓶，即可生根，但这种根的根毛较少或没有，不利于将来移栽和生长，所以常用下列方法处理。

一是无根苗的试管生根，切取 3 cm 左右无根嫩茎，转插到 1/2MS＋NAA（或 IBA）0.1 mg/L 的培养基中，经两周即可生根。然后驯化移栽。移栽初期保持高湿度条件，营养钵基质浇透水，取出生根的试管苗，洗掉附着在根部的培养基，用竹签在基质上打一小孔，将幼苗插入基质中。然后加设小拱棚以保湿，随着幼苗的生长，逐渐降低空气湿度和基质的含水量，转为正常苗的管理阶段。

二是无根嫩茎直接插植到基质中生根。利用菊花嫩茎易于生根的特点，可免去试管生根这一道工序。剪取 2～3 cm 无根苗，插植到珍珠岩或蛭石的基质中，基质事先用生根激素溶液浸透，10 d 后生根率可达 95%～100%。

5. 试管苗移栽

1）试管苗的移栽

常用的移栽基质有1∶1的蛭石和珍珠岩，也可将蛭石、木屑、园土按1∶1∶3的比例混合使用，也可用经灭菌处理过的细砂、锯木屑和肥土，按体积以1∶1∶2的比例混匀后使用。基质要求疏松、肥沃、透气。

生根培养7 d后，待茎段基部长出3～6条根，根长1～3 cm，上部3～4片叶即可移植。移植时用镊子轻轻取出试管苗，用流水将试管苗根部的培养基冲洗干净，然后栽入准备好的基质中。

2）试管苗的管理

移植的6～10 d内，应适当遮阳，避免阳光直射，并注意少量通风，温度最好保持在25～28 ℃。保持空气相对湿度于90%以上，10 d后逐渐揭去薄膜，以增加光照和通风。可人工补充喷水，3～4周小苗即可成活。刚移植的小苗由于根系吸收能力弱，每3～5 d叶面喷营养液1次，7～10 d基质浇营养液1次，小苗生长健壮，移植成活率可达95%以上。苗高达到6～10 cm就可以按苗大小进行切花母株定植，为切花生产用苗做好准备。

知识链接

菊花茎尖脱毒培养操作过程如图10-3所示。

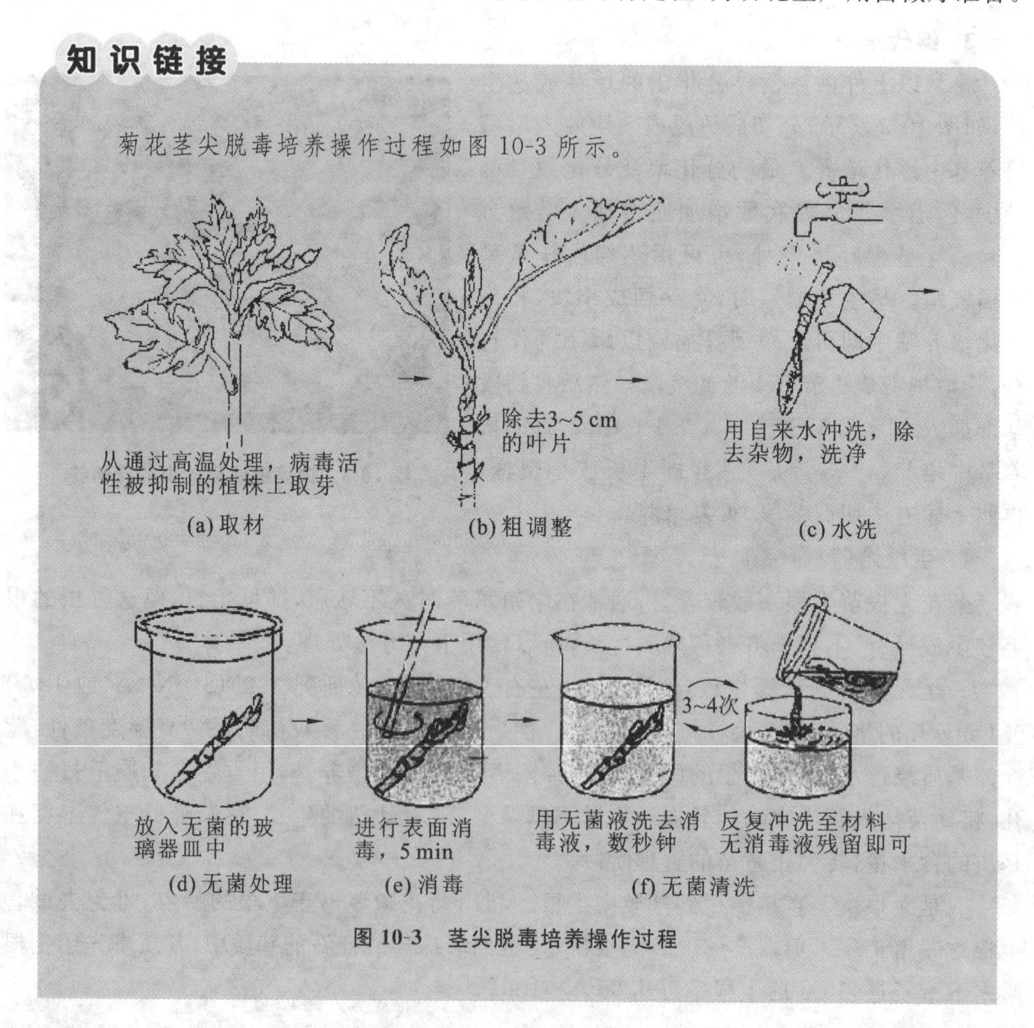

图10-3　茎尖脱毒培养操作过程

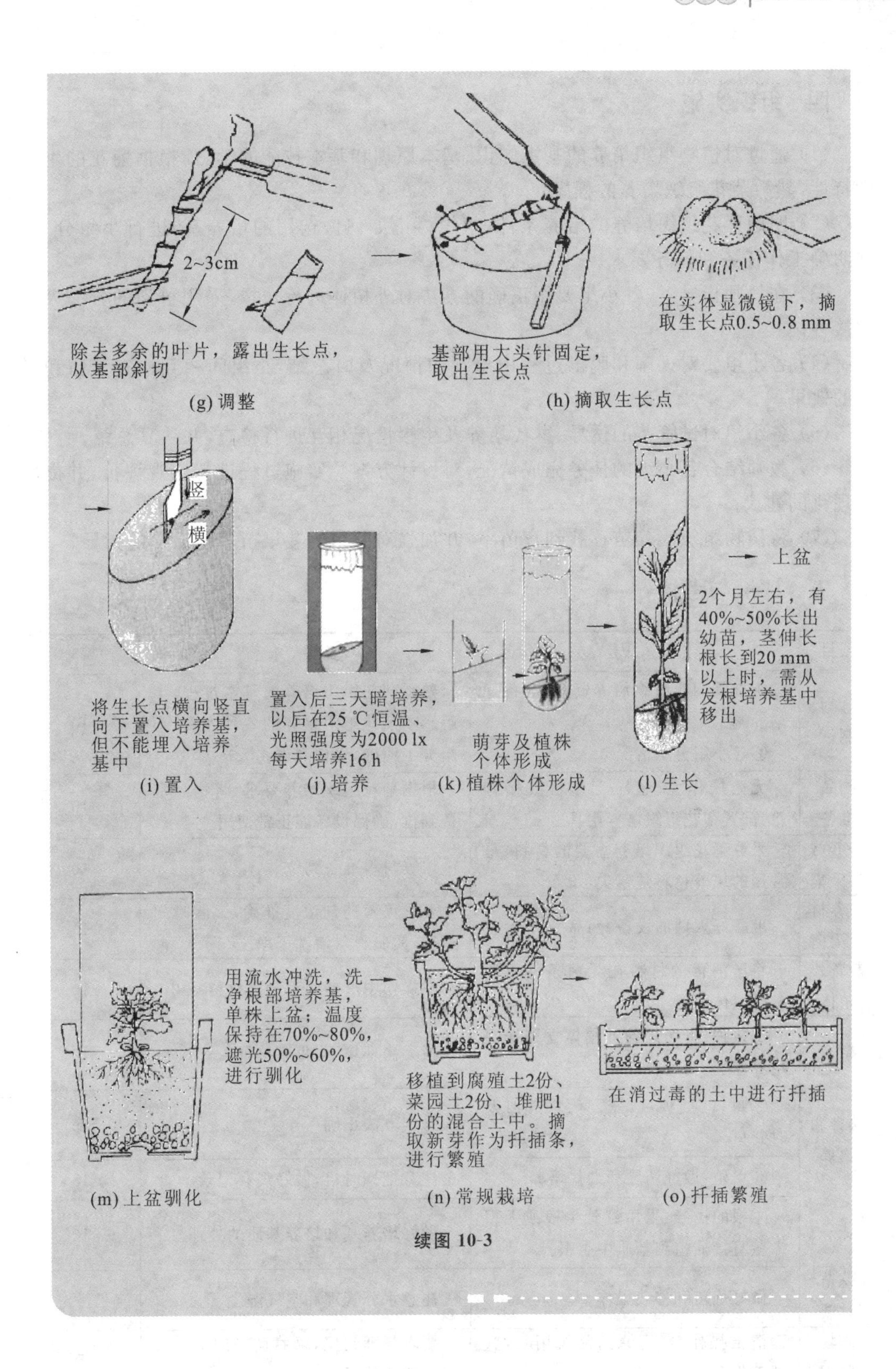

2~3cm
除去多余的叶片，露出生长点，从基部斜切
(g) 调整
基部用大头针固定，取出生长点
在实体显微镜下，摘取生长点0.5~0.8 mm
(h) 摘取生长点
竖
横
将生长点横向竖直向下置入培养基，但不能埋入培养基中
(i) 置入
置入后三天暗培养，以后在25 ℃恒温、光照强度为2000 lx每天培养16 h
(j) 培养
萌芽及植株个体形成
(k) 植株个体形成
上盆
2个月左右，有40%~50%长出幼苗，茎伸长根长到20 mm以上时，需从发根培养基中移出
(l) 生长
用流水冲洗，洗净根部培养基，单株上盆；温度保持在70%~80%，遮光50%~60%，进行驯化
(m) 上盆驯化
移植到腐殖土2份、菜园土2份、堆肥1份的混合土中。摘取新芽作为扦插条，进行繁殖
(n) 常规栽培
在消过毒的土中进行扦插
(o) 扦插繁殖

续图 10-3

四、组织实施

(1) 通过对植物组织培养的基本知识、基本原理和基本技能的学习,根据菊花的生物学特性,熟悉菊花组织培养的程序。

(2) 明确菊花组织培养的培养条件,组织讨论如何做选用的培养基,进行小组分工,并明确工作任务和任务要求。

(3) 在教师指导下,各小组要用正确的方法对外植体进行选择,采用科学的方法灭菌和接种。

(4) 各小组要对灭菌和脱毒过程中出现的情况及时总结,小组间相互检查灭菌和脱毒的效果。

(5) 各小组对试管苗的诱导、继代培养及生根情况相互进行检查,并认真总结。

(6) 教师结合各小组的任务完成情况,对设计方案及实施过程进行客观评价,并提出合理化的建议。

(7) 将植物组织培养苗移栽到育苗室,并加强对各组的栽培苗驯化锻炼的指导。

五、评价与考核

项目	考核内容	要求	赋分
计划制订	①查阅菊花组织培养资料,准备好培养基 ②各小组分工情况	熟悉菊花组织培养的基本过程,了解影响菊花组织培养的各种因素;小组分工明确,责任到位	10
物品准备	无菌操作室、超净工作台或接种箱,配置菊花组织培养用具	根据菊花组织培养要求,将物品准备到位,确保设备能正常使用	10
培养材料采集	采取菊花组织培养需要的材料,最常用的培养材料是茎尖	培养材料准备到位	10
培养材料灭菌	准备好灭菌的设备,药品	要求灭菌药剂浓度准确,灭菌时间适当,实验材料清洗干净	10
制备外植体	将已消毒的材料在无菌条件下制备外植体	在操作中严禁用手触碰材料	10
接种和培养	①接种:将切好的外植体立即接在培养基上	在无菌环境下,每瓶接种 4~10 个	10
	②封口:接种后,瓶、管、培养皿及时封口	操作方法正确	5
	③增殖:做好诱导和继代培养	注意把握时机,做好观察记录	15
	④根的诱导:采用试管生根或无根嫩茎直接插植到基质中生根	做好培养基和培养基质的处理	10
炼苗移栽	做好炼苗和移栽工作	注意水分管理和空气湿度	5
现场整理	清洁操作台、还原药品及用具,整理工作环境	要求整理到位,培养良好的工作习惯和职业情操	5

知识拓展

菊花花瓣的培养

在适宜的条件下，菊花茎尖可以经培养直接诱导产生植株。而花瓣培养则要去分化，先形成愈伤组织，从愈伤组织再分化产生完整的植株，有的则可产生胚状体而长成完整植株。由于在培养过程中需经过愈伤组织途径，有去分化和再分化的过程，这些过程往往会使植株产生变异，表现在植株、叶形、花色、花形等多方面，如小苗叶片的叶形、厚薄、缺刻深浅的变化，光照周期从短日性变为中日性，株型、花色、花型、瓣型等的变化，所以花瓣培养可用来进行菊花新品种的繁育。与杂交育种、辐射育种相比，这种方法具有节省设备和人力、简便易行、概率高等优点。此外花瓣植株是通过愈伤组织的途径产生的，不带病毒，所以对没有产生变异类型的菊花来讲，也可起到复壮提高种性的作用，故花瓣植株也生长健壮，花大而艳丽。

菊花花瓣培养的方法如下。

在菊花开花前 2～3 d 将已露白的花蕾，整个剪下，在自来水下冲洗十几分钟，然后在无菌条件下，用 75%酒精浸泡 10～15 min 进行表面灭菌，后用无菌水冲洗两次，再用 10%漂白粉澄清液浸泡 20 min，再用无菌水冲洗 3～4 次。然后用无菌滤纸吸干水分，剪取舌状花，再用解剖刀切取舌状花约 5 mm^3，接种到 MS 基本培养基上，添加 6-BA 1～3 mg/L，NAA 0.5～2 mg/L。接种后置于温度 25 ℃左右，光照强度 2000 lx，每天光照 12 h 的条件下培养。

花瓣培养 10 d 左右，便开始产生愈伤组织，呈圆块状，色淡黄至嫩绿；经 20～30 d 后，从愈伤组织中分化产生根系，以后又分化出芽点，但不成轴状结构。有些品种在愈伤组织生长到 30 d 左右，表面可出现大量绿色圆粒状物，用放大镜可观察到似鱼卵群集，即分化形成了的胚状体，这是由花瓣体细胞产生的，故为无性胚，数量大、成苗多。生长到 40～50 d 后则可见到大量的芽。

有些愈伤组织还需转移到分化培养基中，才能诱导分化得到花瓣苗。分化培养基降低生长素浓度或提高细胞分裂素的浓度。将愈伤组织切成 5 mm 大小接入，经 20～30 d 培养，可分化出植株。

最后需转移到生根培养基中，当芽具 3～4 片叶时，移入到 NAA0.3 mg/L 的 MS 培养基中，约经 2 周培养，产生数条根系，即可得到完整的试管花瓣植株。

菊花无病毒苗的培养

菊花为多年生宿根无性繁殖作物，常年靠分离母体的一部分进行繁殖，因此病毒可代代相传，在母体中逐代积累，浓度越来越高，影响植株的生长趋势、花形、花色、花的大小和产花量，过去一直没有较为有效的方法克服，现已证明用植物组织培养的方法可根除或减缓病毒的影响。

危害菊花的病毒如下：①菊花斑纹病毒，造成叶上有轻斑纹，叶脉透明，花瓣上也有斑纹；②菊花矮缩类病毒，受害株比正常株矮1/2～2/3，叶有黄色斑点或成带状，花小，开花早；③菊花轻斑驳病毒，叶有轻微斑纹，花褪色，也有斑；④番茄不孕病毒，叶片大多无病症，表现为花形小，花瓣生长不整齐，有萎蔫现象。此外还有畸花病毒、绿花病毒、褪绿斑驳病毒、花叶病毒等。

1. 茎尖培养脱毒

首先切取顶芽或腋芽3～5 cm，并去掉展卉的叶，只留护芽的嫩芽，然后用自来水冲洗，用0.1%升汞溶液或饱和漂白粉上清液对材料进行表面灭菌，再用无菌水刷洗数次。在立体显微镜下剥离生长点，分离到0.5 mm以下，一般带有2个叶原基。分离出的茎尖，生长点朝上，迅速接种或放置于灭菌水表面，以防茎尖脱水。

菊花病毒可用指示植物鉴定法、抗血清鉴定法、电子显微镜检测法等。如果检测时仍有病毒存在，就应淘汰该植株。如果已证明脱除了主要的病毒，只要取得一株无病毒苗即可繁殖大量的无病毒种苗。这样经严格鉴定的去毒苗，称为原原种，原原种的种源应保存在试管里或在有隔离条件和消毒制度的保护区域里栽培，以防止再度遭到病毒的侵袭。由原原种繁殖产生的植株称为原种。在用试管繁殖的条件下，可以年年栽培原种种苗，保证无病毒的影响。

2. 热处理脱毒

菊花也可采用热处理方法来进行脱毒，在35～36 ℃的条件下栽培2个月，可以达到脱毒的效果。但是热处理只能除去菊花矮缩类病毒和番茄不孕病毒，而不能除去菊花轻斑驳病毒和褪绿斑驳病毒，后者只有通过茎尖培养途径脱毒来达到目的。

任务2 香石竹组织培养技术

学习目标

(1) 掌握香石竹组织培养的基本知识。
(2) 熟悉香石竹组织培养的流程。
(3) 了解香石竹脱毒苗的鉴定方法。

任务要求

(1) 能独立完成香石竹组织培养培养基的配置。
(2) 能熟练香石竹组织培养的基本操作。
(3) 具备香石竹工厂化育苗的基本技术。

一、任务提出

教师通过向学生展示香石竹不同生长与分化阶段的试管苗和商品苗，激发学生的学习兴趣，提出如下学习任务。

(1) 香石竹的生物学习性有哪些？

(2) 香石竹组织培养中的外植体应如何选取？

(3) 香石竹组织培养中的茎尖剥离和接种操作中应注意哪些要领？

(4) 香石竹组织培养常用的培养基有哪些？它的培养条件是什么？

(5) 如何克服香石竹继代培养阶段再生芽的玻璃化苗现象？

(6) 香石竹试管苗在生根和移栽阶段应注意哪些要领？

二、任务分析

香石竹是世界四大切花之一，被誉为“母亲节”之花，在花卉市场中占有重要地位。我国香石竹的大规模切花生产是从 20 世纪 80 年代中期以后开始的，目前我国香石竹育种工作远远落后于生产的要求。香石竹组织培养历史较早，组织培养体系比较成熟。香石竹的再生可以通过以下三种途径：一是器官直接再生不定芽；二是通过愈伤组织再生不定芽；三是体细胞途径再生不定芽。

三、相关知识

香石竹(*Dianthus caryophyllus L.*)，别名康乃馨，又名狮头石竹、麝香石竹、大花石竹、荷兰石竹，为石竹科石竹，属多年生宿根草本花卉。花色鲜艳，花期长，产量高，市场需求量很大。长期的大田扦插繁殖造成病毒的侵染与积累，严重影响切花的商品价值。通过组织培养方法繁育香石竹，有快速、复壮、脱毒的效果，可使香石竹的切花产量和质量有较大幅度的提高。

(一) 形态特征和生物学习性

香石竹是常绿亚灌木，作多年生宿根花卉栽培。因其花瓣具香郁气味，而广受栽培(现代香石竹已少有香气)。一般分为花坛康乃馨与花店康乃馨两类；茎丛生，质坚硬，灰绿色，节膨大，高度约 50 cm。叶厚线形，对生。茎叶与中国石竹相似而较粗壮，被有白粉。花大，具芳香，单生、2～3 朵簇生或成聚伞花序；萼下有菱状卵形小苞片四枚，先端短尖，长约萼筒的四分之一；萼筒绿色，五裂；花瓣不规则，边缘有齿，单瓣或重瓣，有红色、粉色、黄色、白色等色。花期 4 月至 9 月，保护地栽培，四季开花。

香石竹喜干燥，阳光充足与通风良好的生态环境。其耐寒性好，耐热性较差，最适生长温度为 14～21 ℃，温度超过 27 ℃或低于 14 ℃时，植株生长缓慢。宜栽植于富含腐殖质，排水良好的石灰质土壤中。喜肥。

香石竹是优异的切花品种，花色娇艳，有芳香，花期长，适用于各种插花需求，常与唐菖蒲、天门冬、蕨类组成优美的花束。

喜好强光是香石竹的重要特性。无论盆栽越夏还是温室促成栽培，都需要充足的光照，应该放在光直射的向阳位置上。

(二)香石竹组织培养

香石竹组织培养工艺流程如图 10-4 所示。

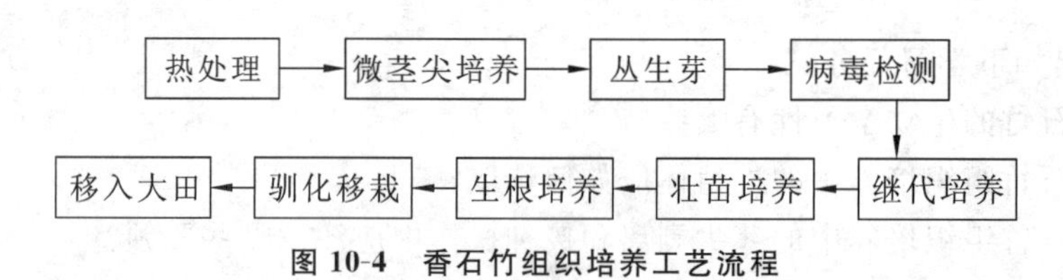

图 10-4 香石竹组织培养工艺流程

1. 取材与消毒

选取生长健壮的植株栽在花盆中，待成活生长旺盛后，放入恒温光照培养箱内，在 36～38 ℃下热处理一个月，切取带顶芽的茎段约 2 cm，在实验室内用自来水流水冲洗约 30 min，用纱布吸干水分，然后在超净工作台上，去其大的叶片，只留未展开的小叶，用 70%酒精消毒 30～60 s，迅速倒去酒精，用无菌水冲洗 1 次后，加入 0.1% $HgCl_2$ 溶液消毒 8 min，再用无菌水冲洗 5～6 次，备用。

2. 茎尖剥离与接种

在超净工作台上，将灭菌的茎段在立体显微镜(20～25 倍)下进行茎尖剥离。具体做法如下：将事先灭菌的培养皿置于立体显微镜下，将解剖刀及解剖针在酒精灯火焰上灼烧至红，待无菌水冷却后，在培养皿内剥离茎尖，使生长锥露出，切取 0.3～0.4 mm 带 1～3 个叶原基的茎尖，迅速接种到培养基上。注意，每个茎尖用一个培养皿，每切一个茎尖应灼烧解剖工具，并避免损伤茎尖。

3. 培养基及培养条件

将上述茎尖接种在 MS＋NAA 0.2 mg/L＋6-BA 2.0 mg/L 的培养基上，培养温度25 ℃左右，光照强度 1000～1500 lx，每天光照 12～14 h，一周后茎尖开始生长，一个月后长出芽。待芽长大后，将这些无根试管苗不断转接，每月可增殖一代。

4. 再生芽的玻璃化苗现象及其克服措施

在香石竹快速繁殖特别是在继代培养阶段，在培养基中 6-BA 浓度较高(1～3 mg/L)时，苗生长迅速，此时，若培养室内温度较高，光照不足，很容易使所增殖的苗形成水渍状半透明的玻璃化苗，这些苗难以诱导生根，移栽不能成活。可用以下措施克服玻璃化苗的形成：①适当降低培养温度，改为 22 ℃下培养；②增加光照强度(2500 lx 以上)和延长光照时间(16～18 h/d)，甚至采用连续光照；③适当降低 6-BA 浓度，使增殖率控制在 5～6 倍左右；④增加培养基中碳源浓度(蔗糖 3%～4%)。经以上措施的综合处理，虽不能完全消除香石竹幼芽快速繁殖过程中的玻璃化苗现象，但可以降低其概率，较大幅度减少玻璃化苗的形成，如图 10-5、图 10-6 所示。

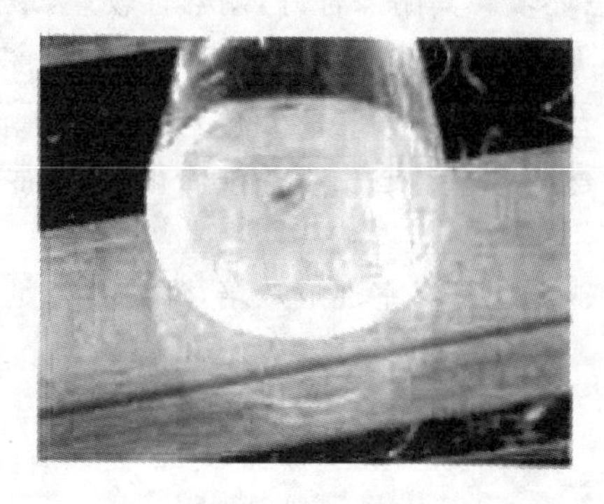

图 10-5 外观异常的玻璃苗

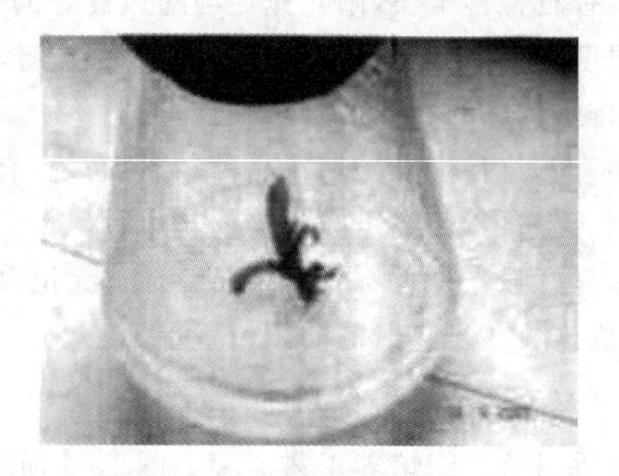

图 10-6 外观基本正常的玻璃苗

5. 壮苗与生根培养

在香石竹的快速增殖培养中，由于增殖速度快，所获得的再生苗纤细柔软，需经过壮苗培养，获得健壮的再生苗才能诱导生根和移栽。把苗培育在1/2MS+6-BA 0.1 mg/L+NAA 0.05 mg/L培养基中，再生苗生长缓慢，但茎明显增粗，叶片变厚，叶色变成深绿色。用这类再生苗进行生根，移栽的成活率高。上切下，转入1/2 MS不加激素的固体培养基上就可以顺利诱导生根。另外，在培养基中加入少量的活性炭对生根有利。

6. 炼苗与移栽

当试管苗达到3～5 cm高时，连同培养瓶搬到温室内炼苗2～3 d，然后揭开瓶盖继续炼苗2～3 d。移栽时，将苗从瓶中取出，细心洗去附于根上的培养基，栽植于透气性良好的蛭石粉或河沙中，室温控制在24～28 ℃，相对湿度90%左右，光线太强时需要遮阳，2周左右即可成活。成活率在90%以上。

四、组织实施

(1) 了解香石竹的生物学特性，熟悉香石竹组织培养程序。

(2) 准备好植物组织培养物品。进行小组分工，明确工作任务和任务要求。

(3) 在教师指导下各小组用正确的方法对外植体进行选择，在接种和封口时要求操作规范、速度快、质量好。

(4) 各小组对诱导芽分化诱导过程中出现的情况要及时总结，尽可能消除香石竹幼芽快速繁殖过程中的玻璃化苗现象。

(5) 各小组注意观察香石竹试管苗的生根与诱导情况，并相互检查，认真总结。

(6) 教师结合各小组的任务完成情况，对设计方案及实施过程进行客观评价，并提出合理化的建议。

(7) 将植物组织培养苗移栽到育苗室，并加强对各组的栽培苗驯化锻炼的指导。

五、评价与考核

项目	考核内容	要　求	赋分
计划制订	①查阅香石竹组织培养资料，准备培养基 ②各小组分工情况	熟悉香石竹组织培养的基本过程，了解影响香石竹组织培养的各种因素；培养基配制操作规范、准确，小组分工明确，责任到位	10
物品准备	常用药剂、三角瓶、封口膜、线绳、香石竹组织培养苗和超净工作台等	根据香石竹组织培养要求，将物品准备到位	10
培养材料采集	采取香石竹组织培养需要的材料	培养材料准备到位	10
培养材料灭菌	准备带顶芽的茎段	要求灭菌药剂浓度准确，灭菌时间适当，操作规范，灭菌彻底	10

续表

项目	考核内容	要　求	赋分
制备外植体	将已消毒的材料在无菌条件下制备外植体	外植体选择恰当，消毒彻底；微茎尖剥离准确，操作规范细致；接种操作规范、速度快、质量好，独立完成	10
接种和培养	①接种：将切好的外植体立即接在培养基上	接种操作规范、速度快、质量好，独立完成	10
	②封口：接种后，瓶、管、培养皿及时封口	操作方法正确	5
	③增殖：做好诱导和继代培养	控制好环境条件，能独立完成	15
	④根的诱导：采用试管生根或无根嫩茎直接插植到基质中生根	做好培养基和培养基质的处理	10
炼苗移栽	做好炼苗和移栽工作	注意水分管理和空气湿度。注意幼苗较嫩，防止弄伤	5
现场整理	清洁操作台、还原药品及用具，整理工作环境	要求整理到位，培养良好的工作习惯和职业情操	5

任务3　非洲菊组织培养技术

学习目标

(1) 掌握非洲菊组织培养的基本知识。
(2) 熟悉非洲菊组织培养的流程。
(3) 了解非洲菊脱毒苗的鉴定方法。

任务要求

(1) 能独立完成非洲菊组织培养基的配置。
(2) 能熟练掌握非洲菊组织培养的基本操作要求。
(3) 掌握非洲菊工厂化育苗的基本技术要求。

一、任务提出

教师通过向学生展示非洲菊不同生长与分化阶段的试管苗和商品苗，激发学生的学习兴趣，提出如下学习任务。

(1) 非洲菊的生物学习性有哪些？
(2) 非洲菊组织培养中的外植体应如何选取？
(3) 非洲菊组织培养中的花蕾灭菌应注意哪些技术要求？
(4) 非洲菊组织培养中常用的初代培养应注意什么？

(5) 如何克服非洲菊继代培养阶段玻璃化苗现象?

(6) 要提高非洲菊试管苗驯化移栽成活率,在生根和移栽阶段应注意哪些技术问题?

二、任务分析

根据多年的生产实践,非洲菊组织培养的瓶颈是外植体的生长与分化,因为非洲菊无论用哪种外植体进行诱导其难度都比较大,一方面直接用茎尖培养,其茎尖绒毛很多,消毒困难,很难获得无菌培养体系;另一方面采用花萼、花托、花梗为外植体,若需诱导不定芽产生,必须先经过愈伤组织诱导途径,然后进行不定芽再生,这一过程时间长、难度大,再生比例低,根据不同品种一般需要1~6个月,而且在转接继代的过程中,极易引起外植体的死亡。研究表明在各种不同的外植体中,以幼花托为外植体是最为成功和有效的方法。

三、相关知识

非洲菊(*Gerbera jamesonii Bolus*)是菊科(Asteraceae)大丁草属(*Gerbera Cass.*),为多年生宿根草本花卉,别名扶郎花、灯盏花、秋英、波斯花、千日菊。非洲菊原产于非洲南部,我国于20世纪80年代引入。非洲菊栽培品种完全由国外引进,这极大地制约了非洲菊在我国的发展。非洲菊传统的繁殖方法是种子繁殖和分株繁殖。非洲菊的种子繁殖过程中由于雌蕊和雄蕊成熟期不一致,且雌蕊和雄蕊生长高度不同等因素造成白花不孕,必须辅以人工授粉,因种子寿命很短,发芽率低,且大丁草属的资源在国外,故传统的杂交育种方法受到限制。分株繁殖受季节限制,繁殖系数低,难以满足工厂化生产的需要,且长期的无性繁殖会造成病毒积累,病虫害交叉感染,导致种性退化,花的商品质量下降。1987年我国科研人员开发了非洲菊组织培养的快速繁殖技术,使我国的非洲菊生产得到发展。

(一) 形态特征和生物学习性

非洲菊一般株高50~60 cm。全株具细毛,叶片基生,竖直向上或斜生,其形状随植株的生长而发生变化,从小到大由椭圆形变为长椭圆形,叶片长15~25 cm,宽5~8 cm,羽状浅裂或深裂,叶背具细绒毛。花由舌状花和管状花组成单生头状花序,花序顶生。舌状花较大,着生于花序的边缘,排列成一轮或数轮,从而形成单瓣或重瓣花型。

非洲菊喜冬季温和,夏季凉爽的气候条件。其最适生长温度为20~25 ℃,最低12 ℃,最高不超过30 ℃。四季有花,以4—5月和8—10月为盛花期,低于10 ℃则进入休眠期。非洲菊喜阳光充足的环境,每天日照时数不低于12 h,能提高植株的切花率,使花朵色彩更鲜艳。它对土壤的要求如下:有机质丰富、排水良好、pH值为6~6.5的微酸性壤土。非洲菊在盐碱化严重的土壤中难以良好生长。

(二) 非洲菊组织培养

非洲菊组织培养工艺流程如图10-7所示。

1. 外植体的选择与消毒

首先要选择花大、花色艳丽、受市场欢迎的品种,然后选择无病虫害、植株生长健壮、花色纯正的优良单株进行取材。一旦选出优良单株后,应进行挂牌标记,并一直在其上采

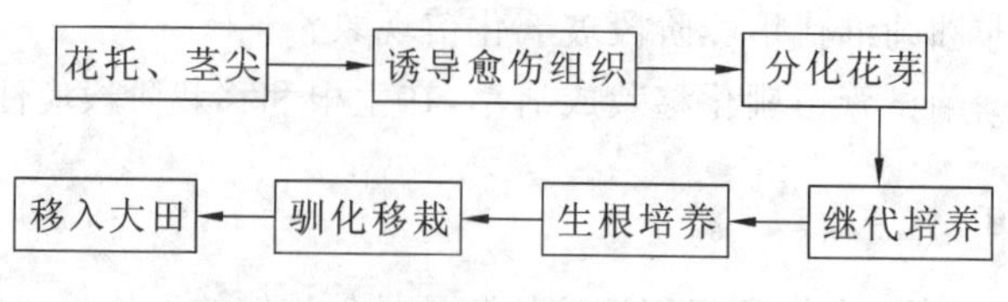

图 10-7　非洲菊组织培养工艺流程

取花蕾。作为外植体的花蕾要选直径在 0.5～1.0 cm，而且未露心的小花蕾，太大或是太小的花蕾均不能获得满意的效果。将小花蕾在自来水下冲洗干净，然后到超净工作台上用 70%酒精浸泡 20 s，再用 0.1%升汞溶液附加 0.5%吐温-20 处理 10～15 min，并不断摇动瓶子，以使消毒剂与幼花托充分接触，最后用无菌水冲洗 4 次。在无菌条件下，将幼花托的萼片及表面小花全部剥除，并切割成 0.2～0.3 cm 见方的块状，也可放入稀释的维生素 C 溶液中浸泡 1～2 min，减少褐变造成的死亡，再接种于诱导培养基中。

2. 初代培养

初代培养基为 MS+6-BA 2.0 mg/L+NAA 0.2 mg/L，若在最初的 2～3 d 时间里选择暗培养，然后在正常的培养条件下进行培养，将减少外植体的褐变死亡。接种7～10 d 后开始膨大，并在外植体表面产生黄白色的愈伤组织。15 d 后，多数愈伤组织逐渐转为绿色。将绿色的愈伤组织块分切成小块，接种到 MS 或 1/2 MS+6-BA 1.0～5.0 mg/L+NAA 0.2～0.5 mg/L 诱导不定芽的培养基中。根据品种的不同，部分品种可在 1 个月后分化出不定芽，多数品种要经过不断转接 3～5 个月后才会出芽，有少数品种甚至要经过半年的不断转接和培养，仍然没有不定芽分化的迹象。由于整个诱导过程长而复杂，在培养过程中会因培养基和环境条件稍有不适，而出现花芽和愈伤组织褐变死亡和污染，最终导致植物组织培养失败。

3. 继代培养

由于从花托上分化出不定芽的概率比较小，一旦有芽从花托上产生，就要及时从花托上分割下来并转移到 MS+6-BA 0.2～1.0 mg/L+NAA 0.05～0.1 mg/L 继代培养基中进行快速扩大繁殖。最初的几代中，由于基数较少，可使 6-BA 的使用浓度提高到 2.0～3.0 mg/L 来尽快增殖，随着基数的不断增多，要逐渐降低 6-BA 的浓度，否则就会增加玻璃化植物组织培养苗的比例。非洲菊快速繁殖大多数是以增殖系数为主要或唯一测定指标，并通过生长调节剂浓度和比例来调控的，实际上在高生长调节剂浓度下的高增殖系数会对增殖试管苗的生根、驯化和移栽等生产后续环节产生不利影响，造成玻璃化试管苗增加和驯化移栽成活率低等问题，王春彦等提出用有效增殖（丛生芽能够继续用于继代或转接的芽即为有效增殖）系数及丛生试管苗的生长状况为主要指标来指导生产进程。连续使用高浓度细胞分裂素，植物组织培养苗的叶片又嫩又脆容易脱落，且边缘有深的锯齿状裂刻，不易转接操作，可用 ZT 或 KT 与 6-BA 进行一定轮次的交替使用，增加生产的稳定性，降低无效苗的消耗。

4. 生根培养

不定芽经过扩大繁殖和继代培养后，达到可维持一定生产量的增殖基数时，便可在每次继代培养时将苗高 2～3 cm 的单株切下，转入 1/2 MS+NAA 0.1 mg/L 或 IBA

0.3 mg/L生根培养基中进行生根培养。7～8 d后，小苗基部就会长出3～5条不定根，生根率可达到98%以上，12～15 d后，当根长达到0.8～1.5 cm时，就可以出瓶驯化；如果根太长，反而不利于驯化移栽。此外生根阶段所用的生长素浓度要低，若生长素浓度高，在NAA 0.5 mg/L以上，根系会又短又粗且愈伤化，在移栽的过程中极易脱落和腐烂。生长素浓度在NAA 0.1 mg/L以内时为佳。通过对培养瓶透气性、培养环境中CO_2浓度、乙烯浓度以及培养温度、光照、光质等环境因素进行调节，植物组织培养苗的质量会有很大提高。移栽时用镊子将小苗从培养瓶内取出，并在水中洗去琼脂，栽入加有少量珍珠岩和腐叶土的混合基质内。如果有喷灌设施条件，则可以直接将瓶苗种植于成条的苗床上，只要注意遮阳，在喷雾条件下，一般成活率可以达到95%以上。在没有自控温室的条件下，可进行人工环境管理，重点是空气相对湿度的管理，前期遮阳，后期适当增加光照，同样可以获得90%以上的过渡成活率。

非洲菊驯化移栽采用的基质可依各地区资源而定，腐叶土、砻糠灰、锯木屑、菌糠、椰子壳等添加一定比例的蛭石均可达到95%以上的驯化成活率。前期可以不用施肥，1个月后可适当进行叶面追肥，在整个过程中都要加强病虫害的防治工作。

四、组织实施

(1) 了解非洲菊的生物学特性，熟悉非洲菊组织培养程序。

(2) 准备好植物组织培养物品。进行小组分工，明确工作任务和任务要求。

(3) 在教师指导下各小组要用正确的方法对外植体进行选择，并进行有效灭菌，在接种和封口时要求操作规范、速度快、质量好。

(4) 非洲菊初代培养过程漫长及复杂，对环境条件要求极其严格，各小组对初代培养过程中出现的情况应及时总结。

(5) 各小组要注意观察非洲菊试管苗继代培养和生根培养的情况，尽可能消除非洲菊的玻璃化苗现象和驯化移栽过程中成活率低的问题并相互检查，认真总结。

(6) 教师结合各小组的任务完成情况，对设计方案及实施过程进行客观评价，并提出合理化的建议。

(7) 将植物组织培养苗移栽到育苗室，并加强对各组的栽培苗驯化锻炼的指导。

五、评价与考核

项目	考核内容	要　求	赋分
计划制订	① 查阅非洲菊组织培养资料，准备培养基 ② 各小组分工情况	非洲菊组织培养基础知识扎实；培养基配制操作规范、准确，小组分工明确，责任到位	10
物品准备	常用药剂、三角瓶、封口膜、线绳、非洲菊组织培养苗和超净工作台等	根据非洲菊组织培养要求物品准备到位	10
培养材料采集	采取非洲菊组织培养需要的材料	培养材料准备到位，合理分工	10

续表

项目	考核内容	要求	赋分
培养材料灭菌	准备大小适合的花蕾	要求灭菌药剂浓度准确，灭菌时间适当，操作规范，灭菌彻底，能独立完成	10
接种和培养	① 接种：将切好的外植体立即接种在培养基上	接种操作规范、速度快、质量好，独立完成	10
	② 封口：接种后，瓶、管、培养皿及时封口	操作方法正确，能独立完成	5
	③ 初代培养：配好培养基	控制好环境条件，能独立完成	15
	④ 继代培养：配好培养基	控制好环境条件，能独立完成	10
	⑤ 生根培养：配好培养基	注意选择在不定根长度适宜时驯化移栽，能独立完成	10
炼苗移栽	做好炼苗和移栽工作	选配适当的基质，注意环境条件的控制，注重协作	5
现场整理	清洁操作台、还原药品及用具，整理工作场所	要求整理到位，培养良好的工作习惯和职业情操	5

知识拓展

非洲菊的幼芽培养

非洲菊用于组织培养的幼芽可采自温室栽培的植株，也可用试管苗幼芽。在田间采取时，先切取1 cm左右的顶芽，用自来水冲洗2 h，用洗衣粉水清洗后，在超净工作台上，用75%酒精消毒5 s，再用0.1%升汞溶液消毒5～8 min，用无菌水冲洗3～4次，然后用无菌滤纸吸干水分，剥取切下2～3 mm的茎尖生长点，接种于诱导培养基上。

1. 诱导培养

诱导培养基为MS+IAA 0.5 mg/L+Ad 80 mg/L+CH 80 mg/L+维生素B_1 30 mg/L+维生素B_3 10 mg/L+维生素B_6 1.0 mg/L+NaH_2PO_4 800 mg/L+蔗糖40 g/L、琼脂8 g/L，pH值为5.7，培养温度为25～27 ℃，光照强度为1000 lx，光照时间每天16 h。培养15 d后，茎尖开始膨胀，4～6周出现芽分化，得到许多侧芽并产生丛生芽。有的研究是将茎尖接种到MS+6-BA 0.5 mg/L+NAA 0.2 mg/L上进行诱导培养，2周后即可形成丛生苗，再转至1/2 MS+IBA 0.5 mg/L培养基上进行生根培养。

2. 增殖培养

对应用上述方法诱导出的侧芽进行增殖培养，用MS+KT 10 mg/L+IAA 0.5 mg/L、MS+6-BA 0.5 mg/L+NAA 0.3 mg/L、MS+6-BA 2 mg/L+NAA

0.3 mg/L 三种培养基交替继代培养，各培养基中加入蔗糖 30 g/L，琼脂 6 g/L，培养温度为 17～27 ℃，但不要超过 27 ℃，光照强度为 1000～1500 lx，光照时间每天12 h。继代培养 4 周后，有一半以上的从生芽达到 2～3 cm 高，生长良好，此时可进行下一次扩大繁殖，每次继代培养增殖 4～6 倍。

3. 生根培养

在材料增殖到一定数量后，可将 2 cm 以上的丛生芽转接到生根培养基上。生根培养基可用 1/2 MS+IBA 0.3 mg/L 或 1/2 MS+IAA 10 mg/L，蔗糖 10 g/L，琼脂 6 g/L。培养温度为 20～27 ℃，光照强度为 1500 lx，光照时间每天 14 h。经 2～3 周培养，95%以上的无根苗可生根。

4. 出瓶苗过渡管理

栽培基质可用珍珠岩 5 份＋草炭土 4 份＋针叶土 1 份，pH 值为 5.5～6.5，采用高压蒸汽灭菌。灭菌后趁热装入培养箱，浇透水，将生根的小苗从培养基中取出，洗掉根上的培养基，打孔移栽，株行距 2～2.5 cm，浇水后覆盖薄膜，保持 90%以上的空气湿度。移栽后可用 75%百菌清液(800 倍)喷雾一次，以后每隔 7～10 d 喷一次，以防小苗感病。当小苗移栽 10 d 后开始长出新根时，可喷施 1/2 MS大量元素做追肥。过渡期温度应保持在 18～22 ℃，光照强度为 2000 lx，以散射光为好。移栽成活后，应逐渐揭开薄膜通风，通风时间随炼苗时间的增加而逐渐延长，直至全部揭膜，以适应露地栽培条件。

任务 4　兰花组织培养技术

学习目标

(1) 掌握商品价值较大的几个属的兰花组织培养的基本知识。

(2) 熟悉兰花组织培养的流程。

(3) 了解兰花脱毒苗的鉴定方法。

任务要求

(1) 能独立完成兰花组织培养基的配制。

(2) 能熟练掌握兰花组织培养的基本操作要求。

(3) 掌握商品价值较大的几个属的兰花工厂化育苗的基本技术要求。

一、任务提出

教师通过向学生展示兰花不同生长与分化阶段的试管苗和商品苗，激发学生的学习兴趣，提出如下学习任务。

(1) 兰花的生物学习性有哪些？

(2) 兰花组织培养中茎尖应如何选取?

(3) 兰花组织培养中的茎尖灭菌与接种中应注意哪些技术要求?

(4) 兰花组织培养中常用的继代培养应注意什么?

(5) 要提高兰花试管苗驯化移栽成活率,在生根和移栽阶段应注意哪些技术问题?

二、任务分析

兰花在自然条件下主要靠分株繁殖,繁殖率一年只有几倍,所以无法大量繁殖生产,而且由于长期进行无性繁殖,带病毒株增多,逐渐使种性降低,影响生长。

法国 Morel(1952 年)等以大丽花茎尖进行培养试验,得到了无病毒植株。后来他观察到虎头兰的茎尖在无菌的培养基上能形成扁圆形的小球体,这些小球体与种胚发育成的球体非常相似,故称为原球茎。原球茎增殖很快,并可形成幼苗。这一方法和技术很快在兰花生产上得到了广泛的应用,成为常规的兰花繁殖方法。以后在不少国家和地区发展成为"兰花工业"。此后,许多研究者对兰花组织培养技术进行了改善,目前已有 60 余属、数百种兰花可以用植物组织培养的方法进行繁殖。其中茎尖是最早用于兰花快速繁殖的外植体,商业价值较大的几个属,如大花蕙兰、卡德丽亚兰、石斛兰、蝴蝶兰、文心兰等,均首先在茎尖培养中取得成功;侧芽培养的应用相当广泛。但兜兰的培养极为困难,至今相关报道极少。特别值得一提的是,中国兰的芽端组织培养。中国兰指蕙兰属的部分地生兰种,其栽培历史已有千年,有许多名贵珍稀品种。近年来,我国学者在中国兰的培养中取得了一些成就,先后在建兰、春兰、墨兰等几十个品种的芽端培养中获得成功。

三、相关知识

兰花(*Cymbidium*)属兰科(Orchidaceae),是单子叶植物,为多年生草本。兰花是中国传统名花,是一种以香著称的花卉。兰花以其特有的叶、花、香,独具四清(气清、色清、神清、韵清)的特点,给人以高洁、清雅的优美印象。古今名人对其评价极高,被喻为"花中君子"。古代文人常把诗文之美喻为"兰章",把友谊之真喻为"兰交",把良友喻为"兰客"。

(一) 形态特征和生物学习性

兰花根肉质肥大,无根毛,有共生菌,具有假鳞茎,俗称芦头,外包有叶鞘,常多个假鳞茎连在一起,成排同时存在。叶线形或剑形,革质,直立或下垂,花单生或成总状花序,花梗上着生多数苞片。花两性,具芳香。花冠由 3 枚萼片与 3 枚花瓣及蕊柱组成。萼片中间 1 枚为主瓣,下 2 枚为副瓣。上 2 枚花瓣直立,肉质较厚,先端向内卷曲,俗称捧瓣。下 1 枚为唇瓣,较大,俗称兰荪。成熟后为褐色,种子细小呈粉末状。

春兰、蕙兰的瓣形按其主瓣、副瓣、捧瓣及唇瓣的形状、质地等的不同分为梅瓣、水仙瓣、荷瓣、蝴蝶瓣等。梅瓣萼片短圆,肉质较厚,稍向内曲,基部狭窄,捧瓣肉质肥厚先端内曲成兜,唇瓣短而硬,花初开时微向上,名种有宋梅、西神梅等。水仙瓣萼片稍长于梅瓣,先端渐尖,捧瓣质地厚,先端也成兜,唇瓣微垂或反卷,名种有汪字、翠一品等。茶瓣萼片宽大,质厚,基部窄,先端宽而突尖,捧瓣不成兜,唇瓣较润,微反卷,名种有大富贵、翠盖花等。蝴蝶瓣向下的两枚萼片的内侧质地变厚,成波状绉,并有红色块斑,有时整个萼片或花瓣数量突然增多(如绿云,花冠常在8枚左右),或花朵形状有特殊变化。

兰性喜阴,忌阳光直射,喜湿润,忌干燥,喜肥沃、富含大量腐殖质、排水良好、微酸性的沙质壤土,宜空气流通的环境。

(二)兰花组织培养

兰花组织培养工艺流程如图10-8所示。

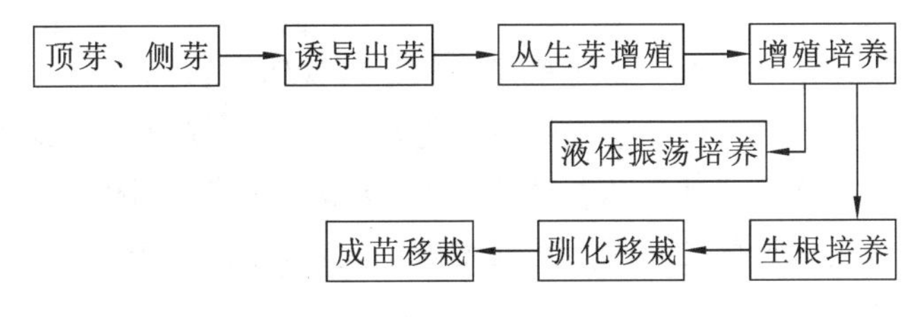

图10-8 兰花组织培养工艺流程

1. 培养部位

大多数植物根、茎、叶和花器等各个部位都能培养成功。而兰科植物可以培养的部位主要是顶芽和侧芽,一部分种类可以采用隐芽等休眠芽,个别可从叶片培养得到植株,各属适宜培养的部位也有区别。

1)新芽的茎尖

茎尖是细胞分裂最旺盛的部分,也是培养成功率最高的部位,但需要较高的分离技术。

2)休眠芽

在顶芽失去发芽能力时休眠芽可以发芽。休眠芽处于裸露状态,故分离技术简单。但它也容易污染,所以要注意灭菌。

3)茎的隐芽

茎的隐芽是较难分离的芽,其成活率与休眠芽差不多。

4)花梗

当兰花开花约一个月后,剪取其花梗顶端及若干个花梗腋芽,切成2～3 cm长的切段,每段带一腋芽,基部向下插于培养基中。

2. 茎尖的选取、灭菌和接种

1)芽的准备和灭菌

正在生长中的芽是最理想的培养采集物,一般取2～6 cm大小切取下来,上面包括有数个隐芽和生长芽。生长芽是培养成功率最高的部位,休眠芽剥起来较困难,生长也较慢。切下后,先充分用流水冲洗,并把最外面的1～2片苞叶去掉,再用10%次氯酸钠溶液或漂白粉溶液(10 g漂白粉溶解于140 mL水中,充分搅拌匀后,静置约20 min后取上清液)浸10～15 min。灭菌的时间和灭菌的浓度应根据芽的大小和成熟度用不同种属进行调整。

灭菌后的芽应放在无菌条件下进行剥离和切割,卡特兰类容易产生褐变,在切割时应将芽放在无菌水中操作,这样会比在空气中褐变的机会少些。以消除病毒为目的时要尽量小些,培养物可以小到0.1 mm;若以繁殖为目的,培养物可在2～5 mm。大体积的剥

离可以肉眼直接操作，太小时需要在立体显微镜下操作。

2）接种

茎尖接种以固体培养基为好，但因属而异。例如，蕙兰属在培养基中培养形成原球茎，以后则用固体培养基中进行继代培养，而卡德兰属和石斛属这一类易变褐枯死的属，以在液体培养基中为好。

3）继代培养

接种后1～2个月培养的茎尖即可形成原球茎球状体，以后即发芽生根长叶。应在其发芽前把它切成小块进行转移，让它继续不断地形成原球茎球状体。这样连续进行继代培养，短时间内可以得到大量的原球茎球状体，方法是从培养基中取出原球茎球状体，在灭过菌的培养皿内，用灭过菌的解剖刀将其切成小块，再接种到培养基中。

4）培养基和培养条件

在兰花茎尖培养中，需要用到三种培养基。

（1）适于形成原球茎的初代培养基。它是从芽上剥出的生长点直接接种用的培养基，对于许多兰花来说，MS培养基最好，KC培养基也不错。

（2）适于繁殖原球茎的继代培养基。虎头兰用KC＋10％椰汁的液体培养基，KC＋NAA1 mg/L＋Kt0.01 mg/L固体培养基也有较好的结果。卡特兰可用MS＋NAA1 mg/L＋6-BA5 mg/L。

（3）适于原球茎分化的培养基。一般来讲原球茎分化苗是比较容易的，通常用基本培养基培养，就能分化幼苗和根。

5）液体振荡培养

采用旋转振荡机进行液体振荡培养，保持22 ℃的恒温，24 h连续照明，可得到大量的原球茎球状体。应用这个方法，有利于大量繁殖原球茎球状体。液体培养一天进行2～3次振荡就可解决氧和营养的供应问题，也可达到使组织极性消失的目的。

振荡旋转形成的原球茎球状体的凹面少，多成为近圆形的组织块，故旋转不要太快。

从液体培养基往固体培养基的转移，因由液体培养基形成的原球茎体积较大，可切成10块以上的小块转移到固体培养基，繁殖形成茎叶和根。以后由于长出的幼苗较多，发育不良，可在茎叶5～10 mm长时从试管内取出，在培养皿内将苗分开。然后进行培养，就可得到整齐优良的苗。

6）试管苗的移栽

试管苗有3～4叶大小（因种类而异，兰属高5～8 cm），根2～3条时可移植，种植要求与实生苗相同。①从试管内取的苗用水将琼脂冲洗掉（苗大难冲洗时，可将水冲入试管内），水冲洗不彻底会发生霉菌腐烂。②经水冲洗的苗放在旧报纸上，吸干水分阴凉1 h再定植。③管理上，温室控制50％的弱光，温度为20～25 ℃，保持一定的湿度，不能完全密闭，要注意通风。

知识链接

对兰花组织培养苗的生产而言，重要的影响因子如下。

1. 糖分

在植物组织培养瓶中的植株与幼苗等光合作用能力极低，因此碳平衡很难为正值(光合作用得到的碳源，比呼吸作用消耗的碳源少)。由于兰花组织培养苗是属于混营光合作用，因此兰花组织培养苗生产需要提供额外的碳源(通常为糖)以供生长。例如，石斛兰组织培养苗在三个月后，体内糖分的比例与培养基中糖分的比例相同。此结果证实兰花组织培养苗无法以自身的光合作用得到净碳源，而是以培养基中的糖分作为碳源。

培养基中糖分种类对兰花组织培养苗的生长也具有一定的影响。各种糖分对植物组织培养苗的成长影响并不相同。例如，虎头兰在含蔗糖的培养基中能够更好的生长，而在含葡萄糖的培养基内则受到抑制；万代兰外植体在具有椰子水成分的培养基内生长最佳，显示其对高糖成分的培养基十分敏感；石斛兰与Aranda组织培养苗喜好果糖胜于葡萄糖与蔗糖，如果培养基内蔗糖是唯一的碳源，则被水解成葡萄糖与果糖，葡萄糖先聚集在培养基内，在所有果糖被耗尽后才开始使用；对于石斛兰组织而言，增加糖分浓度则增加其相对生长速率，尤其以使用果糖最为显著。虽然果糖被证实是最好的碳源，但是在高压高温灭菌作业时其化学特性容易破坏，因此在大量生产时不适合使用。

2. 二氧化碳

近年来，日本与韩国研究人员针对兰花组织培养苗栽培，一直持续进行以增加二氧化碳的方式来促进其生长的研究。在兰花组织培养苗生长过程时持续地供应二氧化碳，使其维持足够的浓度，以确保小植株生长不受影响。

3. 乙烯

兰花组织培养苗在密闭的环境下成长，与外在环境的气体交换率极低，因此兰花组织培养苗的成长影响了兰花组织培养瓶内在的微气候。兰花组织培养瓶顶部空间乙烯的积累除了受到兰花成长时间的影响，其他影响因子包括使用培养基的种类与兰花组织培养瓶的气密性。乙烯对兰花组织的影响有利也有弊，负面影响包括阻碍兰花成长与促进老化，可以采用通风装置增加气体扩散能力以促进小苗生长。

4. 氮源

许多研究显示，石斛兰组织培养苗对于其他离子的吸收胜于氮离子。嘉德利亚兰体胚在发芽与生长初期无法吸收利用氮离子，在60 d后才有能力使用氮离子。到现在为止，兰花组织培养苗为何无法利用氮离子，此原因尚未清楚。

5. 光照强度

在密闭状况的兰花组织培养容器内，光照强度通常为60～65 lx。以白色灯管而言，光照强度为4800～5100 lx。在进行栽培作业时，光照强度可增加至80～200 lx。许多研究显示在健化与大量繁殖阶段增大光照强度可促进其生长。

6. 其他因子

在密闭的兰花组织培养瓶内,内部相对湿度为70%～90%。当兰花组织培养苗移植至外界时,大气较低的相对湿度会引起健化问题。兰花组织培养瓶内的兰花组织培养苗通常具有较薄的角质层,气孔发育不全,在移植至自然界后很难控制体内水分,容易脱水而死。面对此种高湿问题,可利用气体透过膜加以改善。

四、组织实施

(1) 了解兰花的生物学特性,熟悉兰花组织培养程序。

(2) 根据兰花组织培养的不同属合理进行小组分工,明确工作任务和任务要求。

(3) 在教师指导下各小组用正确的方法对外植体进行选择,并进行有效灭菌,在接种和封口时要求操作规范、速度快、质量好。

(4) 在原球茎易褐变的几个属,注意选用液体培养基。各小组对继代培养过程中出现的情况及时总结。

(5) 各小组应注意观察兰花在茎尖培养中不同培养基的选用,掌握使原球茎球状体大量形成的方法。

(6) 教师结合各小组的任务完成情况,对设计方案及实施过程进行客观评价,并提出合理化的建议。

(7) 各小组应加强对试管苗的驯化锻炼管理。

五、评价与考核

项目	考核内容	要求	赋分
计划制订	① 查阅兰花组织培养资料,准备培养基 ② 各小组分工情况	兰花组织培养基础知识扎实;培养基配制操作规范、准确,小组分工明确,责任到位	10
物品准备	常用药剂、三角瓶、封口膜、线绳、兰花组织培养苗和超净工作台等	根据兰花组织培养要求物品准备到位	10
培养材料采集	采取兰花组织培养需要的茎尖	合理采集,防止褐变	5
培养材料灭菌	准备大小适合的兰花茎尖	要求灭菌药剂浓度准确,灭菌时间适当,操作规范,灭菌彻底,能独立完成	10

续表

项目	考核内容	要求	赋分
接种和培养	① 接种:将切好的外植体立即接在培养基上	接种操作规范、速度快、质量好,能独立完成	10
	② 封口:接种后,瓶、管、培养皿及时封口	操作方法正确,能独立完成	5
	③ 初代培养:配好培养基	控制好环境条件,能独立完成	15
	④ 继代培养:配好培养基	控制好环境条件,能独立完成	15
	⑤ 生根培养:配好培养基	注意选择在不定根长度适宜时驯化移栽,能独立完成	10
炼苗移栽	做好炼苗和移栽工作	选配适当的基质,注意环境条件控制,注重协作	5
现场整理	清洁操作台、还原药品及用具,整理工作场所	要求整理到位,培养良好的工作习惯和职业情操	5

知识拓展

兰科蝴蝶兰属(*Phalaenopsis*)组织培养

1. 茎尖的培养

(1) 将芽除去叶后,用水冲洗,再用10%漂白粉溶液表面灭菌15 min。除去叶原基后,用5%漂白粉溶液灭菌10 min,再用无菌水冲洗3～5次。

(2) 切取茎尖和各叶基部的腋芽,2～3 mm大小,用小刀切取后接种到培养基中。

(3) 培养基采用Vacin和Went培养基,添加15%CM进行液体培养,或加9 g/L琼脂进行固体培养皆可。

(4) 培养条件为温度25 ℃,光照强度2000 lx,照明16～24 h。液体培养基采用60 r/min进行振荡培养,培养7～10 d后转移到新鲜培养基中,培养1个月后再转移到固体培养基中。在这种条件下培养1个月即可形成原球茎球状体。

2. 花梗腋芽的培养

(1) 采芽后将带腋芽的花梗进行冲洗,用10%漂白粉溶液表面灭菌20 min,除去腋芽的苞叶,再在5%漂白粉溶液中表面灭菌3 min,用无菌水冲洗干净。经过灭菌的材料放在培养皿内的滤纸上保存,这样可减少操作转移时空气的污染。

(2) 不带花梗的组织,仅取腋芽,接种到培养基上。

(3) 培养基和培养条件:采芽用卡德兰属1号培养基为好,原球茎球状体的繁殖也用采芽所用的培养基；育苗用卡德兰属1号加10%香蕉汁为好，育出的苗鲜重可比不加的重3倍。培养条件是光照强度为2000 lx，光照时间每天13 h，保持恒温25 ℃。

(4) 继代培养，用原球茎球状体繁殖，用培养基进行数代继代培养，不能中止。也不会白化，继代培养时不要切得太小。

(5) 育苗，不切成小块继续培养就分化产生叶片，发根前分切移到育苗的培养基中，3～6个月可得到能栽植的苗。

3. 叶片的培养

用开花植株叶片培养产生原球茎球状体，这个方法最有希望，但目前较为困难。因为这首先要从花梗腋芽培养得到植株，再从其切取叶片培养。

(1) 培养准备和接种，采开花或开花后的花梗，表面灭菌后切成约4 cm长，除去各节的叶接种到培养基上。

(2) 培养基和培养条件，用Vacin培养基和Went培养基，添加20%CM，2%蔗糖，1%琼脂，也可不用CM，而加6-BA 5.0 mg/L。温度28 ℃，20 ℃的低温花芽伸长，芽多。光照强度为500 lx，日照16 h。芽不长时，可转移到加6-BA的培养基中，可再生带营养芽的植株。

(3) 叶片是从试管内培养的材料上切取的，故不必再灭菌。用Kyoto改良培养基，加复合肥料3.5 g/L、肌醇1000 mg/L、烟酸1 mg/L、维生素B_1 1 mg/L、NAA 1 mg/L、腺嘌呤10 mg/L、6-BA 10 mg/L、蔗糖2%、琼脂1.0%。

(4) 叶片的切取培养，切取展开叶的最上部先端、中央或基部6～8 mm^2大小，接种到培养基上。培养条件为25 ℃恒温，光照强度为500 lx，照明16 h。

(5) 继代培养，为繁殖原球茎球状体，用改良的Kyoto培养基进行继代培养，或在Vacin培养基和Went培养基中去掉蔗糖和琼脂，加20%CM的液体培养基进行振荡培养。

(6) 育苗用培养基和育苗方法，育苗可在简单的培养基中进行静置培养。原球茎球状体2～3个月即可萌芽，形成叶，以后转移到Kyoto培养基中，加10%香蕉汁，经数月后可得到能移至外面的大苗。

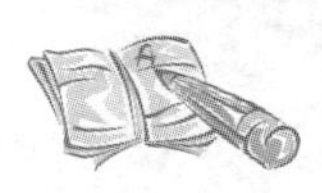

任务5　红掌组织培养技术

学习目标

(1) 掌握红掌组织培养的基本知识。
(2) 熟悉红掌组织培养的流程。
(3) 了解红掌工厂化育苗技术规程。

任务要求

(1) 通过红掌的茎尖培养获得无病植株。

(2) 通过芽增殖途径或愈伤组织途径获得红掌试管苗。

(3) 掌握红掌试管苗生根培养。

一、任务提出

教师通过向学生展示红掌不同的生长与分化阶段的试管苗和商品苗,激发学生的学习兴趣,提出如下学习任务。

(1) 红掌的生物学习性有哪些?

(2) 红掌组织培养中的外植体应如何选取?

(3) 红掌组织培养中的外植体在灭菌和接种操作中应注意哪些要领?

(4) 红掌组织培养常用的培养基有哪些?它的培养条件是什么?

(5) 如何进行红掌外植体的诱导和试管苗的继代培养?

(6) 红掌试管苗在生根和移栽阶段应注意哪些条件?

二、任务分析

在红掌的原产地热带雨林,红掌可用种子繁殖,但进入开花期时间长。过去,分株繁殖是红掌繁殖的主要方式。红掌植株基部长出新芽,产生根系后可分株,每年可分 3~4 株,繁殖系数较低,很难满足规模化生产所需的种苗。现在红掌种苗生产主要通过组织培养来进行种苗的快速繁殖,也就是红掌的克隆技术。这样可以在短时间内生产整齐一致的优质种苗,满足市场需求。通过组织培养技术生产红掌种苗主要有再生体系的建立、增殖培养、壮苗生根、移栽和温室育苗等技术环节。

三、相关知识

红掌(*Anthurium andraeanum*)是植物界被子植物门单子叶植物纲天南星科(Araceae)花烛属(*Anthurium Schott*),为多年生常绿草本植物,别名花烛、安祖花、火鹤花、红鹅掌、鹅掌红、红苞芋、幸运花等,原产中美洲,特别适合室内观赏,兼作鲜切花,为当前国际流行的名贵花卉。在全球热带花卉贸易中,红掌销量居第二位,欧洲是红掌的主要消费市场,栽培自动化程度很高,栽培面积不断扩大,但我国红掌商业化生产,尤其是工厂化组织培养快速繁殖,还处于起步阶段。

(一) 形态特征与生物学习性

红掌为宿根草本,株高 30~70 cm,叶自短茎中抽生,革质,长心脏形,全绿,叶柄坚硬细长,叶片长 30~40 cm,宽约 10 cm。花顶生,长约 50 cm,佛焰苞心脏形,长 10~20 cm,宽 8~10 cm,表面波皱,佛焰苞具有明亮蜡质光泽,肉穗花序圆柱形,直立、长约 6 cm,黄色,初看好像人造假花,花姿奇特美艳,切花寿命长达 30 d 以上,为插花高级花材。同类品种繁多,花色有红、桃红、朱红、白、绿、橙等色,花期持久,全年均能开花(图 10-9)。

红掌喜空气湿度高、排水通畅的环境,喜阴、喜温热。在白天温度不高于 28 ℃,夜间

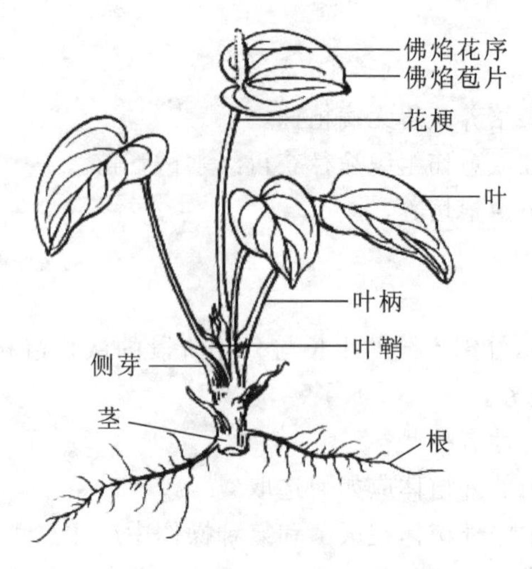

图 10-9　红掌植株结构

不低于 20 ℃的环境中可终年开花结果，高于 35 ℃将产生日灼，低于 14 ℃则生长受影响，低于 0 ℃的持续低温将冻死植株。适宜生长在昼温为 26～32 ℃，夜温为 21～32 ℃的环境下。光照强度以 16000～20000 lx 为宜，空气相对湿度(RH)以 70%～80%为佳。要求空气湿度达 80%，土壤 pH 值为 5.5，E 值在 1.2 为宜。红掌的培养要求土壤疏松、肥沃，最好进行无土栽培。

（二）红掌组织培养

红掌组织培养工艺流程如图 10-10 所示。

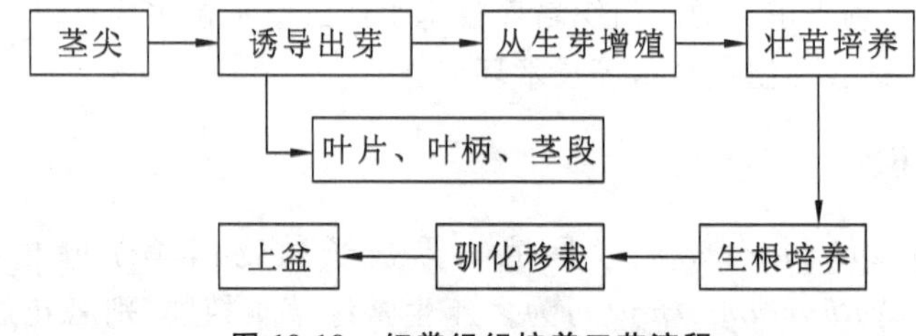

图 10-10　红掌组织培养工艺流程

1. 取材和处理

红掌组织培养主要有两条途径：一是利用芽增殖培养的方法，将自然条件下长出的小芽切下，经杀菌处理后接种在芽增殖培养基上，经过一段时间培养后，许多不定芽便直接从接种的原始芽的基部产生；二是利用自然条件下生长的红掌植株的幼嫩叶片或叶柄作外植体，通过细胞脱分化和再分化，形成再生芽的途径。

取红掌幼苗刚展开的叶片、叶柄和顶芽，放入容器内，先用自来水冲洗，再用含0.02%餐洗净的自来水浸泡 10 min，浸泡过程中经常摇动容器，目的是为了比较彻底地清除材料表面的尘土和菌物。浸泡后，用自来水冲洗 10 min 以上，冲洗后将其转入一干净的三角瓶中。以下操作在超净工作台内完成。往三角瓶中加入 75%酒精，浸泡杀菌 30～60 s。倒掉酒精，用无菌蒸馏水漂洗 1 次，将材料转入经高压消毒的三角瓶中，加入 0.1%

升汞溶液，浸泡杀菌 8 min，浸泡过程中经常摇动三角瓶。倒掉升汞溶液，用无菌蒸馏水冲洗 4～6 次。将材料从三角瓶中取出，在灭过菌的滤纸上用解剖刀将顶芽的生长点连同 2～3 个叶原基切出，将幼嫩叶片和叶柄剪成小块或小段，叶片切成 0.5～1.0 cm^2 的小块，叶柄切成 0.3～0.5 cm 的小段，分别接种于芽增殖和愈伤组织诱导培养基中。

2. 接种与培养

1）配制芽增殖和愈伤组织诱导培养基

芽增殖培养基为 MS 培养基的四种基本成分＋6-BA 1～1.5 mg/L＋NAA 0.5～1 mg/L。愈伤组织诱导培养基为 1/2 MS，再附加 6-BA 0.6～1.2 mg/L、2，4-D 0.1～0.2 mg/L，蔗糖 20 g/L 或市售白砂糖 30 g，用 1 mol/L KOH 溶液调节 pH 值至 5.8，加琼脂粉 4.5～5.0 g/L 或琼脂条 8～12 g/L，高压蒸汽灭菌后分装入 90 mm 培养皿中，每皿约 25 mL。

2）接种与培养

将已剥离的生长点接种于芽增殖培养基中，将幼叶切块和叶柄切段接种于愈伤组织诱导培养基中。接种时，每皿接种 6～8 个小块，用封口膜封好，放入培养室内培养，温度为 24～28 ℃。前期对芽暗培养 10 d，然后在光下培养，光照强度为 1500～3000 lx、8～10 h/d。对叶片、叶柄可不经过暗培养。在芽增殖培养基上，接种的生长点转到光下培养 5 d，在基部出现绿色芽点，继续培养 2 周，许多芽点便分化成小芽，分化率可达 80%以上。用于愈伤组织诱导的叶片切块和叶柄切段培养 2 周左右，在切口处可见愈伤组织产生，再经 3～4 周，愈伤组织明显长大，但没有芽点形成和芽分化，必须转入诱导芽分化培养基中方可产生新芽。由于愈伤组织的诱导时间较长，中间需更换 1 次培养基(图 10-11)。

图 10-11 红掌增殖培养

3）诱导芽分化诱导

芽分化培养基为 MS＋6-BA 1.0～2.0 mg/L＋蔗糖 30 g/L，用 1 mol/L KOH 溶液调节 pH 值至 5.8，加琼脂粉 4.5～5.0 g/L，或琼脂条 8～10 g/L，煮沸后分装于 100 mL 三角瓶中，用羊皮纸封口，高压蒸汽灭菌 20 min 后备用。将培养皿中愈伤组织长的较好的材料从皿中取出，转入诱导芽再生培养基，培养 4 周左右，愈伤组织产生不定芽。要想使小芽长大，需把小芽从愈伤组织上掰下，重新接入新的分化培养基中。诱导芽分化培养基既可作芽分化用，又可作继代培养，在 MS 基本培养基上，再附加 1/4 MS 的 NH_4NO_3，可增加红掌的繁殖速度。

3. 生根与移栽诱导

生根培养基采用1/2MS基本培养基附加NAA 0.5～1.5 mg/L、蔗糖15 g/L，用1 mol/L KOH溶液调节pH值至5.8～6.0，加琼脂5.5 g/L，加热煮沸后分装于100 mL三角瓶中，用羊皮纸封口，高压蒸汽灭菌20 min。将上述培养基中的大苗取出，在无菌滤纸上从基部切去3 mm，接种到生根培养基中。生根培养期间，增强光照有利于生根。生根培养7～10 d就能长出白色突起，三周以后根系长到1 cm以上，这时可以移栽。

红掌试管苗可以直接进行瓶外发根培养，既可省去生根阶段的成本费用，又可加快繁殖速度。工厂化育苗可考虑采用此法。

4. 移栽和温室育苗

将瓶苗取出，用自来水洗净试管苗上的培养基后可进行移栽。移栽基质可用3份泥炭、1份珍珠岩和1份椰糠混配的基质，也有的用河沙、碎插花泥等。种栽后用800～1000倍百菌清淋透。注意喷水保湿，移栽前期适度遮阳。小苗成活后每隔7～10 d用叶面肥喷施，促进生长。定期喷多菌灵、百菌清等护苗防病。幼苗期叶茎都较嫩，常易发生地老虎、蜗牛等危害，要酌情给予防治。

四、组织实施

(1) 了解红掌的生物学特性，熟悉红掌组织培养程序。

(2) 配制芽增殖和愈伤组织诱导培养基，进行小组分工，明确工作任务和任务要求。

(3) 在教师指导下各小组要用正确的方法对外植体进行选择，采用科学的方法灭菌和接种。

(4) 各小组对诱导芽分化诱导过程中出现的情况应及时总结，以加快红掌的繁殖速度。

(5) 各小组对红掌试管苗的生根与诱导情况进行相互检查，并认真总结。

(6) 教师结合各小组的任务完成情况，对设计方案及实施过程进行客观评价，并提出合理化的建议。

(7) 将组织培养苗移栽到育苗室，并加强对各组的栽培苗驯化锻炼的指导。

五、评价与考核

项目	考核内容	要求	赋分
计划制订	① 查阅红掌组织培养资料 ② 各小组分工情况	熟悉红掌组织培养的基本过程，了解影响红掌组织培养的各种因素；小组分工明确，责任到位	10
物品准备	高温高压蒸汽灭菌锅1个、酸碱度(pH值)测试计1个、酒精灯1盏、电子秤1台、量筒1个、镊子1把、解剖刀1把、培养皿1批、培养瓶1批、70%酒精(消毒用)1瓶、药棉少许、立体显微镜1台、离心机1台、搅拌器1台及滴管、针筒等实验室玻璃器皿若干等	根据红掌组织培养要求，将物品准备到位	10

续表

项目	考核内容	要　求	赋分
培养材料采集	采取红掌组织培养需要的材料	培养材料准备到位	10
培养材料灭菌	准备好灭菌设备，药品	要求灭菌药剂浓度准确，灭菌时间适当，实验材料清洗干净	10
制备外植体	将已消毒的材料在无菌条件下制备外植体	在操作中严禁用手触碰材料	10
接种和培养	① 接种：将切好的外植体立即接种在培养基上	在无菌环境下，每瓶接种 4～10 个	10
	② 封口：接种后，瓶、管、培养皿及时封口	操作方法正确	5
	③ 增殖：做好诱导和继代培养	注意把握时机，做好观察记录	15
	④ 根的诱导：采用试管生根或无根嫩茎直接插植到基质中生根	做好培养基和培养基质的处理	10
炼苗移栽	做好炼苗和移栽工作	注意水分管理和空气湿度	5
现场整理	清洁操作台、还原药品及用具，整理工作环境	要求整理到位，培养良好的工作习惯和职业情操	5

任务 6　观赏凤梨组织培养技术

学习目标

(1) 掌握观赏价值较大的几个属的观赏凤梨组织培养的基本知识。

(2) 熟悉观赏凤梨组织培养的流程。

(3) 了解观赏凤梨脱毒苗的鉴定方法。

任务要求

(1) 能独立完成观赏凤梨组织培养基的配制。

(2) 能熟练掌握观赏凤梨组织培养的基本操作要求。

(3) 掌握观赏价值较大的几个属的观赏凤梨工厂化育苗的基本技术要求。

一、任务提出

教师通过向学生展示凤梨不同生长与分化阶段的试管苗和商品苗，激发学生的学习兴趣，提出如下学习任务。

(1) 凤梨的生物学习性有哪些?

(2) 凤梨组织培养中嫩芽的如何选取?

(3) 凤梨组织培养中的灭菌与接种应注意哪些技术问题?

(4) 在凤梨组织培养的初代培养与继代培养过程应注意什么?

(5) 要提高凤梨试管苗驯化移栽成活率,在生根和移栽阶段应注意哪些技术问题?

二、任务分析

观赏凤梨约有50属2000多种,原产于中南美洲。自20世纪80年代引进我国,现已有几十个种及其变种在国内栽培。常用做观赏凤梨的有果子蔓属、丽穗凤梨属、彩叶凤梨属、光萼荷属、凤梨属(多是食用种类,如菠萝,而观赏种类即是其园艺变种)、姬凤梨属、水塔花属和铁兰属等。目前,在我国观赏凤梨栽培的主要品种也都是这几个属的多个种及变种。随着近年来观赏凤梨组织培养研究的不断深入发展,这些栽培属种的观赏凤梨组织培养已取得成功,为观赏凤梨的优良品种规模化组织培养技术的成熟和发展奠定了很好的基础。

三、相关知识

(一) 观赏凤梨的特殊结构

1. 特殊的储水筒结构

大多数的观赏凤梨茎秆极短,称为短缩茎,附生于茎的叶片排列成莲座状,在茎基部形成一个叶筒状,由于此筒不漏水并可以蓄水,而故名为储水筒,储水筒起着附生根的作用。因凤梨原产地为中南美洲,常有干旱季节,当干旱季节缺少雨水时,凤梨则可以依靠储水筒中的蓄水度过缺水季节。另外,有些掉入筒中的枯枝树叶待溶解后变为营养元素,也可以被植株吸收。

2. 吸收鳞片

有部分观赏凤梨的叶片具有特殊的结构——吸收鳞片,为盾形,与表皮相连,可看做是一种特殊的表皮毛。吸收鳞片也起到根的吸附作用,这类植株大都是气生根或者无根,主要靠吸收鳞片来吸收水分和养分。观赏凤梨铁兰属就是典型的代表品种。

(二) 观赏凤梨组织培养

观赏凤梨组织培养工艺流程如图10-12所示。

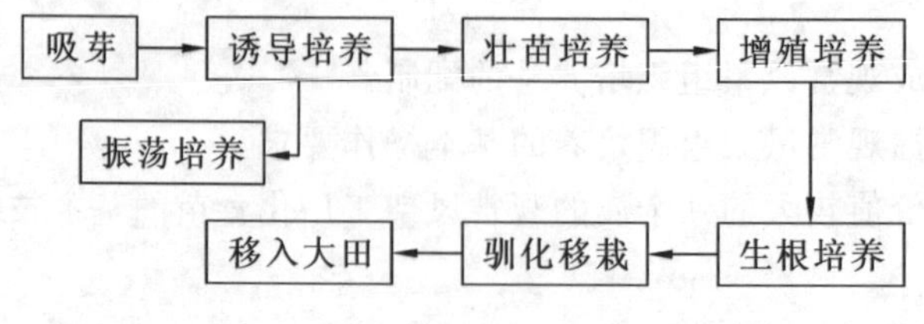

图10-12 观赏凤梨组织培养工艺流程

1. 植体选择与消毒

凤梨的吸芽、侧芽和顶芽等嫩芽均可作为外植体。剥去大部分外层叶片，以1%次氯酸钠溶液(含少量Tween-20)作为展开剂，消毒15 min，并用无菌水冲洗5～7次。用刀片切去外层叶片，露出芽尖和小腋芽，分别将其取下，接入初代培养基中。

2. 初代培养

凤梨的嫩芽常采取液体培养，接入MS＋KT 2.5 mg/L＋糖3%的液体培养基中，再放置在20 r/min的培养器上振荡培养，培养过程中光照16 h/d，光照强度为1500～2000 lx，经一个半月左右即可长出丛生的新芽。在凤梨芽体诱导培养中，经常遇到的问题是一些种类外植体发生褐变而导致死亡。褐变与凤梨的种类、采集的时间等有关。为减轻褐变，首先可以从植物种类和外植体采集时间进行调控，然后通过添加抗坏血酸、聚乙烯吡咯烷酮和活性炭等防止褐变的化学物质以降低褐变程度。

3. 继代培养

将1.0～2.0 cm高的侧芽从短缩茎上切下，转接到MS＋6-BA 0～3 mg/L＋NAA 0～2.0 mg/L继代培养基上。在继代培养过程中，增殖系数随着细胞分裂素6-BA的浓度升高而增加，但丛生芽越来越弱小，有效增殖系数会降低。在继代培养时，多采用机械损伤分生组织的方法，即用手术刀将生长点纵向对切，使同样培养条件下芽分化的数量显著提高，平均1个芽增殖4～5个，这可能是因为生长点分生组织受损伤后，促使细胞分化形成芽原基所致。

4. 生根培养

在1/2 MS＋NAA 0.1 mg/L或IBA 0.3～0.5 mg/L生根培养基上，15 d左右即可诱导出健康的根系，1个月后苗高3～6 cm，根长2～5 cm，根1～6条，叶色浓绿、舒展。

5. 驯化移栽

生根苗在移苗室闭瓶炼苗3 d，再打开瓶盖炼苗2 d，经洗苗、高锰酸钾溶液或多菌灵消毒等环节再移栽于移栽苗床上，珍珠岩和椰壳(或草炭)按体积比各半的比例为主要移栽基质的培养土，或园田土、椰糠、河沙、牛粪配比4∶1∶1∶1培养土较好。移栽后适当遮阳，喷雾保湿，移栽试管苗成活率为95%～98%。

四、组织实施

(1) 了解观赏凤梨的生物学特性，熟悉观赏凤梨组织培养程序。

(2) 根据凤梨组织培养的不同属合理进行小组分工，明确工作任务和任务要求。

(3) 在教师指导下各小组要用正确的方法对外植体进行选择，并进行有效灭菌，在接种和封口时要求操作规范、速度快、质量好。

(4) 在原球茎易褐变凤梨的几个属，注意选用液体培养基。各小组对继代培养过程中出现的情况应及时总结。

(5) 教师结合各小组的任务完成情况，对设计方案及实施过程进行客观评价，并提出合理化的建议。

(6) 各小组要加强试管苗的驯化锻炼管理。

五、评价与考核

项目	考核内容	要求	赋分
计划制订	① 查阅凤梨组织培养资料，准备培养基 ② 各小组分工情况	凤梨组织培养基础知识扎实；培养基配制操作规范、准确，小组分工明确，责任到位	10
物品准备	常用药剂、三角瓶、封口膜、线绳、凤梨组织培养苗和超净工作台等	根据凤梨组织培养要求，将物品准备到位	10
培养材料采集	采取凤梨组织培养需要的材料	合理采集，防止褐变	5
培养材料灭菌	准备大小适合的凤梨嫩芽	要求灭菌药剂浓度准确，灭菌时间适当，操作规范，灭菌彻底，能独立完成	10
接种和培养	① 接种：将切好的外植体立即接在培养基上	接种操作规范、速度快、质量好，能独立完成	10
	② 封口：接种后，瓶、管、培养皿及时封口	操作方法正确，能独立完成	5
	③ 初代培养：配好培养基	控制好环境条件，能独立完成	15
	④ 继代培养：配好培养基	控制好环境条件，能独立完成	15
	⑤ 生根培养：配好培养基	注意选择在不定根长度适宜时驯化移栽，能独立完成	10
炼苗移栽	做好炼苗和移栽工作	选配适当的基质，注意环境条件控制，注重协作	5
现场整理	清洁操作台、还原药品及用具，整理工作场所	要求整理到位，培养良好的工作习惯和职业情操	5

知识拓展

各属观赏凤梨组织培养方法

一、果子蔓属

果子蔓属中的观赏凤梨主要有星花果子蔓、擎天凤梨，其花特征是花苞片成螺旋状排列在花茎上，构成星形花序，小花隐藏在苞片里，花瓣合生。

1. 材料与方法

(1) 外植体处理。取室内栽培的果子蔓植株上当年生的侧芽，切去叶鞘以上部分叶片，只留下带有叶鞘基部的短缩茎，将茎在流水中冲洗 20～30 min 后，先用70%酒精浸泡10～20 s，用无菌水冲洗2～3次，再用0.1%氯化汞溶液浸泡10 min，用无菌水冲洗4～5次，用无菌滤纸吸干水分。在超净工作台上，将外植体切成1.0～1.5 cm长的小段，并将小段纵切成两块。

(2) 基本培养基为MS，pH值调至5.7～5.8，培养温度为26～28 ℃，光照时间为12～15 h/d，光照强度为2000～2500 lx。

2. 不定芽的诱导发生

将短缩茎的纵切块接入MS+6-BA 2.0 mg/L+NAA 0.1～0.25 mg/L培养基上，由于凤梨外植体的初始培养易发生褐化现象，在初始培养时进行暗培养，有利于褐化的减少。一般可以先暗培养10 d后，再在光下培养。外植体培养30 d左右，切口有愈伤组织发生，接着节间侧芽萌发。待侧芽长至2.0 cm时，切下1.0 cm大小的茎尖继续转入原培养基中，培养25 d左右的茎尖可发生不定芽。

3. 芽的继代增殖

将发生的不定芽转入MS+6-BA 1.0 mg/L+NAA 0.1～0.5 mg/L培养基上进行继代培养，增殖倍数为3～4，每30～40 d可转代一次。

4. 生根诱导

将长至3.0 cm高的芽苗转入MS+IBA 0.5 mg/L+NAA 0.5 mg/L培养基上诱导生根，培养15～20 d，即可出根。在生根诱导培养中，注意加强光照，应将光照强度调为2500 lx，否则因光照不足，易引起短缩茎的宽向生长，有的可宽至几厘米，这样，则不利于茎的纵向生长。

二、光萼荷属

本属观赏凤梨组织培养获得成功的代表种有美叶光萼荷，又名蜻蜓凤梨，是主要的观赏凤梨之一。植株高达60 cm，缩短茎，上有萌芽珠。叶片带状，有银白色横纹。球状花序，具粉色苞片，上有红、蓝两色小花。叶、花相配，甚为美丽。

1. 侧芽的诱导萌发

选取10片叶左右的植株，在自来水下冲洗干净后，将展开的叶片除去，留下具1.0～2.0 cm叶鞘的缩短茎，先在70%酒精中浸泡10～20 s，用无菌水冲洗2～3次，再用0.1%氯化汞溶液浸泡10 min，用无菌水冲洗4～5次，用无菌滤纸吸干水分。在超净工作台上，将外植体切成1.0～1.5 cm长的上、中、下段，在MS+6-BA 3.0～5.0 mg/L+NAA 0.3～0.5 mg/L培养基上诱导侧芽萌发。培养条件见前。

茎段芽的萌动以中段材料效果最好，芽萌动早，诱导率高；而茎段上部萌动稍迟，诱导率较低；茎段下部的萌动诱导率虽比上部稍高，但易受污染，材料易老化，用于侧芽萌动效果也不好。

2. 芽的继代培养

(1) 萌动芽的继代培养。萌动芽苗长至2.0～3.0 cm高时切下，并切除叶

片的上部，留下叶鞘基部，转入 MS+6-BA 2.0～3.0 mg/L+NAA 0.2～0.3 mg/L 培养基中，以 6-BA 与 NAA 配比为 10：1 可达到理想效果，侧芽的发芽率达 90%，而且芽健壮，长势好。可以采取这种方式，反复切割侧芽进行继代培养。

(2) 丛生芽的增殖培养。将侧芽在立体显微镜下剥取 0.2～1.0 mm 的茎尖，植入 MS+6-BA 4.0 mg/L+NAA 1.0 mg/L+IAA 1.0 mg/L 培养基中，培养30 d后，茎尖可形成 10～15 个丛生芽团，增殖系数为 5.0。

3. 生根培养

生根培养基以 1/2 MS(或 MS)+NAA 0.5 mg/L(或 IBA 0.5 mg/L)较佳，一般培养 15 d 左右开始生根，20～40 d 平均生根 3～5 条，平均茎高 0.5 cm。

三、丽穗凤梨属

丽穗凤梨属观赏凤梨组织培养代表种火炬凤梨，又名大鹦哥凤梨、艳苞丽穗凤梨，株高 20～30 cm，花茎长 30 cm，叶片具横向斑纹，复穗状花序，具多个分枝，苞叶鲜红色，小花黄色，似熊熊燃烧火炬，非常美丽。

1. 茎段侧芽的诱导

缩短茎为外植体，处理方法和培养条件同前。

将表面已消毒的缩短茎外植体在 MS+6-BA 5.0 mg/L+NAA 0.5 mg/L 培养基中诱导获得的侧芽，再在原培养基上培养 1～2 次。

2. 培养方式对增殖分化的影响

切下继代生长后的侧芽，转入 MS+6-BA 1.0～2.0 mg/L+NAA 0.1～0.2 mg/L的固体培养基进行增殖分化培养一代后，再转入相同成分及浓度配比的液体培养基中进行液体培养一代后，再转入固体培养基中。通过 Duncan 法进行多重比较，结果表明，由固体培养转入液体培养，增殖倍数最高，达到 6.58；而由液体培养转入固体培养，也可以达到 5.78；由固体培养转入固体培养，可达到 5.29；由液体培养转入液体培养，增殖倍数为 4.45，上述结果均有显著统计学意义。但以固体培养、液体培养方式继代一次转换一次，增殖效果较佳。

3. 生根培养基

以 1/2 MS+NAA 0.2～0.5 mg/L(或 IBA 0.2～0.5 mg/L)适宜，试管苗培养 30 d 后生根，生根率均可达到 90%以上，平均生根 2～3 条，根长 2.0 cm。

四、彩叶凤梨属

观赏凤梨中彩叶凤梨属组织培养代表种有五彩凤梨。观赏特点如下：叶片鲜绿色，花序初期为绿色，隐藏在心叶中间，无数苞片将其紧紧包裹，后由花序外缘向内逐渐开出紫色筒状花。花期达数月，花期叶片基部转为鲜红色，叶梢部为鲜绿色，色彩对比鲜明，持续期六个月以上。

1. 芽的诱导增殖培养

外植体为当年萌生的、具 8～10 片叶的幼嫩植株，经表面消毒处理后，切下顶芽和侧芽的茎尖、茎段。

(1) 将长 1.0 mm 左右的茎尖接入 MS+KT 4.0 mg/L+IAA 0.1 mg/L 培养基中,10～15 d 后,茎尖膨大并产生浅绿色突起,一周之后可见不定芽发生。将不定芽块进行切割,再转入相同培养基中,可获得丛状不定芽。如此不断地切割转代,进行继代培养,增殖系数为 3～4。

(2) 切下 1.0 cm 左右的茎段,转入 MS+6-BA 5.0 mg/L+NAA 0.5 mg/L 培养基中诱导芽的萌动,和美叶光萼荷的诱导相同,也以茎中下部作为外植体,萌发率较高。萌发的侧芽切下茎尖部分,可转入茎尖培养基中进行增殖培养。

2. 生根培养

将 3.0 cm 高的芽苗转入 1/2 MS+IBA 0.1 mg/L 培养基上,25～30 d 平均每株苗生 3～4 条根,生根率 99%。

五、水塔花属

水塔花属的特点是无茎,花瓣反卷,雌雄花向外露出。

(1) 外植体处理方法:取幼嫩侧芽、顶芽,用清水冲洗干净后,在 1200 倍新洁尔灭溶液中浸泡 30 min,用无菌水冲洗,转入 70%酒精中浸泡 5～8 s,再用 1%安替福明溶液加数滴吐温-20 溶液浸泡 3 min 后,用无菌水冲洗几次待用。

(2) 芽的诱导培养:切下 0.5～1.0 cm 的茎尖,接种于 1/3 MS+6-BA 0.2 mg/L+IBA 0.02 mg/L 培养基上诱导 15 d,当基部产生少量愈伤组织后,将茎尖材料再转入 MS+6-BA 1.0 mg/L+IBA 0.2 mg/L 分化培养基上培养 30 d,基部可分化出丛生芽,分化系数为 5～6。这时将丛生芽切下,转入 MS+6-BA 0.5 mg/L+IBA 0.2 mg/L 培养基上进行壮苗培养。培养后的壮苗,一部分可用做生根培养,一部分留做增殖分化培养。

(3) 生根及移栽:将生长至 3.0 cm 高的苗切下,转入 1/2 MS+IBA 0.5 mg/L培养基中生根。将已生根的苗,或将 3.0～4.0 cm 高的无根壮苗直接移入基质中,均可获得 100%移栽成活率。

六、铁兰属

铁兰属观赏凤梨的叶片具有发达的特殊结构——吸收鳞片,苞片两列互叠,花瓣合生。百剑凤梨为铁兰属凤梨的栽培种,极为耐旱,花色鲜红,丛生多花。

(1) 外植体的消毒:取 5.0 cm 左右的健壮芽作为外植体,先经流水冲洗干净,于 70%酒精中浸泡 30 s,用无菌水冲洗,再在 0.1%氯化汞溶液中浸泡 12 min,用无菌水冲洗 5～6 次,用无菌滤纸吸干水后待用。

(2) 丛生芽的诱导及增殖继代:在超净工作台中,将消毒好的芽切成 1.0 cm 长,再纵切成四块,接入 MS+6-BA 2.0 mg/L+NAA 0.2 mg/L 培养基中,40 d 后,外植体可诱导出 5～8 个径粗 1.0～2.0 mm 不定芽的丛生芽。将这些丛生芽进行切割分块,接入同一培养基中,芽便不断分化增殖。每隔 30 d 继代培养一次,平均增殖系数为 2.5。

项目十一

果蔬组织培养技术

知识目标

(1) 掌握果蔬热处理和茎尖脱毒的方法与技术。

(2) 掌握果蔬脱毒苗检测和鉴定方法。

(3) 掌握常见果蔬快速繁殖的方法和技术。

能力目标

(1) 能按照培养对象科学设计脱毒与快速繁殖方案。

(2) 能够利用脱毒与快速繁殖技术,对任一果蔬进行脱毒与快速繁殖。

任务分析

许多果蔬,特别是无性繁殖的植物(如马铃薯、甘薯、草莓、香蕉等)往往受到多种病毒的侵染,造成品种退化、产量降低、品质低劣,有时甚至会带来毁灭性的灾难。有效脱除病毒的方法只有采用植物组织培养技术如热处理及茎尖培养脱毒等。热处理及茎尖培养脱毒已经在多种果蔬如马铃薯、草莓上取得成功,并已经实现大规模工厂化生产脱毒种苗,在生产上取得巨大成效。

目前,组织培养工厂化育苗已经成为发展苗木生产的主要手段,并在果蔬等多种无性繁殖作物上得到广泛的应用。专家预测,到 21 世纪中期,大量无病毒无性系苗木的生产都将通过植物组织培养快速繁殖的手段来实现。因此掌握常见果蔬脱毒与快速繁殖技术是非常必要的。

本项目分解为四个任务来完成:第一个任务是草莓脱毒与快速繁殖技术;第二个任务是香蕉组织培养技术;第三个任务是马铃薯脱毒与快速繁殖技术;第四个任务是甘薯脱毒与快速繁殖技术。本项目总课时为 6 学时,各院校结合生产选择相应任务来实施。

任务1　草莓脱毒与快速繁殖技术

学习目标

（1）掌握草莓常见脱毒方法与技术。

（2）掌握草莓快速繁殖途径、程序、快速繁殖方法与技术。

（3）能够科学设计草莓脱毒与快速繁殖方案。

（4）能够采用茎尖脱毒与热处理脱毒的方法对草莓进行脱毒处理。

（5）能够对草莓脱毒苗进行鉴定和快速繁殖，获得大量无病毒苗。

任务要求

由教师提出任务，学生以组为单位查找资料制订草莓脱毒与快速繁殖方案；然后经教师审定后，根据制订的方案和生产实际，在教师指导下各小组完成草莓脱毒与快速繁殖任务。

一、任务提出

教师通过一系列图片向学生展示脱毒和未脱毒的草莓苗及其在生产中的表现，提出如下学习任务。

（1）草莓脱毒与快速繁殖的意义是什么？

（2）草莓常见的脱毒方法有哪些？

（3）草莓脱毒苗常见检测与鉴定方法有哪些？

（4）草莓试管苗快速繁殖是通过什么途径实现的？

（5）草莓试管苗的快速繁殖系数一般控制在什么范围为好？为什么？

二、任务分析

传统的草莓生产存在的突出问题如下：①种苗培育采用无性繁殖方式效率较低，不利于优良品种的推广；②极易感染病毒，长期的无性繁殖还可以导致多种病毒的积累，造成品种退化、品质和产量降低。从20世纪50年代开始，世界各国相继开展草莓茎尖培养等方面的研究，解决草莓生产中存在的问题，并取得可喜的进展。纵观各种方法，主要采用热处理及微茎尖培养脱毒获得无病毒苗进行快速繁殖。但不同的草莓品种其热处理和微茎尖培养脱毒的技术是有差异的，所以根据实际的生产，获得与草莓品种相适应的脱毒方法与技术是非常必要的。

同样，不同的草莓品种虽然其快速繁殖的途径和程序基本一致，但快速繁殖所用的培养基和所需的培养条件也是有差异的，所以根据生产实际，找到合适的培养基和培养条件对草莓试管苗进行快速繁殖同样非常重要。

三、相关知识

草莓是蔷薇科草莓属多年生草本植物，又名洋莓、红莓、地莓、地果、凤梨等。原产于欧洲，20世纪初传入我国而风靡华夏。草莓外观呈心形，其色鲜艳，果肉多汁，酸甜适口，芳香宜人，营养丰富，故有“水果皇后”之美誉。

（一）形态特征与生物学习性

草莓植株矮小，有短粗的根状茎，逐年向上分出新茎，新茎具长柄三出复叶。聚伞花序顶生，花白色或淡红色。花谢后花托膨大成多汁聚合果，红色或白色，球形、卵形或椭球形，其中着生多数种子状的小瘦果。草莓喜温暖湿润和适宜阳光，生长的最适温度为15～20 ℃，不耐严寒、干旱和高温。根系由新茎和根状茎上的不定根组成。根状茎3年后开始死亡，以第2年产量最高，3年后降低。草莓秋季用匍匐茎繁殖，露地和温室保护地栽培均可。

（二）草莓组织培养

草莓组织培养流程如图11-1所示。

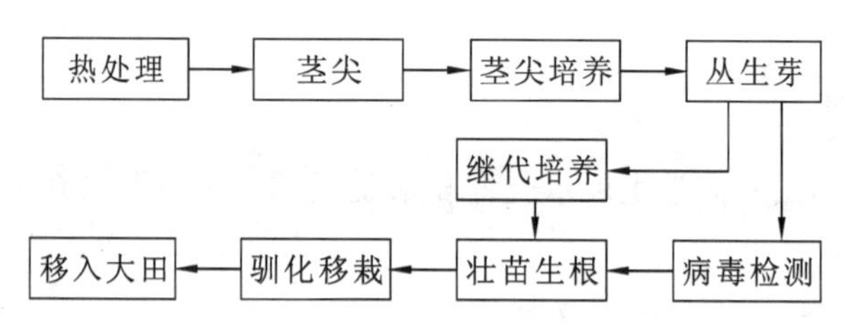

图11-1 草莓组织培养工艺流程

1. 无菌体系的建立

草莓热处理脱毒一般是将草莓植株在38～41 ℃下处理4～6周。但此法高温脱毒的时间长、效果差，而且长时间下处于高温下易死亡，需要对其根进行降温处理，操作烦琐。因此，草莓脱毒很少单独使用高温处理，大多是将高温处理与微茎尖培养脱毒相结合。茎尖培养结合热处理可脱除茎尖培养脱除不掉的病毒，提高脱毒率和成苗率，而且操作简单，能大大提高功效，这是目前最常用的脱毒方法。

1）外植体的选取、灭菌和接种

实验前，选择生长健壮的草莓幼苗定植于花盆中，培养1～2个月，待其长出数片老叶，将种植草莓的花盆用塑料薄膜包住置于人工气候箱内，每天在40 ℃下处理16 h，35 ℃下处理8 h，共处理4～5周，或者在38 ℃恒温处理12～50 d，时间视病毒种类而定。

待草莓长出嫩枝后，剪取热处理后新生0.2～1 mm大小的茎尖，用自来水流水冲洗2～4 h，然后剥去外层叶片。在无菌条件下，用0.1%氯化汞溶液表面消毒8～10 min，并不停地搅动促进药液的渗透。在无菌条件和立体显微镜下剥取茎尖分生组织，以带有1～2个叶原基的茎尖为好(0.3～0.5 mm)，迅速接入培养基中。

2）培养基及培养条件

草莓茎尖培养一般用 MS、White 等培养基作为基本培养基，附加植物生长调节剂 6-BA 0.2～2.0 mg/L、NAA 0.01～0.2 mg/L、IAA 0.5～2.0 mg/L。不同草莓品种及取材时间不同，激素的用量不同，这主要是植物体内的内源激素含量不同所致。培养温度为 22～25 ℃，日照 10～16 h，光照强度 1000～3000 lx。

2. 初代培养

草莓茎尖经 2～3 个月的培养，可生长分化出芽丛，一般每簇芽丛含 20～30 个小芽为宜。注意在低温和短日照下，茎尖有可能进入休眠，所以较高的温度和充足的光照时间必须保证。

3. 继代培养

将鉴定为无病毒苗的草莓试管苗培养的芽丛切割成含 2～3 个芽丛小块，转入继代培养基中进行扩大繁殖培养，增殖系数一般以 5～8 为宜。继代培养基以 MS 为基本培养基，附加 6-BA 0.5～1.0 mg/L。培养温度为 22～25 ℃，日照 10～16 h，光照强度为 1000～3000 lx。待苗长大到 1～2 cm 时，再将芽丛分成小块，再转入前述的继代培养基中，又会重复上述过程，达到扩大繁殖草莓无病毒苗的目的。

4. 生根培养

草莓试管苗生根既可以在培养瓶中进行，也可以在瓶外进行。为了获得健壮整齐的再生植株，应将芽丛分割，2～3 cm 高的单株接种于生根培养基上。生根培养基一般采用 MS 或 1/2 MS，培养基中加入 NAA 0.1～0.5 mg/L 或 IBA 1.0 mg/L，使根整齐。培养条件：温度 20～25 ℃，光照时间 12 h/d，光照强度 1500～2000 lx。由于草莓地下部分生长加快，发根力较强，也可将具有两片以上正常叶的新茎从试管中取出进行试管外生根。

5. 试管苗驯化与移栽

1）试管苗驯化与移栽过程

待草莓组织培养苗生根培养至苗高 3～4 cm 时，将瓶苗移至温室炼苗一周，3～4 d 后将瓶盖除去。然后用镊子把草莓苗从试管瓶中取出，洗掉根系附带的培养基，移栽到附有基质的塑料营养钵，内装消过毒的等量的腐殖土和河沙。移栽后的试管苗要在湿度较大的空间内培养，一般加设小拱棚保湿，并经常浇水，保证棚内湿度 85%以上，温度 22～25 ℃。7～10 d 试管苗生出新叶和新根后，逐渐降低湿度和土壤含水量，增加光照，促进幼苗生长。经过 20～30 d 的驯化，试管苗就可以移栽至大田。

2）试管苗驯化移栽管理

草莓试管苗驯化移栽除了光、温度、湿度等的管理外，还要防止蚜虫的危害，以避免无病毒苗的再次污染。草莓病毒主要是蚜虫传播的。草莓病毒通过蚜虫吸吮汁液而得到传播，短时间即可完成。防治时可使用马拉松乳剂、氧化乐果乳剂等接触杀虫剂，防治期为 5—6 月和 9—10 月，特别是 9—10 月可防止蚜虫的越冬。为保证种苗无病毒，在原种种苗生产阶段，应在隔离网室中进行。传播草莓病毒的蚜虫较小，可以通过大于 1 mm 网眼，故应采用 0.4～0.5 mm^2 的规格，其中以 300 号防虫网为好。

知识链接

草莓病毒鉴定方法

草莓花药培养得到的为无病毒苗，而用生长点培养得到的植株，则必须经过病毒鉴定，确定其不带病毒，才可以大量繁殖，用于生产。

目前草莓病毒检测的主要方法是指示植物小叶嫁接鉴定法。常用于草莓病毒检测的指示植物为EMC(East Maling clone of Fragaria)系草莓、UC系草莓、深红草莓中的King或Ruden。EMC系是由欧洲草莓选育出的敏感型指示植物，对斑驳病毒(SMoV)感染性强，对轻型黄斑病毒(SMYEV)、草莓镶脉病毒(SVBV)和草莓皱缩病毒(SCrV)的感染也会出现症状，但这种指示植物在高温季节会出现斑点，判断斑驳病的症状较难。UC系是从Frazier选育出的指示植物，常用的有UC_3、UC_4、UC_5等。King和Ruden是从八倍体野生种*Fragaria viginana*选育出的指示植物，用于判断EMC系和UC系中交叉出现的病毒。一般若只检测草莓苗是否脱毒，只需用UC_5指示植物即可，但若要查清病毒种类，则至少应同时使用EMC、UC_4、UC_5、UC_6四种指示植物。草莓常见病毒在指示植物上的主要症状及出现时间见表11-1。

表 11-1　草莓常见病毒在指示植物上的主要症状及出现时间

病毒	指示植物	症　状	出现时间/d
斑驳病毒	EMC	不规则的黄白色斑点，叶脉透明，小叶褪绿扭曲	7～14
	UC_5	不规则的黄色斑纹	
轻型黄斑病毒	UC_4	叶片枯死，整株死亡	15～20
	UC_5	叶片边缘逐渐变成浅黄	
皱缩病毒	UC_5	叶片皱缩、扭曲变形，叶柄或匍匐茎出现褐色坏死斑，花瓣产生褐色条纹	30～50
镶脉病毒	UC_6	沿叶脉产生带状褪绿斑，呈镶脉症状	20～40
	UC_5	叶背面反卷	

草莓指示植物小叶嫁接操作流程如图11-2所示。首先从被鉴定的草莓采集长成不久的新叶，除去两边的小叶，中央的小叶带1～1.5 cm的叶柄，把它削成楔形做接穗。而指示植物则除去中间的小叶，在叶柄的中央用刀切入1～1.5 cm，再插入接穗，用线把接合部位包扎好。为了防止干燥，在接合部位涂上少量的凡士林。为保证成活，在2周内，可罩上塑料袋，置于半见光的场所。约经2周时间，撤去塑料袋。若带有病毒，嫁接后1～2个月，在新展开的叶、匍匐茎或老叶上会出现病症。

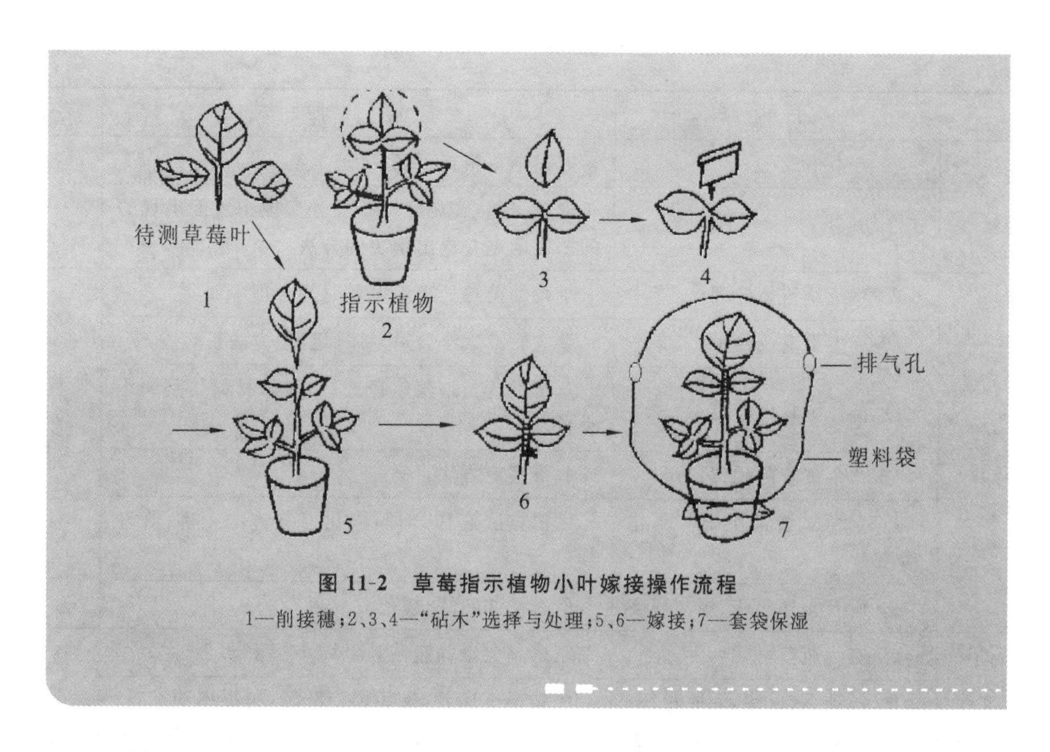

图 11-2 草莓指示植物小叶嫁接操作流程

1—削接穗；2、3、4—"砧木"选择与处理；5、6—嫁接；7—套袋保湿

四、组织实施

本任务持续时间较长，一定要结合生产提前做好安排，热处理要提前两个月进行，指示植物要提前准备。

（1）明确草莓脱毒与快速繁殖的意义，通过分组制订草莓脱毒与快速繁殖方案，对草莓各种脱毒方法和快速繁殖技术进行比较，掌握草莓常用的热处理及微茎尖培养脱毒方法和技术，掌握草莓快速繁殖技术。

（2）以组为单位挑选感染病毒的草莓幼苗移植到花盆中，培养 4～6 周。

（3）在教师指导下各小组根据制订的方案对草莓进行热处理及微茎尖培养脱毒，做好每组及个人的标记。并注意观察污染、褐变情况；观察茎尖分化生长情况，统计芽分化率和增殖系数、增殖周期、生根率。

（4）各小组对草莓脱毒与快速繁殖中出现的问题进行总结，并互相检查。

（5）教师对各小组任务完成情况进行讲评，对整个过程的安排提出合理化建议，解答学生对本次任务的疑问。

五、评价与考核

项目	考核内容	要　求	赋分
平时表现	考勤、卫生、合作情况；无菌意识及行为习惯	全勤、个人卫生良好、团结协作；具备无菌意识、具有良好规范的行为习惯	10

续表

项目	考核内容	要　求	赋分
方案制订	① 方案格式	方案书写格式正确、字迹工整	10
	② 内容	内容完整,客观分析了任务实施中可能出现的问题及困难并提出解决的方法	
操作过程	① 草莓幼苗热处理	草莓幼苗热处理温度和时间合理	60
	② 茎尖剥离及接种	茎尖剥离大小合适,接种迅速、方法正确	
	③ 草莓试管苗增殖	草莓试管苗增殖途径选择正确,材料切割大小合适	
	④ 草莓试管苗脱毒鉴定	脱毒鉴定方法正确	
	⑤ 草莓试管苗生根与驯化移栽	生根方法选择合理,驯化移栽方法正确,管理到位	
	⑥ 所有操作熟练、规范程度	所有操作熟练、规范	
任务实施结果	① 实物瓶苗	草莓茎尖培养瓶苗：10瓶/人	20
	② 污染率、成芽率、脱毒率；增殖系数、生根率、移栽成活率	污染率≤10%,成芽率≥80%,脱毒率≥80%；增殖系数5～8,生根率≥90%,移栽成活率≥90%	

任务2　香蕉组织培养技术

学习目标

(1) 掌握香蕉茎尖培养脱毒方法与技术。

(2) 掌握香蕉快速繁殖方法与技术。

(3) 能够科学设计香蕉脱毒与快速繁殖方案。

(4) 能够采用茎尖脱毒方法对香蕉进行脱毒处理。

(5) 能对香蕉脱毒苗进行鉴定和快速繁殖,获得大量无病毒苗。

任务要求

由教师提出任务,学生以组为单位查找资料制订香蕉脱毒与快速繁殖方案。然后经教师审定后,根据制订的方案和生产实际,在教师指导下各小组完成香蕉脱毒与快速繁殖任务。

一、任务提出

(1) 香蕉脱毒与快速繁殖的意义是什么?

(2) 香蕉茎尖脱毒如何操作?

(3) 香蕉脱毒苗常见检测与鉴定方法有哪些?

(4) 香蕉试管苗快速繁殖是通过什么途径实现的?

(5) 香蕉组织培养苗变异株有何表现?如何控制变异株出现?

二、任务分析

生产上利用球茎发生的侧芽(俗称吸芽)来进行香蕉种苗繁殖。通常每个母株每年可以生长一至数个吸芽。当吸芽长成小植株后,已收果的母株便被砍掉。此种繁殖速度很慢,而且吸芽的生长速度不一致,导致收果时间参差不齐。但若对吸芽进行组织培养,不仅大大加快繁殖速度,而且试管苗在大田种植后,生长快而整齐一致,收果时间也相同,产量比吸芽苗增产 30%～50%。在我国,香蕉生产常遭香蕉束顶病病毒和花叶心腐病病毒的严重危害。生产上常因这两种病害,使整片地区不能种植,要消除这两种严重危害香蕉的病原体较有效的方法是茎尖培养,培育无病毒的种植苗。因此,香蕉脱毒与快速繁殖技术是香蕉产业发展所必需的。

三、相关知识

香蕉(*Musa nana Lour.*),属单子叶纲芭蕉目芭蕉科芭蕉属。香蕉味香、富于营养,终年可收获,在温带地区也很受重视。

(一) 形态特征与生物学习性

香蕉为多年生常绿大型草本单子叶植物,无主根。叶片长圆形,亮绿色。穗状花序下垂。果序由 7～8 段至数十段的果束组成。果黄绿色,长圆形,微弯,略具 3 棱。花期为夏秋。香蕉喜高温多湿,生长温度为 20～35 ℃,最适生长温度为 24～32 ℃,不宜低于 15.5 ℃。最适年降雨量 1800～2500 mm 且雨量分布均匀。对土壤要求较严,以黏粒含量小于 40%、地下水位在 1 m 以下的砂壤土,尤以冲积土壤或腐殖质壤土为宜。

(二) 香蕉组织培养

香蕉组织培养流程如图 11-3 所示。

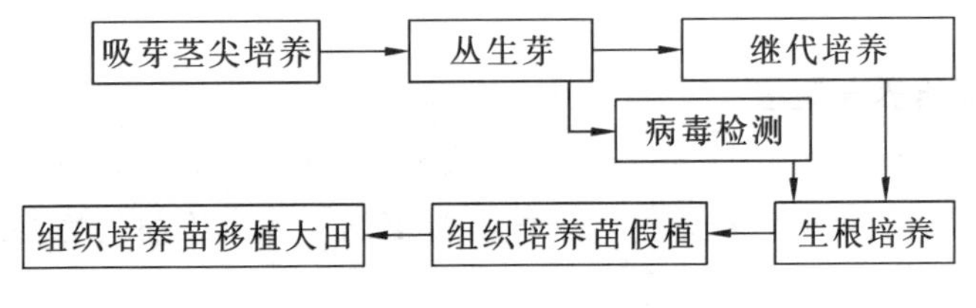

图 11-3 香蕉组织培养流程

1. 无菌体系的建立

1) 外植体的选取、灭菌和接种

选择优良香蕉组织培养苗的种源是香蕉组织培养的技术关键。种源最好应在有严密隔离条件的香蕉种质资源圃或栽培条件优越的蕉园选择。选出来的植株应无任何检疫性病虫害、生长健壮、高产、质优、吸芽生长发育饱满。将这种吸芽挖离母体带回实验室后,

先将吸芽假茎上的部分叶鞘剥除，然后将吸芽的茎尖部切下 2～3 cm 长并对其消毒。在香蕉组织培养中多以 75%酒精洗涤 15 s，目的是杀死茎尖表面的病菌。消毒完毕后再次以 0.1%升汞溶液浸泡 10 min 或 1.5%次氯酸钠溶液浸泡 15 min，接着用无菌水冲洗4～5 次。随后将冲洗后的茎尖在超净工作台上继续逐叶剥除剩余的叶鞘，直至露出钟形的分生组织为止。将分生组织连同 1～3 个圆锥形叶原基一并切下，长度为 0.2～0.5 mm，迅速接种于培养基上。

2）培养基及培养条件

培养基中的营养元素不同，其芽的发生也有差异。一般培养香蕉茎尖的培养基应以 MS 基本培养基为基础，附加 6-BA 5.0 mg/L、AD 10.0 mg/L 为好。这种培养基有利于芽的发生且芽的数量较多。6-BA 和 AD 的浓度过高均对不定芽的生长有抑制作用。

2. 初代培养

在茎尖培养过程中，通常可见早期香蕉茎尖开始膨大，然后叶原基伸长并逐渐形成小叶片，茎尖生长成芽。初时生长较慢，后基部逐渐长大形成基盘，并分化出白色球状小突起，再培养 1～2 个月后，逐渐长大成丛生芽，芽数通常有 2～3 个。此时若转入新鲜培养基，芽苗的生长会加快并形成较多的丛生芽。同时，取样进行血清学检测，检测有无病毒，以便及早清除病毒苗。

3. 继代培养

当苗高 1～2 cm 时，将具有丛生芽苗的基盘切成若干块(每块带一株苗)，转至增殖培养基进行继代培养。合适的增殖培养基如下：MS＋6-BA 2.0～5.0 mg/L＋NAA 或 IBA 0.1～1.0 mg/L＋AD 5.0～12.0 mg/L。外植体增殖培养温度为 25～28 ℃，每天光照 10～12 h，光照强度 1000～2000 lx。采用弱光甚至无光也能正常的分化和生长。

4. 生根培养

当外植体增殖芽达到一定数量时，将 2～3 cm 高的苗切下转入加有 1～3 g/L 活性炭的生根培养基中培养。生根培养基为 MS＋NAA 5.0 mg/L＋6-BA 1.0 mg/L＋3%蔗糖或 MS＋NAA 1.0 mg/L＋6-BA 2.0 mg/L＋3%蔗糖。在上述培养基中，不加生长素也能生根，但需时较长且生根少。生根培养适宜温度为 25～28 ℃，每天光照 10～12 h，光照强度2000～4000 lx。

5. 香蕉组织培养苗假植

香蕉组织培养苗培育出来后不宜直接移植于大田中，只能对香蕉组织培养苗施行逐步锻炼，使其逐渐适应新的环境条件。这种由瓶苗到移入大田前的炼苗过程称为香蕉组织培养苗的假植。

1）香蕉组织培养苗假植方法

香蕉组织培养苗在大棚内可一年四季假植，但因香蕉大田种植期多为春植和秋植，故香蕉组织培养苗也应依大田种植季节假植。如供春植(3—4 月)，香蕉组织培养苗应在 11 月至次年 2 月上旬入袋；如配合秋植，香蕉组织培养苗应在 6—7 月入袋种植。此外还可根据大田种植所需苗的大小而决定香蕉组织培养苗入袋时间。如需大苗一般应提早入袋种植以便增加袋苗培育时间。在香蕉组织培养苗从试管转入营养袋时还要注意苗的质量，一般要求瓶苗的假茎高 2.5 cm 以上，粗为 0.3～0.4 cm，假茎浅绿色；具有 2 张以上自然平展的绿叶和 2 条以上白色的根，根粗而长 3 cm 以上，有分叉侧根和根毛。经选择后的香蕉组织培养苗应将其根部的培养基洗干净并注意保持适当湿度，然后在 24 h 以内植入营养袋中。

2）苗床准备

假植大棚应选择在交通方便、水电供应良好、生态条件优越、远离旧蕉园和病虫害中间寄主如果树、蔬菜等作物的地方。育苗棚的大小可根据育苗量或地块形状而定，一般大棚长 30 m、宽 6 m、高 2.5 m，三条走道各留 50 cm。外层应用 40～60 目的防虫网，门口要设立缓冲间与双重防虫纱网门，四周用塑料编织布缝成的罩盖住；大棚内的场地要喷洒药液毒杀病虫及消毒病虫滋生地。场地清理完毕后要将地面整成中间稍高、两旁稍低的畦床，畦床使用前应先毒杀地下害虫。畦床用于放置假植的袋苗，袋中要装入优质的培养基质如塘泥、菜园土、火烧土、细煤渣、肥泥以及沤熟的木糠、椰糠和蔗渣，还有粗河沙、硅石和珍珠岩等等。装袋时可按一定的比例合理调配培养基质，可选择肥泥、火烧土和河沙各 1/3 充分混合，也可用塘泥 7 份、细煤渣 3 份或者椰糠 2 份、肥泥 8 份等装袋。装袋的营养土可占八成左右，留下的空位再加上约 2 cm 厚的河沙。

3）假植香蕉组织培养苗的管理

香蕉组织培养苗比常规繁育的吸芽娇嫩，因此在管理上应比培育吸芽精细。培育假植苗重点应在肥水的管理、温度的控制及病虫害的防治。香蕉组织培养苗对水分的要求十分严格，过湿、过干均易引起假植苗的死亡。一般在种植后应及时淋足定根水，以后可 2～3 d 淋水 1 次，新叶长出后改为每 1～2 d 淋水 1 次；植后棚内应保持 95%左右的湿度，多使用喷雾洒水的方法维持，如在高温干旱的季节更应注意。在小苗出圃前则应逐渐减少水分的供应。假植苗对肥料的要求没有对水分的要求严格。施肥期多掌握在出新根或抽新叶之后，以稀薄肥料为主，可淋施 0.1%～0.3%复合肥，也可以在固定期喷施叶面肥如 1%绿旺氮、绿旺钾和磷酸二氢钾等，促使幼菌健康生长。

假植苗在大棚中生长除要求肥水供应良好外，适宜的温度是其必需的条件。棚内的温度最好控制在 28～30 ℃，低于 8 ℃或高于 35 ℃均会造成危害。如遇低温可在棚内搭小拱架覆盖薄膜保温，也可用电或炭加温，而不能使用易产生一氧化碳的熏烟材料加温；如遇高温除喷雾降温外，也可在白天将围膜适当卷起靠自然风降温，这对炼苗也是有好处的。假植在大棚内的香蕉组织培养苗因棚内高温多湿，小苗很易受真菌、细菌等病害危害。特别是锈红斑点常易在小苗叶面上发生，随后形成褐斑的叶瘟病。此外急性叶枯病在小苗期也很易感染，应注意检查和防治。药物防治多使用灭病威、多菌灵、敌力脱和瑞毒铜等，但使用的浓度应比平常低些。

6. 香蕉组织培养苗移植大田

一般在出圃前 1 周先揭起大棚四周薄膜让假植苗继续锻炼，以提高小苗在大田中的适应性，然后才选择优质的小苗出圃。优质假植苗的出圃标准是：小苗假茎高 8～10 cm，新出叶片 5～7 张，叶色青绿而无病虫害，无徒长和无变异，根系发达。

知识链接

目前具有商品价值的香蕉栽培品种几乎全是三倍体，为营养性结实。由于香蕉没有种子，给繁殖和育种都带来一定困难。因此人们从20世纪60年代就开始进行香蕉组织培养，20世纪70年代香蕉茎尖培养成功，近年来相继在微繁殖、脱病毒、单克隆抗体、分子生物学和遗传转化等方面开展了工作。

目前，世界各香蕉主产国绝大部分应用组织培养快速繁殖技术生产香蕉种苗。我国1989年开始工厂化育苗，现已可通过工厂化大规模生产。我国的福建、广西、广东、海南等主产省区大多数香蕉园都种植组织培养苗。香蕉组织培养苗的工厂化生产及其应用，使我国乃至世界的香蕉生产方式发生了革命性变化。第一是工厂化大量生产有利于优良品种(系)的迅速推广，同时在严重受灾年份可及时提供大量香蕉苗以恢复生产；第二是控制了病毒类病害通过种苗传播，推广香蕉组织培养苗后，我国香蕉束顶病等病害的发病率显著降低；第三是香蕉组织培养苗生长整齐，有利于管理与销售；第四是种植香蕉组织培养苗可以提高产量和商品率，据测算，香蕉组织培养苗比传统繁殖苗增产30%～50%，商品率达90%，效益显著增加。通过香蕉组织培养苗的推广，我国香蕉的种植面积、产量、效益等保持比较快的增长势头，香蕉的收获面积从1987年的15.27万公顷增加到2004年的25.51万公顷，增长67.06%；产量从202.90万吨增加到629.32万吨，增加两倍多。

在过去70年中，用传统育种方法对香蕉品种改良所起的促进作用很少，目前所栽培的大多数品种都是从群体中筛选单个植株繁殖而来的。随着香蕉组织培养技术如分生组织培养、愈伤组织培养、悬浮细胞培养、原生质体培养等技术的改进，在离体条件下进行自发或诱变育种已成为可能。近年来，香蕉愈伤组织培养、悬浮细胞培养、原生质体培养和体细胞胚胎发生方面的研究取得了较大的进展。

四、组织实施

(1) 明确香蕉脱毒与快速繁殖的意义，通过分组制订香蕉脱毒与快速繁殖方案，掌握香蕉常用的茎尖培养脱毒方法和技术，掌握香蕉快速繁殖技术。

(2) 在教师指导下，各小组根据制订的方案对香蕉进行茎尖培养脱毒与快速繁殖，做好每组及个人的标记，并注意观察污染、褐变等情况。一周以后，根据茎尖分化生长情况，统计芽分化率和增殖系数、增殖周期、生根率等。

(3) 各小组对香蕉脱毒与快速繁殖中出现的问题进行总结，并互相检查。

(4) 教师对各小组任务完成情况进行讲评，对整个过程的安排提出合理化建议，解答学生对本次任务的疑问。

五、评价与考核

项目	考核内容	要求	赋分
平时表现	考勤、卫生、合作情况;无菌意识及行为习惯	全勤、个人卫生良好、团结协作;具备无菌意识、具有良好规范的行为习惯	10
方案制订	① 方案格式	方案书写格式正确、字迹工整	10
	② 内容	内容完整,客观分析了任务实施中可能出现的问题及困难并提出解决的方法	
操作过程	① 外植体(吸芽)的准备	吸芽消毒方法正确,吸芽茎尖剥离大小合适,接种迅速、方法正确	60
	② 香蕉试管苗增殖培养	香蕉试管苗增殖途径选择正确,材料切割大小合适	
	③ 香蕉试管苗生根培养	生根苗切割大小合适	
	④ 香蕉组织培养苗的假植	假植苗选择得当,假植方法正确	
	⑤ 假植香蕉组织培养苗的管理	假植苗肥水、温度管理得当	
	⑥ 移植	移栽的为优质假植苗,移栽方法正确	
任务实施结果	① 实物瓶苗	香蕉茎尖培养瓶苗:10 瓶/人	20
	② 污染率、成芽率;增殖周期及系数、生根率、假植成活率	污染率≤10%,成芽率≥80%;增殖周期及系数合适,生根率≥90%,假植成活率≥90%	

任务 3　马铃薯脱毒与快速繁殖技术

学习目标

(1) 掌握马铃薯常见的脱毒方法与技术。

(2) 掌握马铃薯快速繁殖途径、程序、快速繁殖方法与技术。

(3) 能够科学设计马铃薯脱毒与快速繁殖方案。

(4) 能够采用热处理与茎尖脱毒的方法对马铃薯进行脱毒处理。

(5) 能够对马铃薯脱毒苗进行鉴定和快速繁殖,获得大量无病毒苗。

任务要求

由教师提出任务,学生以组为单位查找资料制订马铃薯脱毒与快速繁殖方案。然后经教师审定后,根据制订的方案和生产实际,在教师指导下各小组完成马铃薯脱毒与快速繁殖任务。

一、任务提出

教师通过一系列图片向学生展示脱毒和未脱毒的马铃薯苗及其在生产中的表现，提出如下学习任务。

(1) 马铃薯脱毒与快速繁殖的意义是什么？

(2) 马铃薯常见的脱毒方法有哪些？影响脱毒效果的因素有哪些？

(3) 马铃薯脱毒苗常见检测与鉴定方法有哪些？

(4) 马铃薯试管苗快速繁殖是通过什么途径实现的？

(5) 马铃薯脱毒种薯生产程序与生产技术是什么？

二、任务分析

马铃薯是一种全球性的重要作物，在我国的种植面积占世界第二位。由于它具有生长周期短、产量高、适应性广、营养丰富、耐储藏、好运输等特点，已成为世界许多地区重要的粮食作物和蔬菜作物。但是，马铃薯在种植过程中很容易感染病毒而导致大幅度减产，并且马铃薯在生产和育种中还存在着以下问题：栽培种基因库贫乏，缺乏抗病抗虫基因；无性繁殖使病毒逐代积累，品质退化，产量下降；杂种后代基因分离复杂，隐形基因出现概率很低，使得常规育种难度加大。因此，组织培养技术在马铃薯脱毒、育种和微型薯生产等方面显得十分重要。

从20世纪70年代开始，利用茎尖分生组织离体培养技术对马铃薯进行脱毒处理，使马铃薯的增产效果极为显著，后来又在离体条件下生产微型薯和在保护条件下生产小薯再扩大繁育脱毒种薯，全面大幅度提高了马铃薯的产量和质量。因此，利用茎尖培养技术对马铃薯进行无病毒植株的培养具有重要的意义。

三、相关知识

马铃薯是茄科茄属多年生草本，但作一年生或一年两季栽培。其块茎可供食用，是重要的粮食、蔬菜兼用作物。

(一) 形态特征与生物学习性

普通栽种马铃薯由块茎繁殖生长，形态因品种而异。株高50～80 cm。茎分地上茎和地下茎两部分。块茎圆、卵圆或长圆形。薯皮的颜色为白色、黄色、粉红色、红色或紫色；薯肉为白色、淡黄色或黄色。由种子长成的植株形成细长的主根和分枝的侧根；而由块茎繁殖的植株则无主根，只形成须根系。初生叶为单叶，全缘。随植株的生长，逐渐形成羽状复叶。聚伞花序顶生，有白色、淡蓝色、紫色和淡红色等。马铃薯性喜冷凉、怕霜冻、忌炎热。块茎在土温5～7 ℃开始发芽，18 ℃生长最好；茎叶生长适温为20 ℃，块茎膨大要求较低温度，适宜土温为15～18 ℃，超过25 ℃停止生长膨大，高温季节易发生病毒病而引起退化。马铃薯是喜光作物，生长期间多雨，光照不足会使茎叶徒长，块茎发育不良，产量低。马铃薯耐酸不耐碱，要求在pH值为5.5～6.0的微酸性疏松的沙壤中生长，碱性土栽培易发生疮痂病，生长期间肥水充足，增施磷钾肥，能提高块茎产量和淀粉含量，增强块茎储藏性。

（二）马铃薯组织培养

一般先采用热处理与茎尖组织培养结合的方法，诱导出无菌试管苗，采用酶联免疫吸附测定或指示植物鉴定马铃薯病毒和类病毒。经鉴定后，无主要病毒及类病毒的试管苗可定为脱毒试管基础苗。试管基础苗在无菌条件下，采用固体培养基、液体培养基相结合的方法，扩大繁殖基础苗，在防虫网室栽植或封闭温室扦插，生产出原原种（或称脱毒小薯）。用原原种在一定隔离条件下产生原种1代，以后逐级称为原种2代、良种1代、良种2代。

马铃薯组织培养流程如图11-4所示。

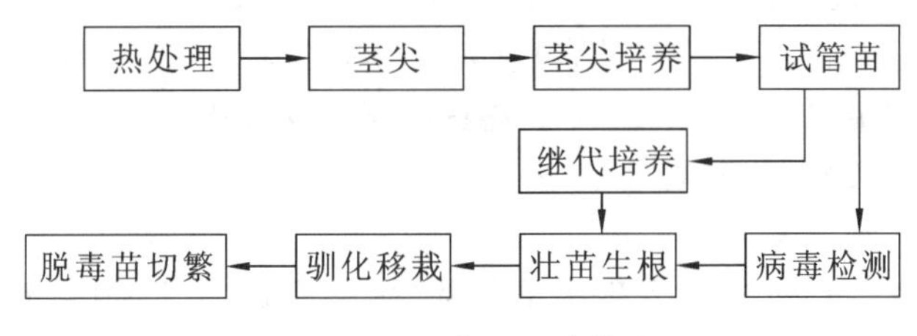

图11-4　马铃薯组织培养流程

1. 无菌体系的建立

1）外植体的选取、灭菌和接种

挑选新鲜的马铃薯块茎，将表面刷洗干净后置于烧杯中，用75%酒精浸泡30 s，无菌水冲洗2次，然后在2.5%次氯酸钙溶液或次氯酸钠溶液中消毒8～10 min，用无菌水冲洗4～5次。将消毒的马铃薯置于培养室中25 ℃暗培养，使其萌芽。当芽长至2 cm时，转至人工气候箱或恒温箱内，在38 ℃条件下处理2周，然后取5 mm茎尖培养。此法对PVS和PVX病毒脱毒效果较为理想。为避免处理材料的热损伤，也可对植株采用40 ℃（4 h）和20 ℃（20 h）两种温度交替处理的方法处理4～12周，比单用高温处理的效果更好。

将热处理后的茎尖再次常规表面消毒后放在10～40倍的立体显微镜下衬有无菌湿滤纸的培养皿内，用解剖针剥去外部幼叶和大的叶原基，直接露出圆亮的生长点，再用解剖刀切取0.1～0.3 mm、带有1～2个叶原基的茎尖，迅速接种到诱导培养基上。

茎尖脱毒的效果与切取的茎尖大小直接相关，茎尖越小脱毒效果越好，但茎尖越小再生植株的形成也越困难。病毒脱除的情况也与病毒的种类有关。如由只带一个叶原基的茎尖培养所产生的植株，可全部脱除马铃薯卷叶病毒，约80%的植株可脱除马铃薯A病毒和Y病毒，约50%的植株，可全部脱除马铃薯X病毒。

2）培养基及培养条件

马铃薯茎尖分生组织培养采用MS和White两种基本培养基效果都很好。附加少量（0.1～0.5 mg/L）的生长素或细胞分裂素或两者都加，能显著促进茎尖的生长发育，其中生长素NAA比IAA效果更好些。在培养前期加入少量的赤霉素类物质（0.1～0.8 mg/L），有利于茎尖的成活与伸长。但浓度不能过高，使用时间不能过长，否则会产生不利影响，使茎尖不易转绿，叶原基迅速伸长，生长点并不生长，最后整个茎尖发生褐变而死。

培养一般要求温度（25±2）℃，光照强度前4周为1000 lx，4周后可增至2000～3000 lx，光照16 h/d。

2. 初代培养

马铃薯茎尖接种于MS固体培养基或液体培养基上，每升加0.1 mg IAA、0.1 mg GA_3至pH值为5.8。也可接种于White培养基上，附加0.1～1 mg/L NAA和0.05 mg/L6-BA。培养条件:21～25 ℃、3000 lx、16 h/d。在正常情况下，茎尖颜色逐渐变绿，基部逐渐增大，茎尖逐渐伸长，大约1个月就可见明显伸长的小茎，叶原基形成可见的小叶，继而形成幼苗。

成苗后按照脱毒苗质量监测标准和病毒检测技术规程进行病毒检测，检测无毒的为脱毒苗。

3. 继代培养

将脱毒苗的茎切段，每个茎段带1～2个叶片和腋芽，转入增殖培养基(MS+0.8%琼脂或MS+3%蔗糖+4%甘露+0.8%琼脂)中培养，每瓶接种4～5个茎段。培养温度22 ℃，光照16 h/d，光照强度1000 lx。经20 d左右培养可发育成5～10 cm高小植株，可再进行切段繁殖，此法速度快，每月可繁殖5～8倍。

4. 生根培养

待苗长至1～2 cm高时，转入生根培养基(MS+IAA 0.1～0.5 mg/L+活性炭1～2000 mg/L)，培养7～10 d生根。

5. 试管苗驯化与移栽

炼苗的具体方法是:移植前7 d左右，将长有3～5片叶、高2～3 cm的试管苗，在不开瓶口的状态下，从培养室移至温室排好。移植时，将装好基质的营养钵紧密地排放于温室内，已经整好的阳畦内，可采用珍珠岩作为基质，有条件的话，也可采用灭过菌的疏松土壤。每1 m^2排放营养钵300个左右。排好后用喷壶浇透水，将经光、温锻炼好的试管苗从瓶内用镊子轻轻取出，放到15 ℃的水中洗去培养基，放入盛水的容器中，随时扦插，防止幼苗失水。大的幼苗可截为2段，每个营养钵插一个茎段，上部茎段和下部茎段分别扦插到不同的钵内。一般情况下，扦插后的最初几天，每天上午喷一次水，保持幼苗及基质湿润。但喷水量要少，避免因喷水过多造成地温偏低而影响幼苗生长和成活。切忌暴晒时用凉水浇苗。为提高水温，可提前用桶存水于温室中。随幼苗生长逐渐减少浇水次数，但每次用水量逐渐加大。在幼苗生长及整个切繁期，温室内的相对湿度保持在85%以上，白天温度控制在25～28 ℃，夜间温度保持在15 ℃以上。基础苗切繁前和培育大田定植苗时，一般不再追肥。但基础苗开始切繁后2～3 d要喷一次营养液，此后每隔10 d喷一次，直至切繁终止。

6. 脱毒苗切繁

马铃薯试管苗驯化移栽成活后便可切繁，但切繁量的多少和质量的高低，除与前面提到的水与温度和湿度条件有关外，能否掌握正确的切繁方法和适宜的切繁苗龄也是非常重要的。

脱毒苗切繁主要是剪取顶部芽尖茎段(主茎芽尖和腋芽芽尖)直接扦插。正确的切繁原则是保证每次剪切后，基础苗仍能保持较好的株型、营养面积与较多的茎节，不仅生长正常，而且又能萌发出多个腋芽供下次剪切，具体方法是:扦插约15 d后，当基础苗长有4～5个展出叶、苗高3.5～4 cm时进行首次切繁。从基础苗茎基部2～3个茎芽上方，用锋利刀片将上部茎芽切下(茎段不小于1 cm)，扦插到浇透水的营养钵内。此法培育供大田定植的脱毒苗，也可以培育作为供切繁的基础苗。如生产脱毒小种薯，可直接扦插到用营养土做好的畦床上或专用的无土培养盘中，扦插方法与后期管理同试管苗扦插方法与管理。第一次剪切后 10 d 左右，基础苗上萌发的腋芽长大时进行第二次切繁，方法同第一次。将剪切腋芽基部的第一个叶片留下继续萌发腋芽，将上部茎尖芽段剪下扦插。基础苗上除剪取的腋芽外，仍有多个未萌发或未长大的腋芽，可将其全部切下。如果是高位腋芽，要连同着生腋芽的茎段一起剪下，以便基础苗保持较好、有利于继续切繁的株型，延长切繁期，以后无论切繁多少次，其方法和原则相同。

知识链接

(一) 马铃薯病毒检测鉴定方法

1. 汁液鉴定法

在马铃薯的病毒鉴定中，指示植物汁液鉴定法是最常用的方法，马铃薯 X 病毒、S 病毒、Y 病毒、M 病毒、A 病毒和纺锤块茎类病毒很容易通过该方法来鉴定(表 11-2)。汁液鉴定法检测马铃薯病毒常用的指示植物有苋科植物千日红和藜属植物苋色藜、曼陀罗、酸浆、心叶烟草、豇豆等。许多马铃薯病毒能使这些指示植物产生局部坏死病斑或系统发病，一般用系统发病来鉴定寄生。

表 11-2 马铃薯病毒的指示植物及症状表现

病毒	指示植物	病状特征
X 病毒	烟草	7 d 轻重不同的花叶和病斑
	曼陀罗	7 d 轻重不同的花叶和枯死斑
S 病毒	烟草	20 d 产生明脉和斑驳
纺锤块茎类病毒	番茄	2～3 周植株矮化、分枝直立
A 病毒	心叶烟草	10 d 产生明脉、皱缩
Y 病毒	烟草	7～10 d 产生明脉、脉间花叶
M 病毒	番茄	带病无症状、与隐潜花叶病毒分开
卷叶病毒	酸浆	7～10 d 矮化褪绿，卷叶
奥古巴花叶病毒	心叶烟草	12 d 黄斑花叶

1) 脱毒苗培育与指示植物栽植

在防虫网室内，提前播种曼陀罗、烟草等指示植物种子，培育实生苗(按常规管理)；茎尖培养脱毒法培育马铃薯试管苗作为待检苗。

2) 叶片研磨

取被鉴定植株幼叶 1～3 g，置于等容积的缓冲溶液(0.1 mol/L 磷酸钠溶液)中研成匀浆，再在汁液中加入少许 600 号金刚砂，作为指示植物摩擦剂，制成匀浆。

3) 汁液涂抹

取 3～5 片真叶的指示植物幼苗，用棉球蘸取汁液在指示植物叶面上轻轻涂抹几次进行接种，最后把叶面上多余的接种物用清水冲洗干净。涂抹叶片力度要适当，对叶片造成小的伤口，又不破坏表皮细胞。

4）接种后管理

把接种后的植物放在温室或者放置在防虫网内，株间与其他植物间都要留一定距离，保温 15～25 ℃，提供充足的营养、水、光等条件，促进指示植物系统发病。

5）观察记录

症状的表现取决于病毒性质和汁液中病毒的数量，一般需要 6～8 d 或是几周，指示植物即可表现症状。凡是出现枯斑、花叶等病毒症状的茎尖苗为带毒苗，将相应的试管苗淘汰。

2. 分子生物技术

直接用于马铃薯病毒检测的分子生物学技术主要有：RT-PCR 技术、指示分子-核酸序列扩增技术、核酸杂交技术等。

（二）马铃薯脱毒种薯快速繁殖技术

通过茎尖培养只能得到很少的无病毒植株，而大规模生产需要数以万计的健康种薯。同时无病毒植株并不会对该病毒产生免疫能力，因此仍会在繁殖中再次侵染。如何在以后繁殖中防止受病毒再侵染是很关键的一环。目前在生产上用的方法很多，下面介绍主要的几种。

1）直接块茎繁殖

这是常用的方法，把少量无病毒小苗直接移入无虫网室的土壤中，利用产生的块茎继续繁殖，并进行严格的病毒鉴定，一旦发现病毒再侵染，即行淘汰，将经过 5～6 次繁殖的无病毒块作为一级原种，提供大田繁育体系做进一步扩大繁殖。

2）扦插繁殖

把无病毒植株栽于无虫室的营养钵中，1～2 个月以后切顶芽做插枝。切去顶芽后，又促进侧芽发生，很快长成侧枝。扦插时，将扦插最下面的叶除去，插入经过消毒的沙壤土中，插入深度为两个节间。在插后 1 周时间内，维持土壤湿润，插枝就能产生新根。有些插枝地下部分会结出块茎，应及时除去，否则这些插枝不能生根，最后会枯死。经过 2 周多的生长时间，插枝就可以多移栽，或供作进一步切取插枝的母株，或让其块茎提供一级原种。母株应经常更新，防止因太老导致生根困难。

3）微型薯生产繁殖

试管微型薯是由试管苗在试管中产生的 1～30 g 微小的脱毒马铃薯。试管微型薯具有以下特点：实用价值高，种性好；繁殖速度快，效率高；体积微小，重量轻；休眠时间长，便于保存。

试管微型薯主要有以下几方面的用途。

（1）用于种薯微型化。微型薯除具有大种薯的生长发育特征外，还具有已脱毒的特点，是马铃薯良种繁育的重要措施。

（2）用于病毒检测。因试管微型薯不携带病毒，可作为病毒检测的对照材料。

（3）用于种质资源交流。微型薯可长期保存，便于运输，有利于种薯交流。鉴于此，许多国家已经在马铃薯良种繁育体系中采用微型薯生产方法，并以微型薯的形式作为种质资源保存与交换材料。

（三）微型薯生产繁殖技术

首先，单茎节培育壮苗，将脱毒试管苗的茎切断，每个茎段带有1～2个叶片或腋芽，接种在固体MS培养基中培养形成壮苗。培养条件为22 ℃，16 h/d光照，光照强度为1000 lx。

其次，壮苗增殖，切断壮苗茎，在液体培养基或者固体MS培养基上扩大繁殖。培养条件同上。

国内外常采用的培养基还有：①MS+3%蔗糖+0.8%琼脂；②MS+2%蔗糖；③MS+3%蔗糖+4%甘露醇+0.8%琼脂；④MS+CCC 50 mg/L+6-BA 6.0 mg/L+0.8%琼脂或MS+香豆素50～100 mg/L。

再次，微型薯的诱导要求有一定量的激素，并且需要黑暗条件。激素的需求量和种类在不同的研究中报道有所不同，从微型薯的形成时间和数目综合比较，以国际马铃薯研究中心推广的方法为好，即在液体或固体的MS培养基上添加CCC 500～700 mg/L和6-BA 3.0～10.0 mg/L，或者添加香豆素50～100 mg/L。在黑暗条件下培养，即可形成试管苗微型薯。

最后温室生产微型薯，现在单纯依靠科研单位生产微型薯原种已经不能满足生产的需要。为解决这一问题，专门设计通过温室多层架盘生产微型薯的方法。

温室多层架盘工厂化生产方法是：在温室4～6层育苗架上放育苗盘，基质可以是蛭石等，将培养瓶繁殖的脱毒苗以单茎或双芽茎段扦插，然后在人工调控的温度和光照下经60～90 d即可收获微型薯。扦插时以GA 3 mg/L+NAA 5 mg/L浸泡茎段，扦插苗成活率高达98%。

四、组织实施

本任务持续时间较长，一定要提前做好安排，块茎催芽提前进行，指示植物要提前准备。

(1) 明确马铃薯脱毒与快速繁殖的意义，通过分组制订马铃薯脱毒与快速繁殖方案，掌握马铃薯常用的微茎尖培养脱毒方法和技术，熟悉马铃薯快速繁殖生产程序，掌握马铃薯快速繁殖技术。

(2) 在教师指导下，各小组根据制订的方案对马铃薯进行微茎尖培养脱毒与快速繁殖，做好每组及个人的标记。并注意观察污染、褐变情况；统计茎尖分化生长情况，统计芽分化率和增殖系数、增殖周期、生根率等。

(3) 各小组对马铃薯脱毒与快速繁殖中出现的问题进行总结，并互相检查。

(4) 教师对各小组任务完成的情况进行讲评，对整个过程的安排提出合理化建议，解答学生对本次任务的疑问。

五、评价与考核

项目	考核内容	要求	赋分
平时表现	考勤、卫生、合作情况;无菌意识及行为习惯	全勤、个人卫生良好、团结协作;具备无菌意识、具有良好规范的行为习惯	10
方案制订	① 方案格式	方案书写格式正确、字迹工整	10
	② 内容	内容完整,客观分析了任务实施中可能出现的问题及困难并提出解决的方法	
操作过程	① 马铃薯块茎催芽	马铃薯块茎热处理温度和时间合理	60
	② 茎尖剥离及接种	茎尖剥离大小合适,接种迅速、方法正确	
	③ 马铃薯试管苗增殖与生根	马铃薯试管苗增殖途径选择正确,增殖与生根材料切割大小合适	
	④ 马铃薯试管苗脱毒鉴定	马铃薯试管苗脱毒鉴定方法正确	
	⑤ 驯化移栽	试管苗驯化移栽方法正确,管理合理	
	⑥ 所有操作熟练、规范程度	各步骤操作熟练、规范	
任务实施结果	① 实物瓶苗	马铃薯茎尖培养瓶苗:10瓶/人	20
	② 污染率、成芽率、脱毒率;增殖系数、周期、生根率、移栽成活率	污染率≤10%,成芽率≥80%;增殖系数与周期合理,生根率≥90%,移栽成活率≥90%	

任务4　甘薯脱毒与快速繁殖技术

学习目标

(1) 掌握甘薯常见的脱毒方法与技术;掌握甘薯快速繁殖途径、程序、快速繁殖方法与技术。

(2) 能够科学设计甘薯脱毒与快速繁殖方案;能够采用茎尖脱毒的方法对甘薯进行脱毒处理;能够对甘薯脱毒苗进行鉴定和快速繁殖,获得大量种薯。

任务要求

由教师提出任务,学生以组为单位查找资料制订甘薯脱毒与快速繁殖方案。然后经教师审定后,根据制订的方案和生产实际,在教师指导下各小组完成甘薯脱毒与快速繁殖任务。

一、任务提出

教师通过一系列图片向学生展示脱毒和未脱毒的甘薯苗及其在生产中的表现,提出如下学习任务。

(1) 甘薯脱毒与快速繁殖的意义是什么?
(2) 甘薯常见的脱毒方法有哪些?
(3) 甘薯脱毒苗常见检测与鉴定方法有哪些?
(4) 甘薯试管苗快速繁殖是通过什么途径实现的?
(5) 甘薯种薯一般分为几级?如何繁育?

二、任务分析

甘薯是一种以无性繁殖为主的杂种优势作物,但长期营养繁殖导致甘薯病毒蔓延,致使产量和质量降低,种性降低。甘薯病毒病已成为我国甘薯生产的最大障碍之一,每年因此造成的损失已超过50亿元人民币。甘薯病毒尚无药可治,茎尖培养是目前防治甘薯病毒病的最有效方法。所以通过组织培养脱毒技术培育甘薯无病毒种苗具有十分重要的意义。

三、相关知识

甘薯(*Ipomoea batatas Lam.*),又名番薯、山芋、地瓜、红苕、线苕、白薯、金薯、甜薯、朱薯、枕薯等,为我国四大主要粮食作物之一,也是饲料和轻工业的重要原料。

(一) 形态特征与生物学习性

甘薯为旋花科一年生植物。蔓生草本,长2 m以上,平卧地面。具有地下块根,块根纺锤形,外皮土黄色或紫红色。叶互生,宽卵形,3~5掌裂。聚伞花序腋生,花白色至紫红色。蒴果卵形或扁圆形,种子1~4。块根为淀粉原料,可食用、酿酒或作饲料。全国广泛栽培。甘薯是高产稳产的一种作物,它具有适应性广、抗逆性强、耐旱耐瘠、病虫害较少等特点,在水肥条件较好的地方种植,一般春薯亩产可达2000~3000公斤。

(二) 甘薯组织培养技术

甘薯组织培养流程如图11-5所示。

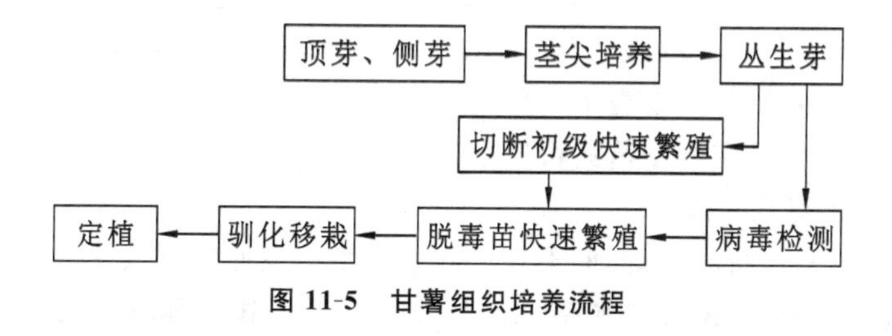

图11-5 甘薯组织培养流程

1. 无菌体系的建立

1) 外植体的选取、灭菌和接种

选择适宜当地栽培的高产优质或用途特殊的甘薯品种植株作为母株,取枝条,剪去叶片后切成数段。每段带一个腋芽,含顶芽的2~3节。

剪好的茎段经流水冲洗数分钟后,用滤纸吸干表面水分后于70%酒精中浸泡10 s,再用0.1%升汞溶液消毒10 min,用无菌水冲洗5次;或用10%次氯酸钠溶液消毒15 min,用无菌水冲洗3次。

把消毒好的芽放在立体显微镜下,无菌剥去顶芽和腋芽上较大的幼叶,切取0.3~

0.5 mm含1～2个叶原基的茎尖组织，接种在培养基上。

2）培养基及培养条件

甘薯茎尖培养较理想的培养基为MS＋IAA 0.1～0.2 mg/L＋6-BA 0.1～0.2 mg/L＋3%蔗糖，pH值为5.8～6.0。若添加GA_3 0.05 mg/L，对茎尖的生长和成苗会有更好的促进作用。培养条件以温度25～28 ℃，光照强度1500～2000 lx，光照14 h/d为宜。

2. 初代培养

不同品种的茎尖生长情况有差异。一般培养10 d茎尖膨大并转绿，培养20 d左右茎尖形成2～3 mm的小芽点，且在基部逐渐形成绿色愈伤组织。此时应将培养物转入无激素的MS培养基上，以阻止愈伤组织的继续生长，使小芽生长和生根。芽点基部少量的愈伤组织对茎尖生长成苗有促进作用，但愈伤组织的过度生长对成苗则非常不利，且有明显的抑制作用。

3. 初级快速繁殖

当薯苗长至3～6 cm高时，将小植株切段进行短枝扦插，除顶芽一般带有1～2片展开叶片外，其余的切段都是具一节一叶的短枝。切段直插于三角瓶内无植物生长物质的MS培养基中，培养条件同茎尖培养。2～3 d内，切段基部即产生不定根，30 d后长成具有6～8片展开叶的试管苗。

4. 脱毒苗快速繁殖

试管苗经严格检测确认为脱毒苗后，可进行试管切段快速繁殖。试管繁殖脱毒苗一般30～40 d为一个繁殖周期，一个腋芽可长出5片以上的叶，繁殖系数约为5。为降低人工培养的成本，可用食用白糖代替蔗糖；将培养基中的大量元素减半，甚至用1/4MS（大量元素）培养基；尽可能利用自然光照培养；也可用经检验合格的自来水代替蒸馏水或无离子水。

5. 试管苗驯化移栽

1）试管苗驯化移栽

取株高达到3～5 cm的健壮苗，将瓶塞打开，置室温和自然光照下锻炼2～3 d，使幼苗逐渐适应外界环境条件。移栽时倒入一定量的清水，振摇后松动培养基，小心取出幼苗，洗去根部的培养基以防杂菌滋生，再移至灭菌的蛭石或沙性土壤中。待苗生根、长出新叶后再移植于土壤中，有利于苗的快速生长。

2）试管苗驯化移栽管理

基质温度是根系成活的关键，但不宜过湿。应维持良好的通气条件，促使根生长。空气也应保持湿润，以防试管苗失水枯死。移栽初期，可用塑料薄膜覆盖。温度以25～30 ℃为宜，并注意遮阳，避免日晒。

脱毒苗繁育虽在防虫网内进行，但有时会因封闭不严或土内自生性出蚜，而导致网内有蚜虫等现象发生，或者出现地下害虫危害。为此，应定期喷洒农药，防治病虫害。

6. 适时定植

蛭石缺乏植物生长必需的营养，故当薯苗成活后，应及时植于防虫网内已消毒的土壤中，促使其生长。为提高网室利用率，定植的薯苗应适当密植。采取剪秧扦插、以苗繁苗的方式，可在短期内得到数量巨大的脱毒苗。在北方，为克服冬、春温度过低的影响，可建立防虫温室，并辅以取暖升温措施，保证脱毒全年进行繁育。以此法繁育的薯苗在防虫网内所结薯块即为原原种薯。

知识链接

甘薯种薯繁育

1. 脱毒苗的快速繁殖

脱毒试管苗可进行试管切段快速繁殖，也可在防虫条件下于无菌基质中栽培、繁殖。在防虫温室或网室内，可将经炼苗后的脱毒试管苗移至蛭石、河沙等基质中，待其成活后，连根拔出移栽入已消毒的土壤中。缓苗后薯苗迅速生长，之后定期剪秧扦插（约 10 d），以苗繁苗，其性能与试管苗无异，以求短期内获得大量脱毒苗。防虫网一般采用 35～45 目的尼龙网罩在棚架外而成。为加速脱毒薯苗的繁育，可建造防虫温室，使快速繁殖在冬、春季照常进行。为防止温室内温度偏低，也可采取铺设地热线或燃料侧基反应等措施，保证薯苗正常生长。

2. 原原种的繁育

在防虫温室或网室的无病毒土壤上种脱毒苗，让其结薯，即为原原种薯，育出的苗即为原原种苗。原原种比试管苗更便于分发运送，以供应生产原种。

3. 原种的繁育

原种生产也应在防虫温室或网室的无病毒土壤上进行，以原原种为种植材料，必要时可以苗繁苗，取得较多的原原种苗，培育的种薯即为原种。

4. 种薯的繁育

种薯可分为不同的等级，一级种薯的生产要求：在隔离地块上栽培原种，地块四周 500 m 以内的范围不栽甘薯，生长期及时拔除病株及其薯块，及时喷药治虫，还可在田间种植指示植物，以了解脱毒和病毒传播情况。2～3 级脱毒种薯生产地块的条件可适当降低，种薯每种一年降一级。脱毒种薯、种苗用于生产，增产效果一般可维持 2～3 年，其后应更换新的脱毒种苗、种薯。

四、组织实施

本任务持续时间较长，一定要结合生产提前做好安排。

（1）明确甘薯脱毒与快速繁殖的意义，通过分组制订甘薯脱毒与快速繁殖方案，掌握甘薯常用的茎尖培养脱毒方法和技术，掌握甘薯种薯繁育技术。

（2）在教师指导下，各小组根据制订的方案对甘薯进行茎尖培养脱毒和种薯繁育，做好每组及个人的标记。并注意观察污染、褐变情况；观察茎尖分化生长情况，统计芽分化率和增殖系数、增殖系数周期、生根率等相关指标。

（3）各小组对甘薯脱毒与快速繁殖中出现的问题进行总结，并互相检查。

（4）教师对各小组任务完成的情况进行讲评，对整个过程的安排提出合理化建议，解答学生对本次任务的疑问。

五、评价与考核

项目	考核内容	要求	赋分
平时表现	考勤、卫生、合作情况；无菌意识及行为习惯	全勤、个人卫生良好、团结协作；具备无菌意识、具有良好规范的行为习惯	10
方案制订	① 方案格式	方案书写格式正确、字迹工整	10
	② 内容	内容完整，客观分析了任务实施中可能出现的问题及困难并提出解决的方法	
操作过程	① 材料选择与消毒	材料选择合适，消毒方法正确	60
	② 茎尖剥离及接种培养	茎尖剥离大小合适，接种迅速、方法正确	
	③ 甘薯茎尖苗的初级快速繁殖	甘薯瓶苗增殖途径正确，材料切割大小合适	
	④ 甘薯试管苗脱毒鉴定	甘薯试管苗脱毒鉴定方法合适	
	⑤ 脱毒苗的试管快速繁殖	脱毒苗试管快速繁殖途径正确，材料切割大小合适	
	⑥ 所有操作熟练、规范程度	各步骤操作熟练、规范	
任务实施结果	① 实物瓶苗	甘薯茎尖培养瓶苗：10瓶/人	20
	② 污染率、成芽率、脱毒率；增殖周期及系数	污染率≤10%，成芽率≥80%，脱毒率≥80%；增殖周期及系数合适	

项目十二

林木组织培养技术

知识目标

（1）掌握林木组织培养快速繁殖的意义。

（2）掌握林木快速繁殖生产中外植体选择的依据。

（3）掌握林木组织培养快速繁殖程序。

能力目标

（1）能根据实际因地制宜正确选择外植体。

（2）能根据外植体种类确定培养基配方并能制备培养基。

（3）能熟练进行外植体的表面灭菌与接种。

（4）能独立进行林木组织培养。

任务分析

林物组织培养，就是分离林木的一部分，如茎段、叶、花、幼胚等，在无菌试管中，并配合一定的营养、激素、温度、光照等条件，使其产生完整植株。由于其条件可以严格控制，生长迅速，1～2个月即为一个周期，因此在林木生产上有重要应用价值。

在林木生产中，选择优良无性系进行扩大繁殖是发挥森林潜能、提高森林生产力、促进速生丰产的有效措施。因此，建立无性系林业已成为近年来国内林木改良中的一个重要发展趋势，也体现了对用材林“速生、丰产、优质”的要求，为此急需大量的优质无性系苗木。在林木方面，先后对马褂木、火炬松、马尾松、湿地松、白皮松、油松、杉木、泡桐、杨树、桉树、海岸红杉、香果树、柏木、核桃、桃、桑树、美国红栌等树种的组织培养进行了研究，成功地通过其器官、茎尖、成熟胚、花药和愈伤组织等诱导成苗，开始应用于生产。

本项目分解为三个任务来完成：第一个任务是杨树组织培养技术（4课时）；第二个任务是美国红栌组织培养技术（4课时）；第三个任务是桉树组织培养技术（4课时）。本项目共12学时，各院校结合生产选择相应任务来实施。

任务1　杨树组织培养技术

学习目标

(1) 掌握杨树组织培养的基本知识。

(2) 熟悉杨树组织培养的方法和流程。

任务要求

(1) 通过杨树的茎段培养获得杨树试管苗。

(2) 通过杨树叶片培养获得杨树试管苗。

(3) 掌握杨树的增殖培养。

(4) 掌握杨树试管苗生根培养。

一、任务提出

教师通过向学生展示杨树不同生长与分化阶段的试管苗和商品苗，激发学生的学习兴趣，提出如下学习任务。

(1) 杨树的生物学习性有哪些?

(2) 杨树组织培养中的外植体如何选取?

(3) 杨树组织培养中的外植体在灭菌和接种操作中应注意哪些要领?

(4) 杨树组织培养常用的培养基有哪些? 它的培养条件是什么?

(5) 如何进行杨树外植体的诱导和试管苗的继代培养?

(6) 杨树试管苗在生根和移栽阶段应注意哪些条件?

二、任务分析

杨树是重要的防护林、行道树和速生用材树种。组织培养促进了杨树的微体快速繁殖和基因转化技术的快速发展，使得杨树的遗传改良和大面积造林更加快捷、便利。尽管杨树组织培养技术日趋成熟，从愈伤组织的诱导、不定芽的分化，到植株再生和大田移栽，已形成了相当成熟的流程，但杨树组织培养效果的提高仍然受许多因素的影响，这些因素包括外植体、培养基、植物生长调节剂和温度、光照、碳水化合物等。对不同的杨树材料而言，这些因素的作用存在较大差别，需要在实验过程中做出必要的调整，通过对各个因素的优化，获得最佳的培养效果。

采用杨树不同部位组织进行培养时，营养和条件都有不同要求，才能生长和增殖；相同外植体在培养过程中，不同阶段对营养需求是不同的，在杨树组织培养过程中，就要针对不同阶段选用适合的培养基，并提供适宜的条件。所以，要求学生在学习过程中要保持严谨的科学态度。

三、相关知识

杨树为杨柳科杨属植物，雌雄异株。杨树分布广泛，从北纬 22°～北纬 70°，从低海拔到海拔 4800 m。它的自然分布主要在北半球的欧洲、亚洲、北美洲的温带及寒带，仅有 2 种原产于非洲。许多国家已开展杨树人工林的营建工作。杨树的工业用途非常广泛，不仅是包装箱的重要用材，也是刨花板、胶合板、纤维板、人造丝和纸浆工业的重要原料。

杨树组织培养流程如图 12-1 所示。

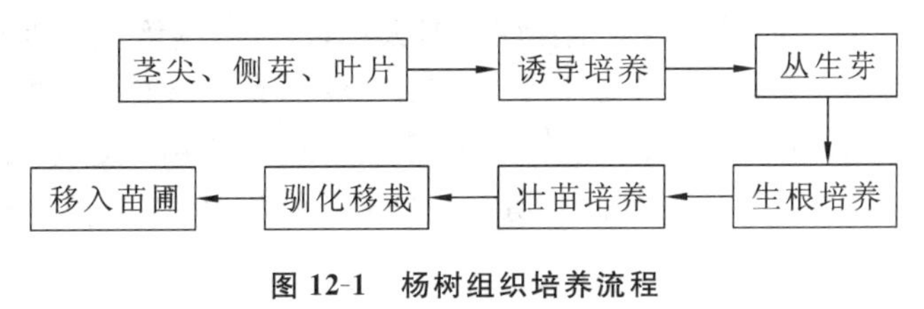

图 12-1 杨树组织培养流程

1. 外植体的选择与消毒灭菌

杨树外植体的取材来源较广，叶片、腋芽、茎尖、茎段、子叶、下胚轴、原生质体等都可以作为外植体。

进行组织培养需从健壮无病虫害的母株上取嫩枝，用洗衣粉液漂洗，用毛刷刷净枝条和腋芽处，再用自来水冲洗干净。在超净工作台上，用 70%酒精浸泡 20～30 s，用 0.1%氯化汞溶液灭菌 10 min(或在 0.1%氯化汞溶液中加 2～3 滴吐温浸泡 8 min)，并不断振荡，再用无菌水冲洗 4～6 次。将嫩梢剪成带顶芽或腋芽的 1～2 cm 的茎段。以芽为外植体时要剥除鳞片，以叶片为外植体时可剪成 0.5～1 cm^2 的碎片进行接种。

在启动培养时一般采用休眠芽作外植体。在超净工作台上，立体显微镜下剥取长度为2 mm 左右、带有 2～3 个叶原基的茎尖接种于初代培养基上。接种时可以每瓶或每管只接种一个茎尖，即将单个茎尖接种到装有少量(几毫升)培养基的锥形瓶或试管中进行预培养。预培养所用培养基为 MS+6-BA0.5 mg/L+水解乳蛋白 100 mg/L。经 5～6 d 后，选择没有污染的茎尖再转接到正式诱导芽分化的培养基 MS+6-BA0.5 mg/L+NAA 0.02 mg/L+赖氨酸 100 mg/L，用 2%果糖替代蔗糖。

2. 继代培养

1) 茎切段生芽扩大繁殖技术

将由茎尖诱导出的幼芽从基部切下，转接到新配制的生根培养基 MS+IBA 0.25 mg/L，盐酸硫胺素浓度提高到 10 mg/L。经一个半月左右培养，即可长成带有 6～7 个叶片的完整小植株。选择其中一株健壮小苗进行切段繁殖，以建立无性系。顶部切段带 2～3 片叶，以下各段只带一片叶，转接到生根培养基上。6～7 d 后可见到有根长出，10 d 后，根长可达 1～1.5 cm。待腋芽萌发并伸长至带有 6～7 片叶时，又可再次切段繁殖。如此反复循环，即可获得大批的试管苗。此后，每次切段时将顶端留作再次扩大繁殖使用，下部各段生根后则可移栽。如果按每个切段经培养一个半月，长成的小植株可再切成 5 段计算，每株苗每年可繁殖 60000 株左右。

2) 叶切块生芽扩大繁殖技术

先用茎切段法繁殖一定数量的带有 6～7 个叶片的小植株，截取带有 2～3 个展开叶的顶端切段仍接种到上述切段生根培养基上，作为以后获取叶外植体的来源。其余每片

叶从基部中脉处切取1～1.5 cm^2并带有约0.5 cm长叶柄的叶切块转接到新配制的诱导培养基MS＋ZT0.25 mg/L＋6-BA0.25 mg/L＋IAA0.25 mg/L＋蔗糖3%＋琼脂0.7%。转接时，注意使叶切块背面与培养基接触。约经10 d培养，即可从叶柄的切口处观察到有芽出现，之后逐渐增多成簇。每个叶切块可得20余个丛生芽。将这些丛生芽切下转接到新配制的与茎切段繁殖法相同的生根培养基上，经10 d培养，根的长度可达1～1.5 cm，此时即可移栽。如果某些丛生芽转接时太小，也可继续培养一段时间。利用叶切块生芽法扩大繁殖比用茎切段生芽法扩大繁殖有更快的繁殖速度。如果每一株杨树试管苗可取5个叶外植体，由这5个叶外植体至少可得到50多株由不定芽长成的小苗（除去太小的芽不计），以后又可如此反复循环切割与培养。据推算，其繁殖速度至少可比茎切段生芽繁殖法提高10多倍。

3. 试管苗的壮苗生根

当无根的试管苗在壮苗培养基上生长至2～3 cm高时，即可在无菌条件下将其从基部切下，基部浸入浓度为40 mg/L的已灭菌的IBA溶液中预处理1.5～2.0 h，以后再转接到无激素的MS培养基上。经10 d左右培养，茎基部切口附近即开始陆续长出不定根。再经10～15 d培养，即可成为根系发育好的完整小植株。

4. 试管苗驯化与移植

杨树试管苗的移栽管理可以参照试管苗移栽一般方法进行。

四、组织实施

（1）通过对植物组织培养的基本知识、基本原理和基本技能的学习，根据杨树的生物学特性，熟悉杨树组织培养程序。

（2）明确杨树组织培养的培养条件，组织讨论选用的培养基，进行小组分工，明确工作任务和任务要求。

（3）在教师指导下各小组用正确的方法对外植体进行选择，采用科学的方法灭菌和接种。

（4）各小组对灭菌和脱毒的过程中出现的情况及时总结，小组间互相检查灭菌和脱毒效果。

（5）各小组对试管苗的诱导、继代培养及对生根情况进行相互检查，并认真总结。

（6）结合各小组的任务完成情况，教师对设计方案及实施过程进行客观评价，并提出合理化的建议。

（7）将杨树组织培养苗移栽到育苗室，并加强对各组的栽培苗驯化锻炼的指导。

五、评价与考核

项目	考核内容	要　求	赋分
计划制订	① 查阅杨树组织培养资料，准备好培养基 ② 各小组分工情况	熟悉杨树组织培养的基本过程，了解影响杨树组织培养的各种因素；小组分工明确，责任到位	10

续表

项目	考核内容	要　　求	赋分
物品准备	无菌操作室、超净工作台或接种箱，配置杨树组织培养用具	根据杨树组织培养要求准备物品，确保设备能正常使用	10
培养材料采集	采取杨树组织培养需要的材料，最常用的培养材料是茎段	培养材料准备到位	10
培养材料灭菌	准备好灭菌设备、药品	要求灭菌药剂浓度准确、灭菌时间适当、实验材料清洗干净	10
制备外植体	将已消毒的材料在无菌条件下制备外植体	在操作中严禁用手触碰材料	10
接种和培养	① 接种：将切好的外植体立即接在培养基上	在无菌环境下，每瓶接种1个	10
	② 封口：接种后，瓶、管、培养皿及时封口	操作方法正确	5
	③ 增殖：做好诱导和继代培养	注意时机把握，做好观察记录	15
	④ 根的诱导：采用试管生根或无根嫩茎直接插植到基质中生根	做好培养基和培养基质的处理	10
炼苗移栽	做好炼苗和移栽工作	注意水分管理和空气湿度	5
现场整理	清洁操作台，还原药品及用具，整理工作环境	要求整理到位，培养良好的工作习惯和职业情操	5

任务2　美国红栌组织培养技术

学习目标

(1) 掌握美国红栌组织培养的基本知识。

(2) 熟悉美国红栌组织培养的方法和流程。

(3) 掌握美国红栌生根的基本方法。

(4) 了解如何防止美国红栌褐变。

任务要求

(1) 通过美国红栌的茎段培养获得试管苗。

(2) 掌握美国红栌的增殖培养。

(3) 掌握美国红栌试管苗生根培养。

一、任务提出

教师通过向学生展示美国红栌不同生长与分化阶段的试管苗和商品苗，激发学生的学习兴趣，提出如下学习任务。

(1) 美国红栌组织培养中的外植体如何选取？

(2) 美国红栌组织培养中的外植体在灭菌和接种操作中应注意哪些要领？

(3) 美国红栌组织培养常用的培养基有哪些？它的培养条件是什么？

(4) 如何进行美国红栌外植体的诱导和试管苗的继代培养？

(5) 美国红栌试管苗褐变如何解决？

(6) 怎样提高美国红栌的生根率？

二、任务分析

美国红栌为漆树科黄栌属植物，是美国黄栌的变种类型，近几年引入我国。其为落叶灌木或小乔木，其树形美观大方，叶片大、呈紫红色而鲜艳，具有独特的彩叶树性状。其在一年春、夏、秋三季之时，叶色变化较大。初春时树体全部叶片为鲜嫩的红色，娇鲜欲滴；春夏之交，叶色红而亮丽；盛夏时节，下部叶片开始转绿，但顶部新生叶片始终为深红色，远看彩色缤纷；入秋后，全树叶片又渐转为深红色，秋霜过后，叶色更加红艳美丽。盛夏时节开花于枝条顶端，花序絮状鲜红色（羽毛状伸长花梗，宿存树梢较久变为淡紫色），观之如烟似雾，美不胜收。成片栽植时，远望宛如万缕罗纱缭绕相间，故有“烟树”之称，又称为“彩叶新贵”。美国红栌喜光，也耐半阴，适应性强，耐寒、耐旱、耐瘠薄、耐碱性土壤。抗污染能力强，对二氧化硫有较强的抗性；抗病虫，基本没有病虫危害。美国红栌的独特色彩及生长特性优于目前园林绿化的主要彩叶树种紫叶李、红叶小檗和美人梅，是不可多得的绿化美化彩叶观赏树种。在园林中宜丛植于草坪、土丘、山坡，亦可混植于其他树群，尤其是点缀于常绿树群中，可保持一年的常红，是优良而独具特色的观叶树种，也是当前城市园林及生态风景区绿化的首选树种。

在美国红栌组织培养过程中，要针对不同阶段选用适合的培养基，并提供适宜的条件，以在短时间内培养大量优质美国红栌组织培养苗。

三、相关知识

美国红栌为漆树科黄栌属美国黄栌的一个变种，属落叶灌木或小乔木；树形美观，树冠呈卵圆形至半圆形，小枝呈紫红色，初生叶叶柄及叶片三季均呈紫红色，叶片大而鲜艳，夏季开花，于枝条顶端有花序，絮状、鲜红；适应性极强，它根系发达、耐干旱、耐贫瘠，在酸碱土壤中均可生长，可在我国华北、华东、西南及西北大部分地方推广栽培，并对 SO_2 有较强的抗性，是不可多得的山区造林和城市绿化美化树种。

美国红栌采用扦插、嫁接均可成活，但成活率较低，由于其种子资源少，所以种子繁殖成本较高；组织培养技术，不仅可加快这一优良树种的繁殖速度，而且还可保持其优良性状，是林业苗木良种化、工厂化、短周期的有效途径。

美国红栌组织培养流程如图 12-2 所示。

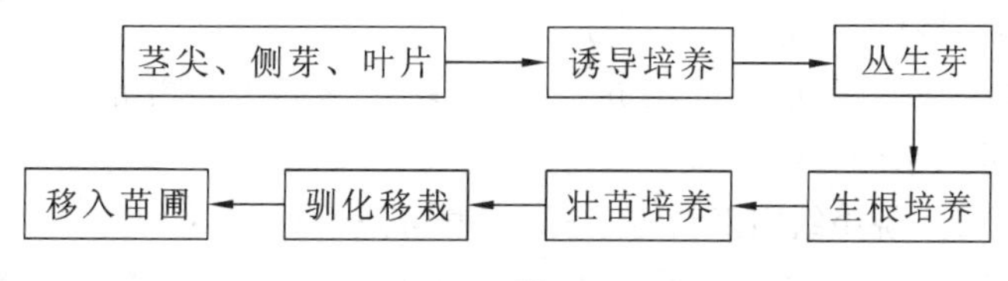

图 12-2 美国红栌组织培养流程

1. 外植体的选择与消毒灭菌

春季从田间选取生长健壮、无病虫害的植株，取幼嫩枝条作外植体。取直径为 10～25 cm 的当年生枝条，整理成长度为 2～2.5 cm 的小段，将外植体先用毛刷蘸洗涤剂洗净，再用流水冲洗干净。外植体表面灭菌中，筛选适当的灭菌剂以及确定合适的灭菌处理时间是建立无菌体系的重要环节。在无菌条件下用 75%酒精消毒 30 s，再用 0.1% $HgCl_2$溶液浸泡 5 min，最后用无菌水冲洗 3～5 次，在无菌条件下切成 1～1.5 cm 长的带芽茎段或茎尖接种到初代培养基上。

2. 继代培养

外植体接种到诱导培养基 MS+6-BA 0.5 mg/L+ NAA0.1 mg/L，置于(25±2) ℃培养室中进行培养，白天以日光灯照明 12 h 左右。经一个半月左右培养，即可长成带有 6～7 个叶片的完整植株。选择其中一株健壮小苗进行切段繁殖，以建立无性系。顶部切段带 2～3 片叶，以下各段只带一片叶，转接到生根培养基上。6～7 d 后可见到有根长出，10 d后，根长可达 1～1.5 cm。待腋芽萌发并伸长至带有 6～7 片叶时，又可再次切段繁殖。如此反复循环，即可获得大批的试管苗。此后，每次切段时将顶端留作再次扩大繁殖使用，下部各段生根后则可移栽。如果按每个切段经培养一个半月，长成的小植株可再切成 5 段计算，每株苗每年可繁殖 60000 株左右。

为了促进丛生芽发育，可将其转移到壮苗培养基 MS+6-BA0.1 mg/L+NAA0.2 mg/L上，在壮苗培养基上培养了 3～4 周的无根苗的茎切割成长度为 0.5～1.0 cm 的切段，如此反复切割与培养，试管苗数目即成数量级递增。

3. 试管苗的壮苗生根

当无根的试管苗小植株在壮苗培养基上生长至 2～3 cm 高时，即可在无菌条件下将其从基部切下，转接到生根培养基(1/2MS+NAA0.2 mg/L)上，经 10 d 左右培养，茎基部切口附近即开始陆续长出定根。再经 10～15 d 培养，即可成为根系发育好的完整试管小植株。

当无根的试管苗在壮苗培养基上生长至 2～3 cm 高时，即可在无菌条件下将其从基部切下，基部浸入浓度为 40 mg/L 的已灭菌的 IBA 溶液中预处理 1.5～2.0 h，以后再转接到无激素的 MS 培养基上。经 10 d 左右培养，茎基部切口附近即开始陆续长出不定根。再经 10～15 d 培养，即可成为根系发育好的完整小植株。

4. 试管苗驯化与移植

美国红栌试管苗的移栽管理可以参照试管苗移栽一般方法进行。

四、组织实施

(1) 通过对植物组织培养的基本知识、基本原理和基本技能的学习，根据美国红栌的

生物学特性，熟悉美国红栌组织培养程序。

(2) 明确美国红栌组织培养的培养条件，组织讨论选用的培养基，进行小组分工，明确工作任务和任务要求。

(3) 在教师指导下各小组用正确的方法对外植体进行选择，采用科学的方法灭菌和接种。

(4) 各小组对灭菌和脱毒过程中出现的情况及时总结，小组间互相检查灭菌和脱毒效果。

(5) 各小组对试管苗的诱导、继代培养及对生根情况进行相互检查，并认真总结。

(6) 教师结合各小组的任务完成情况，对设计方案及实施过程进行客观评价，并提出合理化的建议。

(7) 将美国红栌组织培养苗移栽到育苗室，并加强对各组的栽培苗驯化锻炼的指导。

五、评价与考核

项目	考核内容	要求	赋分
计划制订	① 查阅美国红栌组织培养资料，准备好培养基 ② 各小组分工情况	熟悉美国红栌组织培养的基本过程；了解影响美国红栌组织培养的各种因素；小组分工明确，责任到位	10
物品准备	无菌操作室、超净工作台或接种箱，配置美国红栌组织培养用具	根据美国红栌组织培养要求准备物品，确保设备能正常使用	10
培养材料采集	采取美国红栌组织培养需要的材料，最常用的培养材料是茎段	培养材料准备到位	10
培养材料灭菌	准备好灭菌设备、药品	要求灭菌药剂浓度准确、灭菌时间适当、实验材料清洗干净	10
制备外植体	将已消毒的材料在无菌条件下制备外植体	在操作中严禁用手触碰材料	10
接种和培养	① 接种：将切好的外植体立即接在培养基上	在无菌环境下，每瓶接种1个	10
	② 封口：接种后，瓶、管、培养皿及时封口	操作方法正确	5
	③ 增殖：做好诱导和继代培养	注意时机把握，做好观察记录	15
	④ 根的诱导：采用试管生根或无根嫩茎直接插植到基质中生根	做好培养基和培养基质的处理	10
炼苗移栽	做好炼苗和移栽工作	注意水分管理和空气湿度	5
现场整理	清洁操作台，还原药品及用具，整理工作环境	要求整理到位，培养良好的工作习惯和职业情操	5

知识拓展

美国红栌褐变的克服

(1) 褐变的发生与外植体选取的时期有密切的关系,试验中发现,冬季外植体褐变率明显低于春季,造成这种季节差异的原因,主要是由于褐变与组织中的酚类化合物的含量及多酚氧化酶活性有直接的关系,美国红栌随着春季生长季节的到来,内部生理活性增强,多酚氧化酶的活性也增强,酚类化合物的含量增多,褐变相对较严重;而冬季美国红栌的芽处于休眠状态,生理活性低,故褐变程度轻。

(2) 嫩茎褐变程度最严重,较老的组织褐变较轻;外植体切口越大,褐化现象就越严重;表面灭菌时间越长,褐变程度越严重。

(3) 各种抗氧化剂对褐变的抑制以活性炭最好,维生素次之,而对照的材料几乎全部发生褐变。

综上所述,影响外植体褐变程度的因素主要有以下几点。①外植体的年龄:幼嫩组织比成熟组织褐化较严重。②外植体切口的大小:接种时外植体的切割面越小,褐变程度越轻。③取材时间:春季最严重,其次是夏秋,冬季休眠芽最轻。④表面灭菌时间越长,褐变越严重。

为减轻褐变对美国红栌离体快速繁殖的影响,主要采取如下措施。①尽量避开春季接种。②切取外植体时,切口尽可能小而光滑平整。③在保证灭菌效果的前提下,尽量缩短灭菌时间。④外植体接种后 3 d 左右,如发现有褐化现象,及时更换新鲜的培养基,对减轻褐变危害效果很好。

任务 3 桉树组织培养技术

学习目标

(1) 掌握桉树组织培养的基本知识。
(2) 熟悉桉树组织培养的方法和流程。
(3) 掌握桉树生根的基本方法。

任务要求

(1) 通过桉树的茎段培养获得试管苗。
(2) 掌握桉树的增殖培养。
(3) 掌握桉树试管苗生根培养。
(4) 掌握桉树增殖培养的主要途径。

一、任务提出

教师通过向学生展示桉树不同生长与分化阶段的试管苗和商品苗,激发学生的学习

兴趣，提出如下学习任务。

(1) 桉树的生物学习性有哪些？

(2) 桉树组织培养中的外植体如何选取？

(3) 桉树组织培养中的外植体在灭菌和接种操作中应注意哪些要领？

(4) 桉树组织培养常用的培养基有哪些？它的培养条件是什么？

(5) 如何进行桉树外植体的诱导和试管苗的继代培养？

(6) 桉树试管苗在生根和移栽阶段应注意哪些条件？

二、任务分析

桉树是桃金娘科桉属植物的总称，原产于澳大利亚，有少数树种原产于菲律宾、新几内亚。18 世纪以来，不少国家和地区就开始对桉树进行引种驯化，目前桉树已是世界热带、亚热带的重要造林树种。

桉属树种是异花授粉的多年生木本植物，种间天然杂交产生杂种的现象非常频繁，实生苗后代分离严重。因此，用有性繁殖的方法很难保持优良树种的特性。同时，由于桉树的成年树插条生根困难，采用扦插、压条等传统的无性繁殖方法繁殖速度缓慢，远远不能满足生产上大面积种植对种苗的需求。因此，桉树组织培养快速繁殖在生产上具有重要的应用价值。

三、相关知识

桉树是世界上重要的造林树种之一。它具有材质坚硬、速生、丰产、优质的特点，是目前工业纸浆生产的重要原料，也是世界上造林推广最快和利用价值最高的树种之一。桉树离体培养的研究始于 20 世纪 70 年代末，巴西、澳大利亚、南非、中国、新西兰、日本、泰国、印度以及欧洲不少国家都成功地利用离体培养技术对桉树进行了大规模工厂化育苗，桉树快速繁殖育苗时间短、产量大，对优良品种的推广造林有着极其重要的作用。在我国南方，桉树也是主要的速生丰产造林树种之一。但因为桉树树种间天然杂交频繁，常产生杂种现象，后代严重分离，用有性繁殖方法很难保持桉树的特性，用传统方法也较难在短时间内大量繁殖出桉树的优良无性系，利用组织培养技术，可加快速繁殖速度，保持优良性状，是林业苗木良种化、工厂化的有效途径。

桉树组织培养流程如图 12-3 所示。

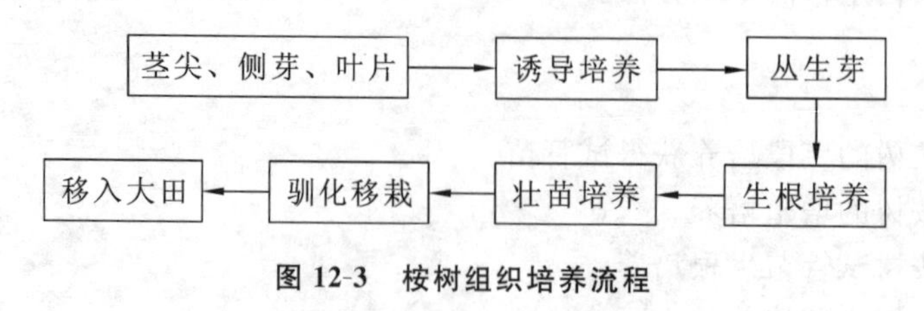

图 12-3　桉树组织培养流程

1. 外植体选择和灭菌

取幼嫩茎段、叶柄、叶片为外植体，也可以腋芽和顶芽作为外植体，也可以用种子作为外植体。不同的外植体其形态发生途径有所不同。

采用营养繁殖表现优良的桉树林木良种，作为无性系工厂化育苗生产的材料。采用经幼化处理的桉树良种的枝条作为营养繁殖的外植体。为减少接种材料的污染，采取外植体时，应选择连续三天以上晴好天气后进行。也可在采集外植体前1个月，把选好的植株放到温室、塑料大棚或有顶篷的地方，每周用0.1% 多菌灵做全株喷洒1次，2～3周后即可采集外植体材料。采集野外植株的外植体材料比较麻烦，接种后的污染率也比较高。为降低污染率，可对需采集的枝条部分喷射0.1%的多菌灵，然后套上干净的塑料袋，2～3周后再采集外植体材料。

对外植体消毒时，将外植体用自来水冲洗5 min。在无菌条件下，用75%酒精消毒5～10 s，用无菌水冲洗3～5次。用1 g/L 升汞溶液，加吐温-20两滴浸没材料，轻微摇动，消毒2～5 min，再用无菌水冲洗5次。

2. 继代培养

桉树的成苗途径可用两种方式：一是由腋芽或顶芽诱导出大量丛生芽，直接获得完整植株；二是由愈伤组织经不定芽分化成完整植株。为了种性的安全，一般在组织培养快速繁殖中应用腋芽或顶芽诱导丛生芽途径。

(1) 由试管苗的腋芽和顶芽诱导出大量丛生芽，再经分株转移获得完整植株。以带芽节段和顶芽作外植体，接种于初代培养基 MS＋6-BA0.5～1.0 mg/L＋IBA0.1～0.5 mg/L上。经过30 d左右培养，每个外植体可形成一个或多个芽。1个赤桉外植体在启动培养中最多能产生17～22个芽。在无菌条件下，将这些丛生芽中较大的个体切割成长约1 cm的苗段，较小的个体分割成单株或丛生芽小束，再转接到新增殖培养基上，约经30 d的培养后又可诱发出大量密集的丛生芽。如此反复分割和继代培养，即可在较短时间内获得数量巨大的无根苗，将这些无根苗经分割后转接到生根培养基上，经2～3周培养即形成完整植株。

(2) 愈伤组织的诱导。将经灭菌的节段材料切成1 cm长小段，或将其腋芽部分单独切下分别转接到 MS＋6-BA1.0 mg/L＋KT0.5 mg/L＋IBA0.5 mg/L 培养基上。节段外植体经12 d左右即可从切口处首先产生愈伤组织。经过12 d左右的培养，即可陆续见到有愈伤组织分化出无根苗。每块愈伤组织上所产生的不定芽数目及芽的大小与愈伤组织的外植体来源有密切关系。由试管苗腋芽外植体诱导出的愈伤组织所产生的不定芽较少(每块愈伤组织产生10～20个)，但比较粗壮；由试管苗节间切段所诱导出的愈伤组织所产生的不定芽特别多，一般每块能产生50个以上的无根苗，最多的达250个，但各个芽很小，呈微芽形式。继代培养后转入壮苗培养基上，长出健壮丛生芽。

3. 生根培养基及根的诱导

生根试验都以1/2MS为基本培养基，附加0.5×10^{-6} IBA，每升糖用量20 g，pH值为5.8。试验室温度(27±3) ℃，光照强度1000 lx，光照时间8 h。

桉树组织培养工厂化育苗过程中，试管绿苗生根速度是一个比较重要的问题。因为生根速度快，诱导根所需的时间就短，整个生产周期也就缩短，育苗所需成本就降低。

生根效果以IBA最好，适用于供试验的各桉树树种，其次是ABT，GA_3不适用于作桉树的生根促进剂，雷林1号桉在没有生根促进剂处理的情况下也有很高的生根率，是桉树工厂化育苗的一个有前途的树种。

4. 炼苗和移栽

根据观察，桉树试管绿苗接种在合适的生根培养基上后，一般 10～12 d 开始发根，到 21 d时就已达到生根的最高峰，根长约 1 cm。在此时将试管苗连瓶取出放于室外。进行约 1 周的移植前锻炼，可达到最佳移苗效果。移植前应在移植棚内揭开瓶盖 2～3 天，让试管苗经光照和湿度的锻炼，移苗时用小流量的自来水冲进瓶内，摇动几次，把苗倒出，再用小流量的自来水冲洗黏附在根部的培养基，将苗分等级后即可进行移植。为降低成本和提高工效，可采取直接移苗到容器土上的办法，只要充分注意容器土的成分配比，移苗成活率可达 70%以上，移植初期的小苗对空气湿度很敏感，容易产生顶梢和叶子萎蔫现象，此种现象一出现，小苗就难以恢复正常生长，移栽成活率也大大降低。因此，试管苗定植后要淋透水，放在塑料罩或塑料棚内，保持空气湿度在 85%以上，由于试管苗较幼嫩，移植的 1 个月内必须遮阳，开始时遮光 70%，半个月后可减至 50% 。桉树是强阳性树种，不宜长时间遮光，因此待幼苗长出 1～2 对新叶片后即可撤阴。

四、组织实施

参见本项目任务 2 相关内容。

五、评价与考核

参见本项目任务 2 相关内容。

项目十三

药用植物组织培养技术

知识目标

(1) 掌握药用植物组织培养技术的种类和特点。

(2) 基本掌握组织培养技术在药用植物有效成分生产中所起的作用。

(3) 了解进行药用植物组织培养的目的和意义。

能力目标

(1) 能根据常用配方的特点选择药用植物组织培养基本培养基。

(2) 能根据药用植物培养基配方正确进行母液的配制。

任务分析

植物是药物的重要来源之一，人类利用药用植物的历史源远流长。今天，尽管科学家已经能够利用化学方法研制品类繁多的药品，但开发利用植物药的热情在世界范围内却有增无减。这主要是由于植物种类丰富，体内所含的有效成分形形色色，具有开发新药的巨大潜力。人们既可以从中直接发现新药源，又可以发现新的先导化合物，通过结构修饰等技术发明新药。

迄今，为了解决药用植物的供需矛盾，人们多采用人工栽培的方法扩大药源。但在人工栽培的药用植物中，有不少名贵药材如人参、黄连等生产周期很长，如果以常规方法育种或育苗，需要花费很长时间。另有一些药用植物如贝母、番红花等，因繁殖系数小、耗种量大，导致发展速度很慢且生产成本增加。还有一些药用植物，如地黄、太子参等，则因病毒危害导致退化，严重影响产量和品质。于是，积极研究药用植物资源的再生技术，使有限的资源为人类永续利用迫在眉睫。因此利用组织培养手段快速繁殖药用植物种苗，或者利用组织培养或细胞培养手段直接生产药物便随之日益发展。

针对目前药用植物生产中存在的实际问题，本项目分解为四个任务来完成：第一个任务是半夏组织培养技术(2 课时)；第二个任务是石斛组织培养技术(2 课时)；第三个任务是丹参组织培养技术(1 课时)；第四个任务是芦荟组织培养技术(1 课时)。

任务1　半夏组织培养技术

学习目标

(1) 能根据常用配方的特点选择半夏组织培养基本培养基。

(2) 了解组织培养技术对半夏生产所起的重要作用，明确进行半夏组织培养的目的和意义。

(3) 能按照提供的配方进行各种类半夏培养基的配制与保存。

任务要求

由教师提出任务，师生共同探究半夏生产配方的特点、培养基的组成及各成分的作用；然后根据生产实际制订半夏组织培养培养基母液配制计划，在教师指导下各小组分工来完成各种培养基的配制任务。

一、任务提出

教师通过向学生展示不同生长与分化阶段的半夏试管苗，提出如下学习任务。

(1) 常用的半夏组织培养基本培养基有哪些？各有何特点？

(2) 半夏组织培养培养基配方的成分主要有哪些？各有何作用？

(3) 各种成分如何添加到半夏组织培养培养基中？

(4) 为什么要进行半夏组织培养？

(5) 半夏各生长与分化阶段培养基是如何配制的？

二、任务分析

半夏为道地药材，临床应用广泛加上自然种源的破坏使人工栽培成为一种有效的替代途径。但是在人工栽培过程中又存在着种源不足和种源混乱的现象，这就严重制约了道地药材的生产、供应的数量和质量。利用组织培养技术进行半夏无性繁殖，解决其天然资源不足、繁殖系数低、种源混乱等棘手的问题，具有成本低、高效率、无性遗传特性一致的优点。同时随着中药材生产质量管理规范的推广，也保证了中药材的真实、安全、有效和质量稳定。

半夏组织培养始于20世纪80年代，总的来看半夏组织培养的研究可分为三个方面：①半夏愈伤组织诱导、增殖和分化成苗的研究；②半夏一次成苗技术的研究；③半夏试管块茎直接再生技术的研究。半夏一次成苗和试管块茎直接再生技术的应用可以大大提高生产效率，扩大生产，以满足市场需要。

三、相关知识

半夏属天南星科多年生草本植物，以块茎入药，具有燥湿化痰、降逆止呕、消肿散结、抗早孕、抗肿瘤、护肝等功效，近几年市场需求量越来越大。种植半夏的效益高，近年人工种植面积逐年扩大，并逐渐成为许多地方的支柱产业。但随着种植面积的扩大，半夏野生环境遭到破坏，以及人们的乱采乱挖，其野生产量已供不应求；人工栽培半夏又由于其繁育系数低、品种质量不齐、病毒侵染等原因导致其产量下降、品质退化及经济效益低下，半夏种茎日趋短缺，因此，采取组织培养的方法繁殖半夏种茎，可有效缓解种源危机，加快半夏优良品系繁育速度，不断满足国内外市场需求。

（一）形态特征与生物学习性

半夏幼苗常为单叶，卵状心形，2～3 年后生 3 小叶的复叶；叶柄长 10～25 cm，基部有珠芽。花单性同株，花序柄长于叶柄，佛焰苞绿色，下部细管状；雌花生于花序基部，雄花生于上端，花序顶端附属器青紫色，伸于佛焰苞外呈鼠尾状。浆果卵状椭圆形，绿色。花期 5—7 月，果期 8—9 月。

半夏根浅，喜温和、湿润气候，怕干旱，忌高温。夏季宜在半阴半阳环境中生长，畏强光；在阳光直射或水分不足条件下，易发生倒苗。耐阴、耐寒，块茎能自然越冬。要求土壤湿润、肥沃、深厚，土壤含水量在 20%～30%、pH 值为 6～7，呈中性反应的沙质壤土较为适宜。一般对土壤要求不严，除盐碱土、砾土及过沙、过黏以及易积水之地不宜种植外，其他土壤基本均可，但以疏松肥沃沙质壤土为好。

（二）半夏组织培养

半夏组织培养流程如图 13-1 所示。

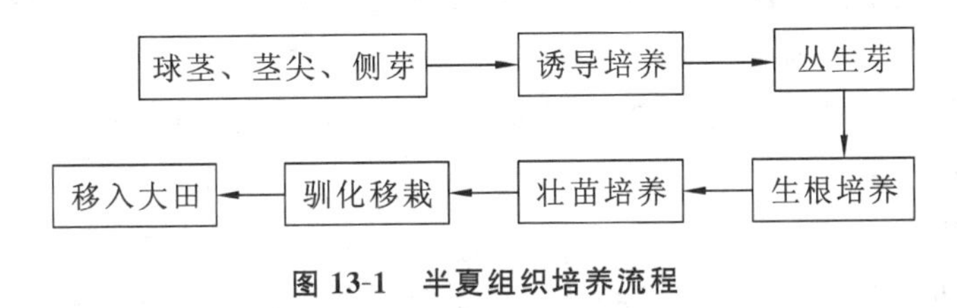

图 13-1　半夏组织培养流程

1. 无菌体系的建立

1) 外植体的选取、灭菌和接种

采集半夏块茎或珠芽，用清水洗净，剥去块茎外皮，在超净工作台上先用 75%酒精浸泡 30～60 s，用无菌水冲洗一次，倒掉无菌水，加入 0.1%的升汞溶液，块茎浸泡杀菌 10 min，叶片浸泡灭菌 7 min，用无菌蒸馏水冲洗 3～5 次，以彻底除去升汞，防止其毒害培养物。

2) 块茎启动培养

将经过消毒的珠芽和块茎从三角瓶中取出，在无菌滤纸上切成小块，每个块茎可纵切为 4～8 块，使每个小块上都有芽原基。将切块分别放到愈伤组织诱导培养基上。经过 2～3 周即可见愈伤组织形成，形成的愈伤组织如果是致密、坚硬、绿色或浅绿色，易形成类似珠芽的组织块，可分化产生芽。如果是疏松、白色透明或半透明的，则不易分化产生芽，应丢弃。

启动培养基为 MS+2,4-D 0.3～1.0 mg/L+6-BA 0.5～2.0 mg/L。培养室温度白

天在(25±2) ℃,晚上(18±2) ℃,这样有利于半夏的分化和愈伤组织形成。光照强度为1000～2000 lx,时间为8～10 h/d。

2. 初代培养

1) 块茎诱导丛生芽

在启动培养基上,经过3周左右,即可见块茎切块表层变为绿色,块茎体积也发生膨大,再经3～4周,就可见不定芽出现,每个切块上可产生5～10个芽。而且,在这种培养基上芽可继续生长,不需要再转到壮苗培养基上。也可将带有小芽的切块重新切割再接种到芽分化培养基上,令其再产生更多的新芽。这种培养方法简便易行,周期短,但繁殖速度受原始接种材料数量的限制,需大量采集块茎。

2) 愈伤组织诱导丛生芽

在启动培养基上接种的块茎,经过一段时间后,便可产生较多的愈伤组织,再将愈伤组织转到分化培养基 MS+6-BA 1～1.5 mg/L+NAA 0.5～1.0 mg/L 上,放在25～30 ℃的温度下培养,大约经过20 d,就可看到从愈伤组织上分化形成许多的不定芽,每块愈伤组织上可形成10个左右的不定芽。

3. 继代培养

将半夏茎尖接种到 MS+KT0.5 mg/L+NAA0.2 mg/L 固体培养基上进行离体培养并获得小植株后,再用其叶柄作外植体在 MS 添加2,4-D 和 KT 的培养基上诱导出愈伤组织,继而通过形成小块茎的途径产生完整植株,其移栽成活率可达100%。由此所得的试管苗块茎产量(鲜重)比常规小块茎繁殖的净重产量要高103%;试管苗块茎的总生物碱含量高达0.344%,而野生和人工栽培半夏的总生物碱含量却仅分别为0.264%和0.203%。经组织培养技术所生产的半夏在产量和质量上均有所提高,这是组织培养技术提高种苗品质的结果。

4. 生根培养

将从块茎切块上产生的不定芽和从由愈伤组织产生的不定芽转移到生根培养基上。生根培养基成分是 MS+IBA 1.00 mg/L+NAA 0.03 mg/L,或1/2MS+NAA 0.3～0.5 mg/L。在两种生根培养基上培养20 d左右,即可见到不定根从小芽的基部产生,多者每小芽可产生5～6条根。当根生长到1.0 cm左右时即可移至培养室外光线比较充足的室内进行炼苗,约15 d便可移栽到生长基质中。

5. 试管苗驯化与移栽

在从培养瓶中取出带根小苗时,应特别小心,注意尽量不要损伤根系。取出的小苗先放到自来水中,用柔软的小刷子轻轻刷掉根上的琼脂,越彻底越好,但又要尽量不伤根。当清洗完成后,从自来水中取出小苗,放在比较干净的报纸或草纸上停留一段时间,待根、叶上没有多余的水分时再移栽入生长基质中。生长基质的组成是5份腐殖土(草炭或山上树周围的细土)、3份蛭石、1份细沙、1份珍珠岩。移栽完成后转入温室或大棚中,注意温度不可太高,相对湿度应尽量保持在90%以上,初期要适当遮阳,经过20～30 d,新根就可形成,此时即可移栽到种植田中,进行正常的田间管理。

知识链接

半夏组织培养

半夏组织培养的基本培养基均采用MS培养基。有研究表明在茎尖初代培养时,加入适量活性炭,可以吸附外植体产生的致死性褐化物;对生根有明显的促进作用,其机理一般认为与活性炭减弱光照有关,由于根的生长加快,吸收能力增强,反过来又促进了茎、叶的生长;此外,在培养基中加入活性炭,还可降低玻璃化苗的产生频率,对防止产生玻璃化苗有良好作用。在半夏组织培养环节中适当加入活性炭对诱导胚状体的形成有极显著的效果,可促进外植体形成近似完整的再生植株;在生根培养时培养基中加入活性炭使根的诱导率下降,株高与平均根数大幅下降,这与活性炭在其他植物组织培养应用中的作用有些出入。赵月玲等认为0.25%～0.5%活性炭有利于愈伤组织的形成。张爱民的研究表明活性炭在叶片直接诱导小块茎时有一定的抑制作用,原因可能是活性炭吸附了培养基中的植物生长激素。

在对半夏组织培养一次成苗的研究中,杨凯的试验结果表明在培养基中加入0.25%的活性炭,可提高半夏组织培养苗的诱导分化率。总之,在半夏组织培养过程中,可以根据不同的目的使用活性炭,使活性炭发挥其积极作用。

特别提示

CH为蛋白质的水解物,主要成分为氨基酸,使用浓度为100～200 mg/L。要注意半夏组织培养过程中使用CH时受酸和酶的作用易分解。酵母提取物(YE)主要成分为氨基酸和维生素类;麦芽提取物(0.01%～5%)、苹果和番茄的果汁、黄瓜的果实、未熟玉米的胚乳等遇热较稳定,大多在培养困难时使用,对于半夏离体培养有时有效。

四、组织实施

(1)通过对植物组织培养的基本知识、基本原理和基本技能的学习,根据半夏的生物学特性,熟悉半夏组织培养程序。

(2)明确半夏组织培养的培养条件,组织讨论选用的培养基,进行小组分工,明确工作任务和任务要求。

(3)在教师指导下各小组用正确的方法对半夏外植体进行选择,采用科学的方法灭菌和接种。

(4)各小组对灭菌和消毒的过程中出现的情况及时总结,小组间先检查灭菌和脱毒效果。

(5)各小组对试管苗的诱导、继代培养及生根情况进行相互检查,并认真总结。

(6)教师结合各小组的任务完成情况,对设计方案及实施过程进行客观评价,并提出合理化的建议。

(7)将半夏组织培养苗移栽至育苗室,教师加强对各组半夏组织培养苗驯化的指导。

五、评价与考核

项目	考核内容	要求	赋分
计划制订	① 确定配制半夏组织培养培养基的种类、容积 ② 各小组分工情况	培养基种类齐全,浓度与容积确定合理;小组分工明确	10
物品准备	药品、药匙、烧杯、镊子、刀片、剪刀、酒精灯、脱脂棉、酒精、培养器皿等	所需物品种类齐备,充分做好试验准备	10
培养基配制与离体培养	① 药品用量计算:根据培养基种类、浓度和容积准确计算各药品的质量	计算方法正确,结果准确无误(特别注意所用药品与配方药品的一致性,不一致时进行换算)	10
	② 药品称量:用适宜精度的天平称量所需药品	天平操作规范熟练,称量准确	10
	③ 药品溶解:选择适宜容量的烧杯,采用正确的溶解方式,搅拌器合理正确使用	溶剂选用合理,溶解彻底	15
	④ 定容:根据实际需要确定合适的定容器皿,并进行正确使用	定容方法正确,容量准确	15
	⑤ 培养基配制:根据实际需要,配制半夏组织培养的各种培养基	正确配制半夏启动培养基、愈伤诱导分化培养基、生根培养基	10
	⑥ 接种与试验分析:外植体确定后,采用正确方法进行接种,并对后期试验结果进行分析整理	正确合理选择外植体,准确记录试验数据,进行正确的统计分析	10
现场整理	及时清洁操作现场,将试验药品及用具放归原处	按要求整理到位,培养良好的工作习惯	10

知识拓展

在对半夏进行组织培养快速繁殖的时候,可以根据不同的目的选择不同激素组合的培养基。在诱导半夏愈伤组织的生成和器官分化的过程中,单一使用生长素和细胞分裂素效果都不好,需两者适当搭配;生长素(NAA、2,4-D等)对愈伤类组织的形成起决定作用,较低浓度2,4-D(0.5~2.0 mg/L)的诱导效果要好于NAA,浓度过高时则对诱导起抑制作用。

细胞分裂素可以促进芽的分化,高浓度时芽分化数量过多,抑制试管苗的正常生长;低浓度时芽分化正常,抑制根的形成。研究发现在6-BA浓度一定的情况下,随着2,4-D浓度的升高,愈伤组织产量降低,在2,4-D和6-BA的浓度比例在2∶1时较适于半夏愈伤组织的生长。

对半夏试管小块茎的研究主要针对植物激素、蔗糖种类和浓度、光照与暗箱等对半夏试管小块茎的诱导的影响。结果表明，叶片直接诱导块茎的适宜培养基为MS附加6-BA 0.5 mg/L、IAA 0.5 mg/L和3%蔗糖；叶柄直接诱导块茎的适宜培养基为MS附加6-BA 0.5 mg/L、IAA 0.5 mg/L、5%蔗糖和MS附加6-BA 0.5 mg/L、IAA0.5 mg/L、葡萄糖3%。以块茎作为外植体，在培养基中添加5%的PEG形成胁迫环境对诱导产生小块茎起促进作用。而CH、AC、MET并无明显的促进作用，甚至还产生了抑制作用。

半夏试管小块茎的研究有利于制作人工种子，同时也可以避免由于长期对愈伤组织进行继代培养而出现遗传上的不稳定性，造成再生植株相应的遗传组成上的不一致。对于半夏一步成苗的研究主要是指外植体在形成愈伤组织后，不需要转移到分化培养基上，而是直接在原培养基上分化，分化的顺序通常是先根后芽，最后形成健壮的全苗，这样的培养方式具有再生周期短、繁殖系数和再生频率高、易操作、培养程序简单、不影响增殖率、能保持原种特性、便于大规模生产的优势。

对半夏茎尖组织培养的研究中，通过正交试验设计，结果表明温度对茎尖成活的影响达到了显著水平，经过高温处理的分生组织一般具有较好的脱毒效果。光照能够促进半夏外植体诱导块茎的生长。对于半夏愈伤组织的生长，同等条件下光照组较黑暗组的增殖效果好。

一般半夏组织培养苗长出发达的根系，植株长至3～4 cm高时，打开瓶盖，保持3 d，然后取出植株洗去残留培养基，移栽至栽培基质中。在后期的管理中保证高空气湿度，降低阳光的照度。前15 d可在叶面喷雾5～7次/d，之后正常管理，以保持基质湿润为度。对于根叶完整的植株移栽到经过消毒的培养基质中1个月后成活率达到100%。

任务2　石斛组织培养技术

学习目标

(1) 能根据常用配方的特点选择石斛组织培养基本培养基。

(2) 了解组织培养技术对石斛生产所起的重要作用，明确进行石斛组织培养的目的和意义。

(3) 能按照提供的配方进行各类石斛组织培养培养基的配制与保存。

任务要求

由教师提出任务，师生共同探讨石斛组织培养生产配方的特点、培养基各组成成分的作用。然后根据生产实际制订石斛组织培养培养基配制计划，在教师正确指导下，各小组合理分工完成各种培养基的配制任务。

一、任务提出

教师通过向学生展示不同生长与分化阶段的石斛组织培养苗,确定如下学习任务。

(1) 常用的石斛组织培养基本培养基有哪些?各自特点有哪些?

(2) 石斛组织培养培养基配方的成分主要有哪些?各有何作用?

(3) 各种成分如何添加到石斛组织培养培养基中?

(4) 为什么要进行石斛组织培养?

(5) 石斛各生长与分化阶段培养基是如何配制的?

二、任务分析

随着制药业对药用石斛日益增长的需求,野生药用石斛被过度采挖,加上繁殖率低和生长缓慢等特点,资源日渐萎缩,1987年已被国家列为濒危植物药材之一。为满足市场需求,人工栽培药用石斛中的一些珍贵种类已成为目前组织培养快速繁殖研究的重点。我国石斛组织培养研究起步较晚,徐月鹏在1984年才首次报道获得霍山石斛试管苗。此后许多学者利用石斛的种子、茎段、叶、根获得了再生植株。据不完全统计,现在已对20多种药用石斛进行了组织培养的研究。

石斛组织培养获得再生植株主要有两种途径:一是器官发生型,通过外植体组织培养,使预选的分生组织形成芽(如子叶、茎段);二是原球茎发生型,通过对外植体组织培养,产生胚性愈伤组织并增殖,随后形成类胚组织原球茎,进而发育成完整的再生植株。通常由种子离体培养产生的胚性组织称为原球茎,而外植体叶尖、茎段等诱导形成的胚性组织称为拟原球茎。

三、相关知识

(一) 石斛组织培养的目的

石斛为珍贵中药,是兰科石斛属多种植物的新鲜或干燥茎,有生津益胃、清热养阴的功能,治疗热病伤津、口干烦渴、病后虚热、阴伤目暗等疾病。近年来,专家对石斛的药理研究表明,石斛还具有抗衰老、抗癌、抗肿瘤、免疫调节作用和治疗白内障等作用。某些石斛品种加工后称为"枫斗",在国内市场价格为每千克10000元左右,在我国香港、台湾及国外市场价格为每千克20000～30000元,并且被制成多种中成药。

在野生状态下,有充足散射光的深山老林中,石斛附生在阴凉潮湿的树干和岩石上,生长极为缓慢,其种子在自然状态下,极少萌发成苗。为了使这种珍贵药材得以保存,且实现其药用价值及经济价值,对药用石斛进行组织培养探索,提出快速繁殖程序,为快速育苗提供了有价值的技术资料和科学依据。

(二) 石斛组织培养

石斛组织培养流程如图13-2所示。

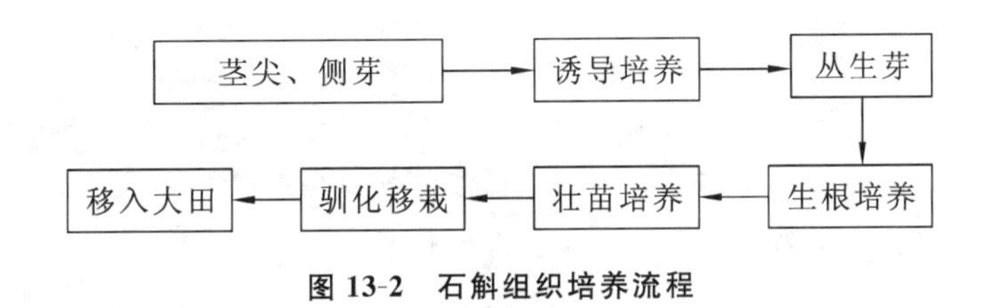

图 13-2 石斛组织培养流程

1. 无菌体系的建立

1）外植体的选择与处理

将准备好的石斛的叶及根去掉，取其幼嫩茎段，进行表面消毒。先用75%酒精浸泡10 s，再放于0.1%～0.2%氯化汞溶液中灭菌5～8 min，用无菌水冲洗，如此重复进行3次灭菌。一切操作均在无菌状态下进行，灭菌过程中要不断摇晃试管，使其充分灭菌。石斛基本培养基为N_6，再加入0.75%琼脂和3%糖，pH值为5.8。

2）启动培养

将已经灭菌的石斛茎段，在无菌条件下，横切成至少带有1个腋芽的茎段，接种于诱导培养基中，培养基为N_6+6-BA 2.0 mg/L+IBA 0.2 mg/L，可诱导原球茎的形成。

2. 初代培养

经过诱导培养以后，形成原球茎，即可转入增殖分化培养基中，培养基为N_6+6-BA 0.1 mg/L+5%～10%香蕉汁和5%～10%土豆汁，为增殖分化培养基，并进行两次继代培养，诱导丛生芽。

3. 生根培养

将生成的丛生芽转接入生根壮苗培养基中继续培养，培养配方N_6+10%香蕉汁+NAA 0.2 mg/L，为生根壮苗培养基。再经过3次继代培养，将苗高6～8 cm、根长3～4 cm的试管苗出瓶准备移栽。经过炼苗3～4 d转入大田栽培。

4. 试管苗驯化与移栽

当幼苗长到6～8 cm高时，即可出管。首先进行的就是洗苗。把试管苗从试管中小心取出，不能折断根部。在温度为18～23 ℃的水中，洗去附着在其根部的琼脂，剪去已经老化的根部和叶，放置在自然环境中1～2 d，准备移栽。基质对于苗的移栽成活率非常重要，一般要选择多孔、透气性强的基质，如椰糠、珍珠岩、泥炭土、砾石等。试验证明，这几种基质均可，关键在于栽培管理。

知识链接

在药用石斛离体培养过程中，无论是器官发生途径还是原球茎诱导途径，植物生长调节剂都有关键性的作用，在器官发生途径中，高浓度的细胞分裂素和低浓度的生长素结合使用，有利于芽的诱导，其中铁皮石斛诱导率高达93.33%；原球茎诱导方面的研究较少，从现在资料来看，原球茎诱导效果比较依赖于植物种类和基因型。因此，诱导原球茎过程中，应根据石斛种类调整相应的基本培养基，铁皮石斛和金钗石斛多用 B_5 培养基，而霍山石斛较适宜用 N_6 培养基。

培养条件主要是指石斛离体培养过程中的光照程度、温度和 pH 值等环境条件。对于大多数石斛培养来说，温度通常控制在(25±2) ℃为宜，过高过低都会抑制细胞组织的增殖和分化，对培养物生长不利。

特别提示

植物组织培养过程中，常用的有机添加物有香蕉汁、椰子汁、马铃薯汁、水解酪蛋白等，它们是富含氨基酸、激素和维生素的天然复合物，它们对细胞和组织的增殖、分化有明显的促进作用。研究表明，香蕉汁、西瓜汁、土豆汁对铁皮石斛丛生芽的增殖均有促进作用，其中香蕉汁有利于对丛生芽增殖和壮苗培养。

四、组织实施

(1)通过对植物组织培养的基本知识、基本原理和基本技能的学习，根据石斛的生物学特性，熟悉石斛组织培养程序。

(2)在教师指导下各小组根据制订的方案对石斛组织培养快速繁殖，做好每组及个人的标记。

(3)明确石斛组织培养的培养条件，组织讨论选用的培养基，进行小组分工，明确工作任务和任务要求。

(4)注意观察污染、玻璃化等情况；一周以后，根据茎尖分化生长情况，统计芽分化率和增殖系数、增殖周期、生根率等。

(5)各小组对灭菌和消毒的过程中出现的情况及时总结，小组间先检查灭菌和脱毒效果。

(6)各小组对试管苗的诱导、继代培养及对生根情况进行相互检查，并认真总结。

(7)教师结合各小组的任务完成情况，对设计方案及实施过程进行客观评价，并提出合理化的建议。

(8)将石斛组织培养苗移栽至育苗室，教师加强对各组石斛组织培养苗驯化的指导。

五、评价与考核

项目	考核内容	要　求	赋分
计划制订	① 确定配制石斛组织培养培养基的种类、容积 ② 各小组分工情况	培养基种类齐全，浓度与容积确定合理；小组分工明确	10
物品准备	药品、药匙、烧杯、镊子、刀片、剪刀、酒精灯、脱脂棉、酒精、培养器皿等	所需物品种类齐备，充分做好试验准备	10

续表

项目	考核内容	要求	赋分
培养基配制与离体培养	① 药品用量计算:根据培养基种类、浓度和容积,准确计算各药品的质量	计算方法正确,结果准确无误(特别注意所用药品与配方药品的一致性,不一致时进行换算)	10
	② 药品称量:用适宜精度的天平称量所需药品	天平操作规范熟练,称量准确	10
	③ 药品溶解:选择适宜容量的烧杯,采用正确的溶解方式,搅拌器合理正确使用	溶剂选用合理,药品溶解彻底	15
	④ 定容:根据实际需要确定合适的定容器皿,并进行正确使用	定容方法正确,容量准确	15
	⑤ 培养基配制:根据实际需要,配制石斛组织培养的各种培养基	正确配制石斛原球茎诱导培养基、增殖分化培养基及壮苗生根培养基	10
	⑥ 接种与试验分析:外植体确定后,采用正确方法进行接种,并对后期试验结果进行分析整理	正确合理选择外植体,准确记录试验数据,进行正确的统计分析	10
现场整理	及时清洁操作现场,将试验药品及用具放归原处	按要求整理到位,培养良好的工作习惯	10

知识拓展

药用石斛组织培养受多种因素影响,主要有植物种类和基因型、外植体的选取、植物生长调节剂和基本培养基等。其中,石斛的种类和基因型是影响离体培养的最关键因素。

在药用石斛组织培养中,通过器官发生途径获得再生植株是研究较多的发生方式,取材部位是影响繁殖系数最敏感的因素。以茎段作为外植体,成株较快,苗壮,但需要大量原植株。以种子作为外植体,增殖系数较高,但生长周期长,需要反复复壮。此外,外植体的大小也应该根据培养目的而定,如植株脱毒培养,则外植体宜小;如果进行快速繁殖,外植体宜大,但杀菌不彻底,易于污染。

药用石斛进行茎段培养时,6-BA 和 NAA 的浓度比例对石斛侧芽的诱导有显著影响。2,4-D 对诱导愈伤组织形成和分化有重要作用,而 NAA 的加入对分化类原球茎有一定的促进作用。在外植体的诱导阶段,细胞分裂素和生长素相结合的应用最为广泛,两者的浓度比例直接影响外植体的诱导效果,一般 6-BA 与 NAA 的比例在 10～20 之间,而在继代培养过程中,6-BA 与 NAA 的比例偏高更有利。外植体的选取和基本培养基等影响因素,要依据外植体的培养阶段和培养目的,做出相应的改变,才能达到更好的效果。

石斛生长的最适温度为 20～25 ℃,忌高温,喜湿润,怕积水,积水会使根茎腐烂，叶片脱落而死，所以要在保持栽培地点湿润的同时，注意不要有太多积水；石斛忌强光直射，宜散光照射，所以宜放在荫棚内，荫蔽度要求达到60%～80%。选择0.1%～0.2%的复合肥，每10 d喷洒1次即可。另外，要注意防鼠害和病虫害。

石斛作为一种珍贵中药，其所含的成分有一定要求，而试管苗在繁殖中，由于激素或其他因素的作用，可能产生变异，这种变异在培养中往往不易辨认。因此，试管苗栽培得到的植株，其成分含量有变化，一般不能代替药材使用。但如果采用一定的方法选择合理的培养基质，就可以控制试管苗的变异，尽快实现其药用价值。

任务3　丹参组织培养技术

学习目标

(1) 能根据常用配方的特点选择丹参组织培养基本培养基。
(2) 了解组织培养技术对丹参生产所起的重要作用，明确进行组织培养的目的和意义。
(3) 能按照提供的配方进行各种类丹参组织培养培养基的配制与保存。

任务要求

由教师提出任务，师生共同探讨丹参组织培养生产配方的特点、培养基各组成成分的作用。然后根据生产实际制订丹参组织培养培养基配制计划，在教师正确指导下，各小组合理分工完成各种培养基的配制任务。

一、任务提出

教师通过向学生展示不同生长与分化阶段的丹参组织培养苗，确定如下学习任务。
(1) 常用的丹参组织培养基本培养基有哪些？各自特点有哪些？
(2) 丹参组织培养培养基配方的成分主要有哪些？各有何作用？
(3) 各种成分如何添加到丹参组织培养培养基中？
(4) 为什么要进行丹参组织培养？
(5) 丹参各生长与分化阶段所用的培养基是如何配制的？

二、任务分析

丹参是唇形科鼠尾草属多年生草本植物。"一味丹参，功同四物"，丹参具有广泛的药用价值；另外，丹参还是很多中成药的主要组成部分，因此丹参的用量越来越大，利用组织培养技术可以进行丹参试管苗的大量克隆增殖，快速繁殖出丹参优质种苗，为丹参优良品种的推广提供了保证。

近年来随着药用植物组织培养技术的日趋成熟，利用组织培养技术改良丹参品质，提高丹参质量及通过丹参组织、器官培养直接获得丹参的有效成分等诸方面的研究也取得了显著的成绩。对丹参组织培养进行了较为深入的研究，目前已经有把茎、叶、芽、花药、叶片、叶柄作为外植体，通过愈伤组织途径获得无菌试管苗，增殖倍数为5～8倍/月，一年可快速繁殖出丹参优质种苗10万～20万株，为丹参优良品系大面积推广生产提供了种苗保证。

三、相关知识

（一）丹参组织培养的目的

丹参以干燥根入药，有活血化淤、消肿止痛、养血安神之功，主要用于心血管系统疾病。目前国内外对丹参的化学成分分析、品种资源、药理、栽培技术等方面都有深入的研究。丹参药材生产上主要采用切根繁殖，退化及混杂严重，药材产量和化学成分逐年下降，质量得不到保证。其主要原因可能是长期切根繁殖、病毒积累所致。通过组织培养和植株再生技术获得大量丹参试管苗，是一种有效的快速繁殖、提纯和复壮的方法。

（二）丹参组织培养

丹参组织培养流程如图13-3所示。

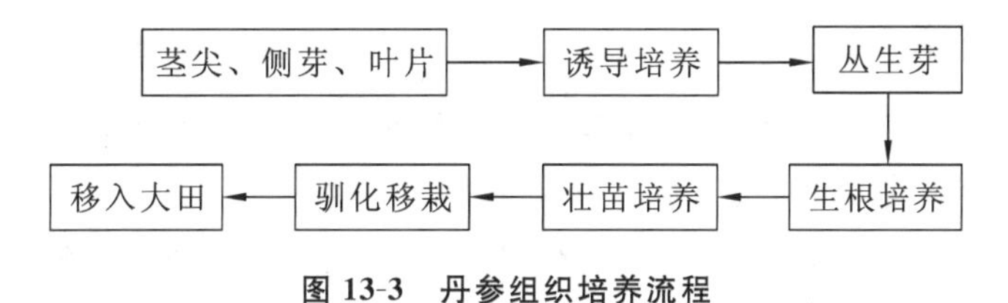

图13-3 丹参组织培养流程

1. 外植体选择与处理

取丹参品系的幼嫩叶片，将外植体灭菌后切割为1 cm^2的小块分别接种于以MS为基本培养基，附加不同激素组合的愈伤组织诱导培养基上进行愈伤组织的启动诱导，培养基配方为MS+2,4-D 0.3～1.0 mg/L+6-BA 0.5～2.0 mg/L。温度为(25±2) ℃，光照12 h/d，光照强度为2000～3000 lx。

2. 丹参愈伤组织诱导及芽分化

外植体接种到愈伤诱导培养基上5 d后丹参叶片边缘开始皱缩翻卷，大约20 d后，外植体被形成的愈伤组织所包裹，形成愈伤组织块。随后，愈伤组织块出现芽点，随后芽点快速生长。丹参叶片诱导的愈伤组织在适当的脱分化培养基中可以继续生长诱导分化出芽，其过程基本表现为接种后一周左右，愈伤组织颜色逐渐变深，愈伤组织出现绿色芽点，随后芽点快速生长。芽分化培养基是MS+6-BA 1.0 mg/L+NAA 0.5 mg/L。

3. 壮苗生根

由于丹参愈伤组织诱导分化形成的芽较为弱小，伸长较为困难，且生长速度较慢不易直接成苗，因此有必要进行壮苗培养。同时，部分经过壮苗的丹参无菌苗不转换培养基也可直接生根，但根系少不利于移栽成活，因此还要进行生根培养。生根培养基为MS+

6-BA 1.0 mg/L＋IBA 0.1 mg/L。

4. 组织培养种苗移栽

室内自然条件下选择根生长良好且较为粗壮、长 5～6 cm、叶片 4～6 片的小苗，先在室内放置 3～5 d 以适应外界温度及光照强度，然后打开瓶盖 3 d，移栽于消毒的蛭石和珍珠岩(3∶1)混合的基质中，浇灌 1/2 MS(蔗糖减为 1%)液体为营养液，使植株逐渐适应外界的环境，培养 15～20 d 后移植于土壤中。

知识链接

目前，用丹参开发成的保健食品已大量上市。英国伦敦大学药用植物研究所还把丹参作为治疗老年痴呆症的重要植物药。在山东省莱芜市苗山镇已建立丹参种苗基地 20 hm^2。但传统繁殖方法不仅速度慢、产量低，而且品质容易退化。通过组织培养来改良其品质、提高产量、离体培养克隆增殖丹参优良品系，可以快速大量繁殖优良的丹参种苗，可望从根本上解决当前丹参栽培中面临的问题和质量控制问题。

四、组织实施

(1) 通过对丹参组织培养基本培养基特点的研究及生产中栽培环节不同需求的分析，了解丹参培养基的主要成分及其作用。

(2) 明确丹参组织培养的目的与意义，组织研究确定配制丹参离体培养培养基的种类和数量，同时进行小组合理分工。

(3) 各试验小组在教师的指导下，采用正确的方法与步骤进行各种丹参组织培养培养基配制，并进行准确标记。

(4) 各试验小组对丹参组织培养培养基配制过程中遇到的问题进行总结，并互相检查，确定解决方案。

(5) 教师对各小组任务完成情况进行评析，并对整个试验过程提出合理化建议，及时解答学生对本次任务提出的疑问。

(6) 将配制的母液及培养基进行正确保存，及时规范整理操作现场。

五、评价与考核

项目	考核内容	要求	赋分
计划制订	① 确定配制丹参组织培养培养基的种类、容积 ② 各小组分工情况	培养基种类齐全，浓度与容积确定合理；小组分工明确	10
物品准备	药品、药匙、烧杯、镊子、刀片、剪刀、酒精灯、脱脂棉、酒精、培养器皿等	所需物品种类齐备，充分做好试验准备	10

续表

项目	考核内容	要　　求	赋分
培养基配制与离体培养	① 药品用量计算：根据培养基种类、浓度和容积，准确计算各药品的质量	计算方法正确，结果准确无误（特别注意所用药品与配方药品的一致性，不一致时进行换算）	10
	② 药品称量：用适宜精度的天平称量所需药品	天平操作规范熟练，称量准确	10
	③ 药品溶解：选择适宜容量的烧杯，采用正确的溶解方式，搅拌器合理正确使用	溶剂选用合理，溶解彻底	15
	④ 定容：根据实际需要确定合适的定容器皿，并进行正确使用	定容方法正确，容量准确	15
	⑤ 培养基配制：根据实际需要，配制丹参组织培养的各种培养基	正确配制丹参叶片愈伤组织诱导培养基、增殖分化培养基及壮苗生根培养基	10
	⑥ 接种与试验分析：外植体确定后，采用正确方法进行接种，并对后期试验结果进行分析整理	正确合理选择外植体，准确记录试验数据，进行正确的统计分析	10
现场整理	及时清洁操作现场，将试验药品及用具放归原处	按要求整理到位，培养良好的工作习惯	10

知识拓展

在丹参外植体消毒中，丹参灭菌措施最佳组合是70%酒精20 s、升汞溶液8 min，用自来水冲洗30 min，在超净工作台上用75%酒精浸泡20 s、用无菌水冲洗1～2次，再用0.1%升汞溶液浸泡8 min后用无菌水冲洗5～8次，接种后放在25 ℃的条件下光照培养。酒精对外植体表面有较好的润湿作用，可溶去蜡质和油污，以便于其他杀菌剂与材料表面的菌类接触而被杀死，升汞溶液渗透能力弱，所以只能进行表面灭菌，但除去升汞很难。因此，升汞溶液灭菌后必须用无菌水冲洗5～8次并不停晃动，否则升汞溶液残留会继续杀害外植体并加速褐化。酒精及升汞溶液不同的浸泡时间对丹参叶片消毒有较大的影响，处理时间过长则引起外植体褐化死亡，时间过短不能够充分杀死外植体所带的菌。

丹参愈伤组织诱导试验表明，添加2,4-D的MS固体培养基诱导愈伤组织效果较好。在诱导愈伤组织的生长表现出2,4-D浓度较高时抑制愈伤组织的诱导率，这主要是由于生长素与细胞分裂素用量比值大时有利于根的形成，比值小时促进芽的形成，比值适中时有利于愈伤组织的形成。丹参芽分化培养中，较高浓度的细胞分裂素6-BA能促进腋芽生长，在生根培养中较高浓度的IBA使根部愈伤化，抑制生根，只有较低浓度促进生根。MS+IBA生根效果最好，且根系发达，易于移栽成活。

任务4　芦荟组织培养技术

学习目标

(1) 了解芦荟组织培养的目的和意义。

(2) 掌握芦荟组织培养的程序。

(3) 按照提供的配方进行生产。

任务要求

由教师提出任务,学生按组划分,共同完成下列要求。

(1) 各组制订出生产工艺流程图。

(2) 按照流程完成每一个工作步骤。

一、任务提出

教师通过向学生展示芦荟试管苗,提出如下学习任务。

(1) 如何进行培养基的配制?

(2) 外植体材料的选取与处理有哪些要求?

(3) 芦荟组织培养应注意哪些事项?

二、任务分析

芦荟是百合科多年草本植物,多肉汁,具有食用、美容和观赏的价值。人们看中芦荟主要在于它的医疗保健作用和营养价值。芦荟含有大量氨基酸、维生素、多糖、蒽醌类化合物以及多种酶、矿物质等元素,经常使用具有杀菌消炎、排泄毒素,使精力更充沛的功用,在日本、韩国、美国素有"万应良药"、"家庭医生"、"天然美容师"之称。芦荟最早记载于古代埃及的医学书《艾帕努斯·巴皮努斯》。书中不仅记载了芦荟对腹泻的治疗作用,还包含了芦荟的多种处方。这部书写于公元前1550年,也就是说,在迄今3560多年前芦荟就已经被当做药用植物了。早在1996年,联合国粮食及农业组织对各种野生植物进行调查,从对人体有用的角度进行综合评比,结果木立芦荟和库拉索芦荟并列第一,被喻为"21世纪最佳保健食品之一"。

芦荟植株生长数年后才开花结实,种子一般也很少,而且种子细小,又不耐保存,存放一年后发芽率很低。生产上常用的扦插法和分株法都不能在短时间提供大量种苗。因此,只有通过组织培养快速繁殖方法,才能生产出大小一致、性状稳定的优良种苗。

三、相关知识

1. 无菌体系的建立

1) 外植体选择与处理

外植体采用茎尖、带腋芽茎段、叶片与腋芽,以带腋芽的茎段效果最好。取芦荟幼苗洗去表面泥土，经流水冲洗数分钟后，剥去外围较大叶，切去根系后将其切成 3 cm 左右的茎尖和茎段，置于无菌的烧杯中，然后在超净工作台上，首先用 75%酒精漂洗 30 s，之后用无菌水冲洗 3 次，再用 0.1%氯化汞溶液浸泡消毒 10 min，将氯化汞溶液倒出，注入无菌水冲洗 3～5 次，每次都要不停搅动除去外植体表面残留的药物。取出后用无菌滤纸吸干外植体表面水分，接种在 MS 基本培养基上，15 d 左右获得无菌苗，然后将其进行切割，分别接种在附加激素的培养基上。

2）初代培养

在无菌条件下，切取无菌苗顶端 1 cm 大小的茎尖，每个茎尖带有 1～2 个叶原基，然后接种到 MS＋6-BA 3.0 mg/L＋NAA 0.2 mg/L、琼脂 5 g/L、蔗糖 30 g/L、pH 值为 5.8 的诱导分化培养基上。培养条件为：温度 25～28 ℃，光照强度 1800～2000 lx，光照 10～12 h/d。30 d 左右顶芽开始生长，腋芽萌动长出小芽，同时从材料基部切口处长出多个白色的小突起，小突起逐渐长成绿色的丛生芽。

叶片为外植体，如果没有带部分茎段组织，无法诱导出不定芽，且易发生褐变；带少量茎段的，约 20 d 在叶柄基部有不定芽产生；以吸芽为外植体，需切掉根。有根的外植体芽生长较快，诱导不定芽的速度较慢。

2. 继代培养

将诱导获得的丛生芽进行分割转接到 MS 基本培养基，添加 6-BA 2.0 mg/L、NAA 0.1 mg/L、琼脂 5 g/L、蔗糖 30 g/L、pH 值为 5.8 的继代培养基上进行继代培养，1 周左右每个外植体芽都能分化出 4～6 个新芽，大约在 30 d 就可以形成大量丛生芽，6-BA 的浓度对芽的增殖影响很大，随着浓度的增大，芽分化效果变差，而且还容易发生褐变，浓度过高会使芽生长变形、脆弱、卷曲，如果继代次数过多，6-BA 容易有一定的沉积现象，使芽苗产生变异，为了使小芽生长健壮，旺盛，在进行多次继代培养以后，可适当地降低培养基中 6-BA 的含量，当芽苗生长状态良好时，才能进行生根。

3. 生根培养

当继代培养试管苗达到足够数量时，将丛生芽单个切下，分别接种到 1/2 MS＋NAA 0.5 mg/L＋琼脂 0.5%＋蔗糖 0.2%的培养基上进行继续培养，此阶段可将光照强度增至3000 lx，10 d 左右开始生根，20 d 左右小芽可长到 5～8 cm，平均每个试管苗长出 4～5 条粗壮侧根，叶色常浓绿。此时即可驯化与移栽。

4. 试管苗的驯化与移栽

1）试管苗的驯化

由于离体培养下的再生植株长期在营养丰富的无菌条件下生长，根系活动能力比较差，直接移入土壤中栽培，其成活率极低，而首先选择生长比较健壮、根系发育良好的试管苗，在驯化室内将培养瓶打开，注入一定量的自来水，放置到 23 ℃下，最好有太阳光散射的地方，在开始 2～3 d 时避免过多、过强的自然光照，在 5～7 d 时要适当增加光照，温度保持在 20 ℃左右即可。

2）试管苗的移栽

小心取出试管苗，将根部的培养基用温水轻轻地洗去，注意不要伤到根系，培养基一定要彻底清洗干净，避免由于培养基洗不净，移栽后根部滋生大量的细菌。试管苗用1000

倍高锰酸钾溶液浸泡消毒，稍加晾干后即可移植，基质不宜过湿，最好要经过消毒处理，而且是几种基质的混合物，芦荟喜暖热、干燥的环境，温度应控制在不低于 20 ℃，光线不可太强，最初 10 d 用塑料薄膜保持相对湿度在 80%左右，3～5 d 浇一次水，浇水时间一般冬季在午后进行，夏季以清晨和傍晚为好，应采取“不干不浇，浇则浇透”的原则，以后逐渐除去薄膜直至自然状态下的相对湿度。为了保证试管苗的正常生长，温室内应定期喷洒杀虫剂和杀菌剂，成活率可达 90%以上。

知识链接

芦荟原产于非洲大陆热带沙漠及地中海沿岸地区，现有品种 600 多个，我国的海南、云南、四川、广西、广东、福建等地都有栽培。芦荟含有芦荟大黄素、芦荟宁、香豆酸、芦荟多糖、蛋白质、氨基酸等七十多种对人体有益的物质，可用做保健品、化妆品、药品和食品的原料。芦荟味苦，性寒，它具有催泻、通便、健胃、消炎、抗菌、抗肿瘤等药理作用，对胃肠病、肝病、糖尿病、心脏病、高血压等都有不同程度的疗效，尤其对各种烧伤、烫伤、晒伤及皮肤病等均有不同程度的疗效，还可以生产沐浴液、香皂、发胶、唇膏等产品，对增强人体免疫功能、抑制癌细胞扩散有显著疗效，同时还被誉为“最佳保健食品”，是集药用、食用、美容及观赏于一身的草本植物。

特别提示

外植体在接种初期极易发生褐变，褐变可以导致培养物组织死亡，甚至导致整个培养物死亡。为避免此现象的发生可以采取以下措施：①在培养基中加抗氧化剂，如 PVP（聚乙烯吡咯烷酮）、抗坏血酸和活性炭、复合氨基酸、水解酪蛋白等；②适时切除褐变部分进行转接；③增加转接次数。

四、组织实施

(1) 通过对芦荟组织培养基本培养基特点的研究及生产中栽培环节不同需求的分析，了解芦荟组织培养培养基的主要成分及其作用。

(2) 明确芦荟组织培养的目的与意义，组织研究确定配制芦荟离体培养培养基的种类和数量，同时进行小组合理分工。

(3) 各试验小组在教师的指导下，采用正确的方法与步骤进行各种芦荟培养基配制，并进行准确标记。

(4) 各试验小组对芦荟组织培养培养基配制过程中遇到的问题进行总结，并互相检查，确定解决方案。

(5) 教师对各小组任务完成情况进行评析，并对整个试验过程提出合理化建议，及时解答学生对本次任务提出的疑问。

(6) 将配制的母液及培养基进行正确保存，及时规范整理操作现场。

五、评价与考核

项目	考核内容	要求	赋分
计划制订	① 确定配制芦荟组织培养培养基的种类、容积 ② 各小组分工情况	培养基种类齐全，浓度与容积确定合理；小组分工明确	10
物品准备	药品、药匙、烧杯、镊子、刀片、剪刀、酒精灯、脱脂棉、酒精、培养器皿等	所需物品种类齐备，充分做好试验准备	10
培养基配制与离体培养	① 药品用量计算：根据培养基种类、浓度和容积，准确计算各药品的质量	计算方法正确，结果准确无误（特别注意所用药品与配方药品的一致性，不一致时进行换算）	10
	② 药品称量：用适宜精度的天平称量所需药品	天平操作规范熟练，称量准确	10
	③ 溶解：选择适宜容量的烧杯，采用正确的溶解方式，搅拌器合理正确使用	溶剂选用合理，药品溶解彻底	15
	④ 定容：根据实际需要确定合适的定容器皿，并进行正确使用	定容方法正确，容量准确	15
	⑤ 培养基配制：根据实际需要，配制芦荟组织培养的各种培养基	正确配制芦荟茎段诱导培养基、增殖分化培养基及壮苗生根培养基	10
	⑥ 接种与试验分析：外植体确定后，采用正确的方法进行接种，并对后期试验结果进行分析整理	正确合理选择外植体，准确记录试验数据，进行正确的统计分析	10
现场整理	及时清洁操作现场，将试验药品及用具放归原处	按要求整理到位，培养良好的工作习惯	10

知识拓展

（1）配制培养基时，要准确地移取各种化学试剂。在培养基中蔗糖可用市场上销售的绵白糖代替，试管或三角瓶用罐头瓶代替等来降低成本。高压蒸汽灭菌条件为 120 ℃、1.5 kg/cm^2、30 min。每次接种前都要利用甲醛对无菌操作室进行熏蒸和紫外线灭菌。

（2）在培养中，如果出现杂菌污染应立即将有污染试管或三角瓶中的培养物倒掉并将试管或三角瓶洗净，烘干备用。对于愈伤组织试管苗，若长势良好，也可在无菌条件下，将愈伤组织试管苗取出，重新放入装有相应培养基的试管或三角瓶中，继续培养。

（3）移栽前，也可先将试管苗浸泡在溶解有生根粉的清水中 1～2 h 再移栽到驯化钵中，在驯化过程中除要注意环境湿度、温度和光照外，还要防止各种病虫害的发生，芦荟的虫害主要有红蜘蛛，可喷施 40%氧化乐果乳油 1200 倍溶液防治，芦荟主要病害为黑斑病，可喷施 50%多菌灵可湿性粉剂 1000 倍溶液防治。

项目十四

植物组织培养苗工厂化生产经营与管理

知识目标

(1) 掌握生产计划制订的方法。

(2) 掌握植物组织培养生产成本核算与效益分析的方法。

(3) 掌握植物组织培养苗工厂化生产的经营管理方法。

能力目标

(1) 能根据市场科学制订工厂化生产计划。

(2) 会进行植物组织培养苗的生产成本与经济效益概算。

(3) 能根据制订的生产计划合理安排生产,实施有效的经营管理。

任务分析

随着植物组织培养快速繁殖技术的发展和农业产业结构的调整,植物组织培养逐渐形成产业化,植物组织培养苗成为种苗产业的重要分支。要实现植物组织培养苗的工厂化生产,就要求生产者具有正确的经营理念,进行科学的市场预测,制订合理的生产技术路线和生产计划,加强生产过程管理,严格控制生产成本,这样才能生产出“适销对路”的优质种苗,从而获得良好的经济效益。

植物组织培养苗的工厂化生产是一个系统工程,从一个外植体(芽、侧芽、叶片、茎段、花梗、花托、根段、根芽等)建立无菌培养系→初代培养产生无性繁殖系→增殖与继代培养形成大量中间繁殖体→壮苗生根培养→植物组织培养苗驯化移栽→苗圃定植。这些生产技术环节只有严格管理,规范操作,保证各环节衔接顺畅,整个生产才能按计划完成,否则,会增加成本,浪费时间,耽误种苗种植时间,更谈不上完成生产计划。这对企业来说,不但没有效益,还要向种植客户赔偿损失,这就是生产管理的失败,也是生产管理的核心问题。因此,提出植物组织培养苗工厂化生产经营与管理有其必要性和重要性。

本项目分解为二个任务来完成:第一个任务是生产计划的制订与实施(4 课时);第二个任务是生产成本的核算与效益分析(2 课时)。

任务1　生产计划的制订与实施

学习目标

(1) 掌握生产计划制订的方法。

(2) 会根据制订的生产计划安排种苗的生产。

任务要求

由教师提出任务,师生共同探究生产计划制订的依据、生产计划制订的方法及生产计划的组织实施,然后根据生产实际制订出可行的生产计划。

一、任务提出

教师通过向学生展示全年种苗需求订单,提出如下学习任务。

(1) 如何确定植物组织培养苗的生产种类与生产量?

(2) 要完成种苗订单需要了解哪些信息?

(3) 如何根据现有生产条件制订全年种苗生产计划?

(4) 如何根据制订的生产计划安排植物组织培养苗工厂化生产?

二、任务分析

生产计划的制订是进行植物组织培养苗工厂化生产的重要依据,生产量不足或过剩都会造成直接的经济损失。

一个植物组织培养快速繁殖生产企业要制订全年的生产计划,首先需要明确种苗生产种类、生产数量、供应时间,在此基础上才能根据现有生产条件(场地、设备、人员等)制订出合理的生产计划。也就是说,要先根据市场需求状况与趋势确定全年的销售目标,然后根据自身生产条件与植物组织培养苗生产过程各环节的损耗,制订出相应的生产计划。

三、相关知识

(一) 生产计划制订的参考依据

生产计划就是企业为了生产出符合市场需要或顾客要求的产品,所确定的在什么时候生产、在哪个车间生产以及如何生产的总体计划。生产计划是根据销售计划制订的,它又是企业制订物资供应计划、设备管理计划和生产作业计划的主要依据。

在制订计划时要充分考虑到各种可能发生的情况,同时又不能把余地留得太大,以免生产过多造成浪费和增加成本,或者不能按订单提供相应的产品。制订生产计划提供以下几方面作参考。

1. 市场调研结论

植物组织培养苗市场调研的内容主要包括市场需求调查、市场占有率调查及其科学的分析与预测。

市场需求调查主要根据区域种植结构、自然气候、市场发展趋势和主要农村经济增长点作为依据。例如鲜切花种苗在昆明、上海、山东等地有较大的需求市场；盆花种苗在广东、福建、深圳等地优势明显；橡胶种苗市场在南方地区；草莓、葡萄种苗市场在北方地区等。

市场占有率是指一家企业的某种产品的销售量(或销售额)在市场同类产品中所占的比重，表明企业的商品在市场上所处的地位。一般来说，企业生产的种苗在质量、价格、供应时间、包装等方面处于优势地位，则销售量大，市场占有率就高，反之则低。

通过植物组织培养苗的市场调查、分析预测得出科学的结论，并以此为依据制订出植物组织培养苗的生产计划。

2. 生产量的正确估算

正确估算植物组织培养苗的增殖率，这是制订生产计划的核心问题，增殖率估算预测准确，就能顺利地完成生产任务，估算数量出入过大，则直接影响生产计划。

植物组织培养苗的增殖率就是指植物快速繁殖中间繁殖体的繁殖率。估算试管苗的繁殖量，以苗、芽或未生根嫩茎为单位统计，一般以苗或瓶为计算单位。

一年可繁殖的试管苗数量是

$$Y=mX^n$$

式中：Y——年生产量；

n——年增殖周期；

X——每周期增殖倍数；

m——每瓶母株苗数。

如果每年增殖11次($n=11$)，每次增殖3倍($X=3$)，每瓶15株苗($m=15$)，全年可繁殖的苗是$Y=15\times 3^{11}=265.7$(万株)。

以上计算为生产理论数据，在实际生产过程中还有其他因素如污染、培养条件发生异常等可能造成一些损失，因此实际生产的数量应比估算的数据低。

估算预测要全面考虑，经预培养需采取外植体的数量、能产生的中间繁殖体数量、中间繁殖体的增殖倍数等都要有大致估算，估算的增殖数量要比供应苗数量略有富余，保证有择优的余地。有经验的生产企业，一般有专人做植物组织培养生产的技术储备工作，对列入生产计划的每一种植物、每一个技术环节的处理，都能做到准确把握，这样就能准确制订计划，完成生产任务。

3. 供苗时间的确定

供苗时间要根据订单或定植时间确定。虽然植物组织培养育苗在理论上说是“可以全年生产、周年供应、任何时间都可以出苗”，但在实际育苗中，由于受到大田育苗和定植时间的季节性限制，供苗时间主要集中在秋季和春季。

如果有稳定的订单就可以按照订货合同组织生产，按期交货。若供苗时间较长或订货量大，可根据实际生产规模分期、分批生根和出苗；若供苗时间集中，而继代培养时间充足，则可以连续增殖到存苗量达到预订数量后，再一次性生根，集中出苗；若接到订单较晚，离供苗时间较近，往往需要通过增加种苗基数、加大增殖系数、控制培养条件等措施来解决。

如果没有稳定的订单，则供苗时间要根据定植时间确定，一般根据种植种类及品种的生长周期和种植形式，按生长周期分批种植、分批采收；再就是根据当地的地理环境和气候条件以及丰产采收时间确定。例如，蝴蝶兰瓶苗在每年3—5月份出瓶合适，经18个月的栽培管理，在第二年春节前开花上市，给种植者带来较大的效益。如果出瓶时间过晚，推迟了开花时间，春节前不能开花上市而在春节后开花，既造成生产成本浪费又得不到经济效益。

4. 植物组织培养快速繁殖生产技术体系的确定

植物组织培养快速繁殖的形式有很多种，例如，无菌短枝扦插型、原球茎增殖型、丛生芽增殖型等，不同的植物在组织培养快速繁殖生产中所采用的增殖方式往往是不同的。进行某种植物的组织培养快速繁殖生产，首先要考虑植物组织培养种苗定植时间、用苗量的多少、从外植体诱导启动到炼苗出圃所需的时间、在这段时间内能繁殖多少苗，最后确定这种植物用哪一种快速繁殖形式合适。选择供苗时间短、成本低、苗量多、种苗健壮、变异率低、定植成活率高的繁殖形式是最合适的。例如，马铃薯的快速繁殖形式，就是在瓶内进行短枝扦插，繁殖速度快，苗量多，苗健壮，成活率高。

（二）生产计划的制订

制订生产计划，虽不是一件很复杂的事情，但需要考虑全面、计划周密、工作谨慎，把正常因素和非正常因素都要考虑进去，避免在实施的过程中发生意外事故，影响生产的进度。为了保证全年生产计划的顺利进行，可将年生产计划分解为月生产计划，并且分解时要充分考虑植物组织培养苗市场需求的淡季与旺季，实行不均衡分解。

如果生产的植物组织培养苗种类多，可先制订每种植物（或品种）的生产计划，然后进行合并，统一协调，合理搭配。遇到生产任务量大而生产规模有限的情况时，则应优先安排有订单的生产计划，维护客户利益。

生产计划的制订首先需要确定以下几个指标。

1. 增殖规模的确定

在植物组织培养工厂化育苗的具体实施中首先要确定增殖的瓶数。存架增殖总瓶数不应过多或过少，如盲目增殖，一段时间后就会因缺乏人力或设备，处理不了后续的工作，使增殖材料积压，一部分培养苗老化，超过最佳转接继代的时期，造成留用的增殖苗生长势减弱、增殖倍率降低，造成用于生根的小苗长势差、生根率低、移栽成活率下降等不良后果。反之，增殖瓶数不足，又会造成增殖母株数不够用，延误产苗时期，不能按时完成生产计划。

存架增殖总瓶数＝增殖周期内工作日数×每个员工的日需母株瓶数×员工数

举例来说，在切花菊扩大繁殖中每天有4人接种，每人每天接种母株20瓶，一个月为一个增殖周期，按每个月有22个工作日，则存架增殖总瓶数为22×20×4＝1760（瓶）。

2. 增殖与生根的比例

确定了增殖规模后，需要考虑的是增殖与生根的比例，即如何在生产生根苗的时候确保后续有足够的增殖苗来做生根，这需按实际情况试做后确定，一般为3∶7，通过培养基中植物激素的用量、糖浓度、培养温度等条件也可加以调整。增殖倍率高的种类，生根的比例大，每个工作日需用的母株瓶数较少，产苗数（即生根的瓶数×每瓶植株数）较多。反

之，增殖倍率低的种类，因需要维持原增殖瓶数，而占用了不少材料，以致不可能有较多的材料用于生根，因此出苗数就少。由此可见调整最佳培养基，提高增殖倍率是很重要的研究项目。

3. 年产量的确定

从实际操作的角度来说，每天接种生根的株数便是今后每天出瓶的苗数。

全年出瓶苗数＝全年总工作日×每个工作日平均出瓶小植株数×[1－损耗率(一般为5%～10%)]

实际年产苗数＝全年出瓶苗数×移栽成活率

例如：某植物组织培养企业生产多种植物，它们平均30 d为一个增殖周期，有一部超净工作台，每人平均每天取用20瓶母种，转接成60瓶(20苗/瓶)，其中20瓶为增殖用，以维持母株的瓶数，另外40瓶用于生根。在30 d内有22个工作日，那么存架增殖总瓶数是多少？

具体计算如下：

存架增殖总瓶数＝20×22＝440(瓶)

全年出瓶苗数(株)＝264(工作日)×800×[1－损耗率(10%)]

＝211200(株)×90%＝190080(株)

全年实产成活幼苗数＝190080×85%(移栽成活率)＝161568(株)

(三) 生产计划实施

生产计划制订之后，必须严格执行生产工艺流程，精细管理，确保实施过程顺畅，并根据生产实际情况及时进行修改和调整，才能适时定量生产出优质的植物组织培养苗。生产计划的实施，必须做好以下几方面工作。

1. 生产管理实行责任制

生产计划制订后，安排好管理人员和生产人员，实行责任制管理。责任人一定要明确责任权限，将工作中的每一个环节分解到人，明确各自的岗位职责和任务，使每人都有自己的生产目标。

2. 专人负责生产技术，各环节严格控制

根据生产计划制订生产技术路线，技术总负责人从任务下达，到技术环节的检查，直至任务完成，要全面负责。同时每一个生产环节要安排专人管理，各技术环节环环相扣，不能有任何疏漏，一旦出现问题，抓紧处理，以免造成大的损失。从种源的选择与处理→培养基拟定技术→无性繁殖系的建立→诱导中间繁殖体的增殖→壮苗生根培养→幼苗驯化与出瓶移栽→移栽定植管理，每一生产环节必须按计划完成。例如，无性繁殖系建立的时间过长，就会使增殖继代次数减少，不能按时完成供苗任务；如果实际生产中出现大量瓶苗污染或者出现较多瓶苗玻璃化现象以及移栽成活率低等，都会影响植物组织培养苗的质量与出苗数量，这些环节不严格控制，就会给生产带来相当大的经济损失。因此每一个环节都要专人负责，严格管理，任何一个环节技术处理不当，都会影响整个生产的完成。

3. 控制出苗时间、定植时间和生长季节相吻合

每一种植物都有它固有的生理现象和最佳生长季节，生产必须满足生理需求和生产需要，过早定植、过晚定植或与季节不符，都能影响植物的生长发育和收获。例如，草莓在山东多数是保护地栽培，草莓组织培养种苗在12月份出苗定植，第二年春天生产匍匐茎，每株能生产80～120株匍匐茎，8—9月份将匍匐茎5 ℃冷藏30 d左右，春化完成后，在保护地定植，10月份覆盖塑料薄膜保温，元旦前后收获上市，市场效益非常高。

特别提示

因为植物组织培养生产的产品是具有生命力的种苗，在生产过程中可能会出现增殖率低、长势差、污染等常见的问题，这会使得生产计划随时需要进行调整。因此，按照公式计算的数据只是一个参考数据，制订计划时应留有余地，实施计划过程中也应根据生产实际情况进行适当调整，操作人员与设备投入充足，以保证植物组织培养生产的顺利进行。

四、组织实施

(1) 教师介绍生产计划制订的方法、内容及注意事项，并下达以小组为单位制订某一植物组织培养生产计划的任务。

(2) 学生通过查阅文献、市场调研等，进行小组合理分工，获取相关信息。

(3) 各小组分别制订生产计划。

(4) 各小组介绍本组生产计划，师生讨论并评价生产计划的科学性与可行性。

(5) 教师对各小组任务完成情况进行讲评，对整个过程的安排提出合理化建议，解答学生对本次任务的疑问。

五、评价与考核

项目	考核内容	要求	赋分
信息获取	① 根据要求查阅文献获取相关信息 ② 小组成员分工情况	能按要求查阅出所需要的文献信息，通过市场调研获得相关知识；成员之间分工明确	10
生产计划制订	① 生产工艺流程设计	设计科学、实用，针对性强，符合技术要求和实际情况	10
	② 生产指标的确定	生产规模、增殖与生根的比例、年产量等确定正确	10
	③ 生产计划方案制订	生产计划与生产规模和工艺流程相适应；制订的方案科学、全面、细化	30
	④ 生产计划介绍	语言表达能力强，介绍清楚，表述全面	20
素质与创新	① 综合素质	任务完成主动、认真，积极思考，责任心强	10
	② 创新精神	根据实际条件与获得的相关信息制订计划，有一定的开拓创新精神	10

任务2　生产成本的核算与效益分析

学习目标

(1) 掌握生产成本核算的方法。

(2) 会根据实际进行生产成本与经济效益概算。

任务要求

由教师提出任务，师生共同探究生产成本核算的方法和提高经济效益的途径，然后根据生产实际进行某种植物组织培养苗的生产成本核算和效益分析。

一、任务提出

(1) 为什么要进行生产成本的核算？

(2) 植物组织培养苗的生产成本包括哪些费用？

(3) 怎样进行植物组织培养生产成本的核算？

(4) 如何降低成本提高植物组织培养的经济效益？

二、任务分析

从事植物组织培养快速繁殖种苗的工厂化生产是商业行为。种苗在市场中是否有竞争力，一靠植物组织培养苗纯正的种源特性，具有无毒、无病、生长势强的良好品质；二靠适宜的销售价格，只有生产出质优价廉的植物组织培养苗才能在市场中占有一席之地。成本核算能了解生产过程中的各种费用，使试管苗顺利进行生产，并且可以促进生产技术的改进，帮助生产单位做出最好的技术决策和选择最优的技术方案，这样既能促进产品的增加，又能促进投资效益的提高。

三、相关知识

(一) 成本核算

一个植物组织培养工厂的成本指标，是反映其经营管理水平和工作质量的综合指标，也是了解生产中各种消耗，改进工艺流程，改善薄弱环节的依据，还是提高效益，节省投资的必要措施。植物组织培养繁殖成本核算比较复杂，既有工业生产的特点，可周年在室内生产；也有农业生产的特点，要在温室或田间种植。受气候和季节的影响，需要较长时间的管理，才能出圃成为商品。加上不同种类、不同品种之间的繁殖系数、生长速度均有较大差异，很难逐项精确核算。实际生产中一般是认真记录年产一定数量植物组织培养苗的各项支出，主要包括以下项目。

1. 人工费

管理人员、技术人员、操作人员的工资及奖金。

2. 水电费

容器洗涤、灭菌、药品配制、仪器操作、培养室加光、温室控制等均需消耗大量水电。

3. 培养基的制备费

配制培养基的各种化学药品及去离子水或蒸馏水的消耗。

4. 各种生产物资的消耗

低值易耗品、玻璃器皿、塑料制品、刀片、纸张、肥料、农膜、农药等生产物资的购置。

5. 设备折旧费

仪器设备的维护和折旧，一般按照每年5%～10%计算。

6. 其他费用

办公用品费、营销费、管理费、引种费等。

以年产100万株蝴蝶兰组织培养苗的生产企业为例，其生产成本如表14-1所示。

表14-1 年产100万株蝴蝶兰组织培养苗的成本核算表

项目		费用/元	占总费用比例/(%)
直接生产成本	培养基成本费	87800	8.59
	人工费	286100	27.99
	电费	285780	27.96
	水费	12200	1.19
	花瓶费	208200	20.37
	污染损耗费	37800	3.70
	其他消耗品费	54160	5.30
间接生产成本	仪器设备维修费	5000	0.49
	水电维护费	1200	0.12
	固定资产折旧费	43800	4.29
合计		1022240	

(二) 降低成本提高效益的措施

1. 提高劳动生产率

国外人工费用占试管苗总成本的70%左右，国内占25%～40%。通过制订成熟的技术路线、提高操作人员的操作水平、降低污染率、提高植物组织培养苗移栽成活率等措施提高劳动生产率。另外，对操作人员合理分工，实行岗位责任制，或定额管理、实行计件工资等也是提高劳动生产率的有效途径。

2. 减少设备投资，延长使用寿命

试管苗生产需要一定的设备投资，少则数万元，多则数十万元。除了应购置一些基本设备外，可不购的不购，能代用的就代用，如用精密pH试纸代替昂贵的酸度计；生产中必须投资的设备，如超净工作台、高压蒸汽灭菌锅、培养架等，应正确使用，及时检修与保养，

延长使用寿命,这是降低成本提高经济效益的一个重要方面。

3. 降低消耗,使用廉价的代用品

试管繁殖中使用大量玻璃培养器皿,加上这些器皿易损耗,费用较多。生产中的培养器皿除采购一小部分三角瓶用于试验之外,工厂化生产可采用果酱瓶代用,这样可有效地降低成本。另外,培养基制备中可用自来水代替蒸馏水、用食用绵白糖代替蔗糖等,生产的产品效果是同样的。

4. 节约水电

水电费在试管苗总生产成本中占有较大比重,节约水电开支也是降低成本的一个主要问题。①利用当地的自然资源,试管苗增殖生长均需一定温度和一定光照,尽量利用自然光照和自然温度。②减少水的消耗,制备培养基要求用蒸馏水,经一些试验证明,只要所用水含盐量不高,pH 值能调至 5.8 左右,就可以用自来水、井水、泉水等代替去离子水或蒸馏水,以节省部分费用。

5. 减少污染、褐变和玻璃化现象,提高成品率

试管繁殖过程中,通过提高人员操作技术,保证环境卫生,可有效减少污染率。如转接苗时注意技术操作规范,接种工具消毒彻底,就能提高转接苗的成功率;试管苗在培养过程中,培养环境要定期消毒。同时调整培养基配方和培养条件,降低褐变和玻璃化现象,减少消耗,提高成品率。

6. 提高繁殖系数和移栽成活率

在试管繁殖过程中,利用植物品种的特性,诱导最有效的中间繁殖体,如微体扦插、愈伤组织、胚状体等都能加速繁殖速度和繁殖数量。但需要注意中间繁殖体不能产生品种变异现象。提高生根率和炼苗成活率,降低过渡苗死亡率,可大幅度降低生产成本,提高效益。

7. 发展多种经营,开展横向联合

根据当地情况,制订合理计划,进行多种植物的商品化生产,花、农、果、药并营,形成一个灵活的试管苗工厂。

8. 商品化生产的经营管理

产销对路,以销定产,保证质量,做好生产性能示范工作,培训技术人员。

四、组织实施

(1) 教师介绍植物组织培养苗成本核算的方法、项目及注意事项,并下达以小组为单位核算某种植物组织培养生产成本的任务。

(2) 学生通过查阅文献、市场调研等,进行小组合理分工,获取相关信息。

(3) 各小组分别核算一定规模的生产企业植物组织培养苗生产成本。

(4) 各小组介绍本组成本核算方法,师生讨论并评价生产成本核算的合理性。

(5) 教师对各小组任务完成情况进行讲评,对整个过程的安排提出合理化建议,解答学生对本次任务的疑问。

五、评价与考核

项目	考核内容	要求	赋分
信息获取	① 根据要求查阅文献获取相关信息 ② 小组成员分工情况	能按要求查阅出所需要的文献信息，通过市场调研获得相关知识；成员之间分工明确	10
生产成本核算	① 生产成本核算项目	选定项目合理、全面，针对性强，符合生产实际情况	10
	② 生产成本核算方法	核算方法科学、全面、正确	20
	③ 生产成本核算介绍	语言表达能力强，介绍清楚，表述全面	20
素质与创新	① 综合素质	任务完成主动、认真，积极思考，责任心强	20
	② 创新精神	根据实际条件与获得的相关信息核算生产成本，有一定的开拓创新精神	20

参考文献

[1] 李浚明,朱登云.植物组织培养教程[M].3版.北京:中国农业大学出版社,2005.
[2] 王蒂.应用生物技术[M].北京:中国农业科技出版社,1997.
[3] 颜昌敬.植物组织培养手册[M].上海:上海科技出版社,1990.
[4] 裘文达.园艺植物组织培养[M].北京:中国林业出版社,2001.
[5] 韦三立.花卉组织培养[M].北京:中国林业出版社,2000.
[6] 熊丽,吴丽芳.观赏花卉的植物组织培养与大规模生产[M].北京:化学工业出版社,2002.
[7] 朱建华.植物组织培养技术[M].北京:中国计量出版社,2002.
[8] 杨乃博.花卉试管繁殖[M].上海:上海科学技术出版社,1987.
[9] 黄学林,李筱菊.高等植物组织离体培养的形态建成及其调控[M].北京:科学出版社,1995.
[10] 曹春英.植物组织培养[M].北京:中国农业出版社,2006.
[11] 崔德才,徐培文.植物组织培养与工厂化育苗[M].北京:化学工业出版社,2003.
[12] 杨增海.园艺植物组织培养[M].北京:中国农业出版社,1987.
[13] 赵祥云,王树栋,陈新露,等.百合[M].北京:中国农业出版社,2000.
[14] 义鸣放,王玉国,缪珊.唐菖蒲[M].北京:中国农业出版社,2000.
[15] 熊丽,刘青林.香石竹[M].北京:中国农业出版社,2000.
[16] 张丕方,倪德祥,包慈华.植物组织培养与繁殖上的应用[M].上海:上海教育出版社,1985.
[17] 曹春英,任术琪,丁世民,等.冬枣试管苗驯化及移植条件研究[J].落叶果树,2001(2):10-11.
[18] 刘仲敏,林兴兵,杨生玉.现代应用生物技术[M].北京:化学工业出版社,2004.
[19] 刘振祥,廖旭辉.植物组织培养技术[M].北京:化学工业出版社,2007.
[20] 沈海龙.植物组织培养[M].北京:中国林业出版社,2005.
[21] 谭文澄,戴策刚.观赏植物组织培养技术[M].北京:中国林业出版社,1991.
[22] 朱至清.植物细胞工程[M].北京:化学工业出版社,2003.
[23] 王玉英,高新一.植物组织培养技术手册[M].北京:金盾出版社,2006.
[24] 王振龙.植物组织培养[M].北京:中国农业大学出版社,2007.
[25] 谢从华,柳俊.植物细胞工程[M].北京:高等教育出版社,2004.
[26] 邱运亮.提高植物试管苗生根率的技术与方法[J].中国种业,2004(5):27-28.
[27] 徐振华,王学勇,李敬川,等.试管苗瓶外生根的研究进展[J].中国农学通报,2002(18):84-89.
[28] 薛建平,柳俊,蒋细旺.药用植物生物技术[M].合肥:中国科学技术大学出版

社，2005.
[29] 程广有.名优花卉组织培养技术[M].北京：科学技术文献出版社，2001.
[30] 陈颖.克隆与组织培养[M].北京：中国物资出版社，2004.
[31] 王清连.植物组织培养 [M].北京：中国农业出版社，2001.
[32] 潘瑞炽.植物组织培养[M].广州：广东高等教育出版社，2000.
[33] 曹孜义，刘国民.实用植物组织培养教程[M].兰州：甘肃科学技术出版社，2000.
[34] 王会.红实美草莓脱毒技术研究[J].长江蔬菜，2009，4(8)：14-17.
[35] 何欢乐，阳静，蔡润，等.草莓茎尖培养脱毒效果研究[J].北方园艺，2005(5)：79-81.
[36] 杨小春.草莓花药培养以及草莓镶脉病毒检测技术研究[J].南京农业大学学报，2006，(5)：78-80.
[37] 张志宏，肖敏，杨洪一，等.草莓病毒脱除方法的比较与评价[J].果树学报，2006，23(5)：720-723.
[38] 赵佐敏，艾勇.草莓脱毒技术的研究及应用进展[J].贵州农业科学，2001，29(6)：50-52.
[39] 王常芸，李晓亮，王建玲，等.脱毒草莓设施栽培增产试验[J].北方园艺，2007(2)：79-80.
[40] 郝文胜，赵永秀，赵青辉.我国马铃薯茎尖培养脱毒和脱毒试管苗微繁研究进展[J].内蒙古农业科技(内蒙古农业职业教育专辑)，2001：27-33.
[41] 刘卫平，李玉华，孙秀梅，等.马铃薯离体茎尖生长点对几种培养因子的生长反应[J].中国马铃薯，2001(2)：82.
[42] 李永文，刘新波.植物组织培养技术[M].北京：北京大学出版社，2007.
[43] 钱子刚.药用植物组织培养[M].北京：中国中医药大学出版社，2007.
[44] 梅家训，丁习武.植物组织培养快速繁殖技术及其应用[M].北京：中国农业出版社，2003.
[45] 朱建华，彭士勇.植物组织培养实用技术[M].北京：中国计量出版社，2002.
[46] 崔俊茹，陈彩霞，李成，等.美国红栌的组织培养和快速繁殖[J].植物生理学通讯，2004(5)：588.
[47] 程家胜.植物组织培养与工厂化育苗技术[M].北京：金盾出版社，2003.
[48] 冉懋雄.中药组织培养实用技术[M].北京：科学技术文献出版社，2004.
[49] 泽仁旺姆，潘多，尼珍.柴胡红景天的组织培养[J].西藏科技，2001(10)：28.
[50] 张弓，张继福，侯晓航，等.高山红景天组织培养技术研究[J].特产研究，1995(4)：26.
[51] 赵永焕，刘成海，武廷华.红景天的研究与应用[J].中国林副特产，1998(3)：44.
[52] 张献龙，唐克轩.植物生物技术[M].北京：科学出版社，2004.
[53] 刘仲敏，林兴兵，杨生玉.现代应用生物技术[M].北京：化学工业出版社，2004.
[54] 许智宏，卫明.植物原生质体培养和遗传操作[M].上海：上海科学技术出版社，1997.
[55] 宋思扬，楼士林.生物技术概论[M].北京：科学出版社，2003.

附图 1　菊花花序轴诱导出愈伤组织

附图 2　菊花不定芽分化

附图 3　菊花无菌短枝型增殖

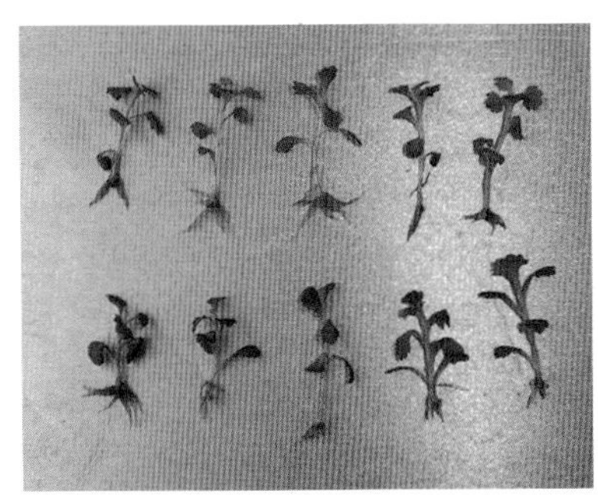

附图 4　菊花组织培养苗生根

附图 5　菊花组织培养苗驯化移栽

附图 6　出圃的菊花组织培养苗

附图 7　美国红栌外植体诱导

附图 8　美国红栌丛生芽增殖

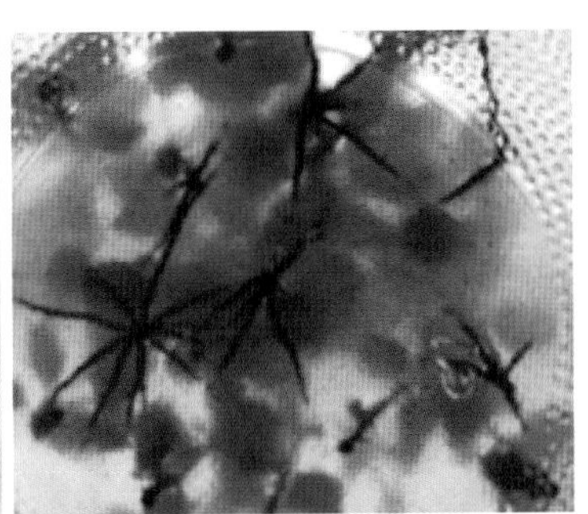

附图 9　美国红栌生根培养

附图 10　美国红栌试管苗移栽初期

附图 11　美国红栌试管苗移栽后期

附图 12　美国红栌褐化

附图 13　蝴蝶兰花梗腋芽诱导

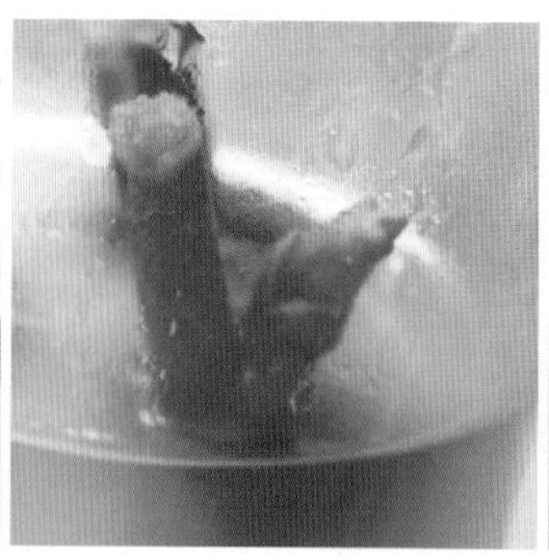

附图 14　蝴蝶兰花梗腋芽萌发

附图 15　蝴蝶兰丛生芽增殖培养

附图 16　蝴蝶兰生根培养

附图 17　蝴蝶兰圆球茎增殖

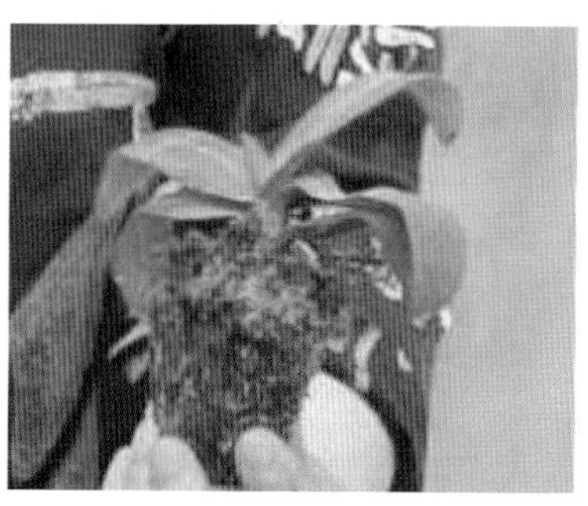

附图 18　蝴蝶兰驯化苗